U1006257

AutoCAD
GONGCHENG ZHITU SHIXUN
JIAOCHENG

AutoCAD
工程制图实训教程

主　编　贾荣玉
副主编　邱军辉　韩传亮　秦　雯
　　　　王世玉　张　进　刘玉飞

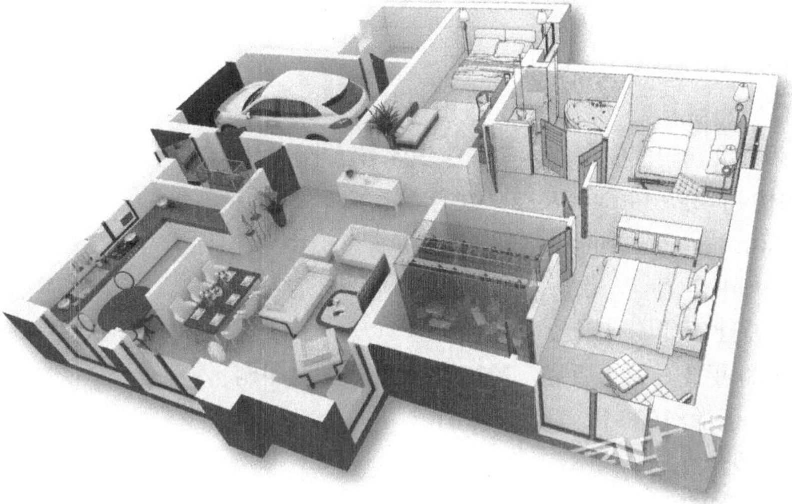

中国出版集团
研究出版社

图书在版编目（CIP）数据

AutoCAD 工程制图实训教程/贾荣玉主编．--北京：研究出版社，2020. 3

ISBN 978-7-5199-0793-8

Ⅰ.①A… Ⅱ.①贾… Ⅲ.①工程制图—AutoCAD 软件—教材 Ⅳ.①TB237

中国版本图书馆 CIP 数据核字（2019）第 278110 号

出 品 人：赵卜慧
图书策划：宫大林
责任编辑：张　璐

AutoCAD 工程制图实训教程
AutoCAD GONGCHENGZHITUSHIXUNJIAOCHENG

作　　者： 贾荣玉　主编
出版发行： 研究出版社
地　　址： 北京市朝阳区安定门外安华里 504 号 A 座（100011）
电　　话： 010-64217619 64217612（发行中心）
网　　址： www. yanjiuchubanshe. com
经　　销： 新华书店
印　　刷： 北京建宏印刷有限公司
版　　次： 2020 年 3 月第 1 版　　2020 年 3 月第 1 次印刷
开　　本： 710 毫米×1000 毫米　　1/16
印　　张： 18 印张
字　　数： 260 千字
书　　号： ISBN 978-7-5199-0793-8
定　　价： 45. 00 元

内容简介

INTRODUCTION

本书主要面对建筑设计、室内装饰设计、展示设计、产品包装设计、电路图、电力工程等工程图的绘制。本书将 AutoCAD 基础操作命令、使用技巧与实际设计工程项目相结合，对专业设计绘图中常运用到的知识点进行详细讲解，使学习者能够快速地掌握 AutoCAD 设计软件的使用技巧与方法。

本书以实用、够用为编写目的，忽略一些不常用的操作命令，简化复杂常用的命令，提炼出简单、实用和必须的操作命令与操作技巧，方便初学者的使用。全书共 16 章，第 1－10 章为 AutoCAD 的软件基础知识部分，系统介绍了 AutoCAD 的绘图环境、二维图形的绘制与编辑、图案的填充、图块使用、图层、文字标注、尺寸标注等基础知识及操作命令；第 11－12 章是 AutoCAD 知识扩展部分，以展柜为例介绍三视图、轴测图的绘制技巧及绘制方法；第 14-16 章为 AutoCAD 的专业绘图技法及实际应用，依照项目实训设计实例，介绍常用电力工程、电路图、建筑设计及室内装饰设计等工程施工图的绘制技巧。

全书内容丰富，注重实用，重点突出，通俗易懂，适合广大 AutoCAD 初学者使用。初学者通过本书的学习，初步掌握使用 AutoCAD 软件制作各类工程施工图的绘制技法，满足工作中实际需要，同时在初步学习的基础上融会贯通、学以致用，逐步具备绘制各行业工程图的能力。

前　言

PREFACE

AutoCAD 是美国 Autodesk 公司专门为计算机绘图而开发的设计软件。CAD 是 Computer Aided Design 的缩写，意为计算机辅助设计，经过不断地补充完善，AutoCAD 目前已经成为国际上最为流行的绘图工具，广泛应用于土木建筑、室内装饰设计、展示设计、机械设计、航空航天、园林设计、电子电路工程及城市规划等专业领域。

随着计算机科学技术的不断发展，绘图工作已经由传统的手工绘图模式转换为计算机辅助绘图，利用计算机绘制工程设计施工图是当今工程设计人员必须掌握的基本技能，也是衡量设计师专业水平的标准之一。AutoCAD 在各工程设计领域的应用，不仅将设计方案更加规范、准确、美观地表达出来，而且便于修改与保存，提高工作效率。

本书紧跟教育部提出的职业教育的目标，突出教育性、实践性与职业性。内容与专业设计紧密结合，书中的设计案例具有较强的实用性。本书作者在从事 AutoCAD 软件教学过程中，发现很多初学者经常被 AutoCAD 繁杂的命令所困扰，无法抓住重点。实际上 AutoCAD 的功能虽然强大，但在实际工作中，常用命令却不是很多，因此只需要学会与自己的专业相关的命令即可。基于此，本书根据实际需要，将复杂的操作命令提炼出来，分析整理了一条清晰的学习主线，书中内容前 10 章为 AutoCAD 软件理论基础及操作命令，集中介绍 AutoCAD 软件的常用的绘图及编辑命令技巧，学习者首先掌握基本的、常用的基础命令，为后续的专业工程设计制作打下良好的基础。第 11-12 章为三视图、轴测图的绘制，是本书知识点的延伸与扩展，学习者可根据实际需求而选择学习。第 14-16 章为工程设计实例制作，详细介绍电路图、建筑设计、室内装饰设计、电力等工程施工图的绘制方法与步骤。

本书在编写过程中，中青年教学骨干教师邱军辉、秦雯等结合各自教学心得体会，参与了部分章节的编写工作，在此一并表示感谢！

由于作者水平所限，书中难免会存在一些不尽如人意之处，欢迎使用本书的朋友们批评指正。

编　者

2019 年 12 月

目　录

CONTENTS

第 1 章

AutoCAD 2020 入门知识

AutoCAD 是美国 Autodesk 公司开发的一款二维和基本三维图形设计软件，是国际上广为流行的计算机绘图软件之一。它功能强大，应用广泛，具有良好的用户界面及广泛的适应性。本章的 AutoCAD 入门知识是必学内容，通过学习，熟悉中文版 AutoCAD 2020 工作界面，掌握文件新建、打开及保存等基本操作命令，为后续学习、操作打下坚实的基础。

1.1　中文版 AutoCAD 2020 的安装与启动

1.1.1　中文版 AutoCAD 2020 的安装

中文版 AutoCAD 2020 的安装步骤及注册解密说明，在网络中都有详细的安装教程，学习者自行上网搜索、下载学习即可。

1.1.2　中文版 AutoCAD 2020 的启动

中文版 AutoCAD 2020 的启动方式，有以下三种方法：

（1）安装中文版 AutoCAD 2020 后，双击电脑桌面上的【AutoCAD 2020-简体中文（Simplified Chinese）】快捷方式图标。

（2）双击【我的电脑】中已经存盘的任意一个后缀名为【.dwg】的文件。

（3）单击【开始】→【所有程序】→【Autodesk】→【AutoCAD 2020-简体中文（Simplified Chinese）】→【AutoCAD 2020-简体中文（Simplified Chinese）】。

以上三种启动方式都可以启动中文版 AutoCAD 2020 程序，学习者可以根据自己的使用习惯及实际情况随意选择。

第一次启动中文版 AutoCAD 2020 后，系统会打开如图 1-1 所示的【开始】

对话框。点击对话框中左侧或下面的【了解】按钮，就会显示 AutoCAD 2020 的新增功能、快速入门教学视频等信息，学习者可根据所需选择学习；点击【开始】对话框中【创建】下的【开始绘制】面板，就可以进入 AutoCAD 2020 工作界面。

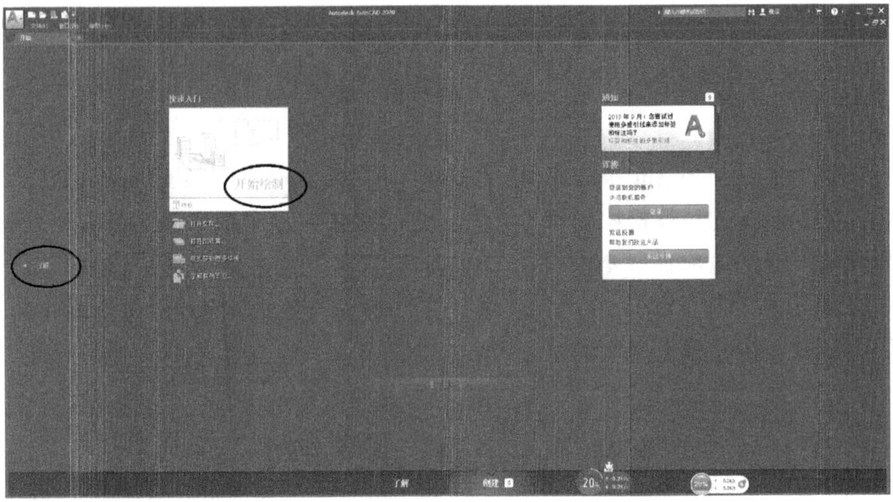

图 1-1　【开始】对话框

1.2　中文版 AutoCAD 2020 的工作界面

1.2.1　工作界面的类型与转换

启动中文版 AutoCAD 2020 程序后，系统默认的是【草图与注释】工作界面，另外还有【三维基础】和【三维建模】界面，几种工作界面存在一些差别，但是作用都一样。许多设计师都习惯使用【AutoCAD 经典】工作界面，它在绘图工具的调用及命令使用等方面都非常的快捷、方便、实用，本书所有章节的操作也全部在【AutoCAD 经典】工作界面中进行。但是【AutoCAD 经典】工作界面需要单独设定，操作步骤有以下几点。

（1）点击快速访问工具栏中的按钮，点击显示菜单栏，打开菜单栏，如图 1-2 所示。

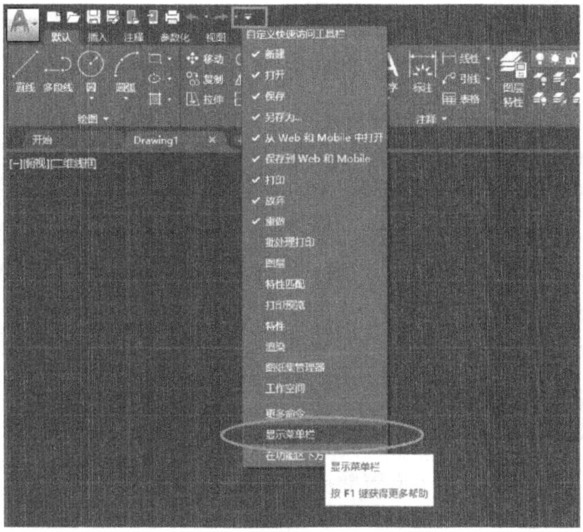

图 1-2　显示菜单栏

（2）打开菜单栏【工具】→【选项板】→【功能区】，将功能区关闭，如图1-3所示。

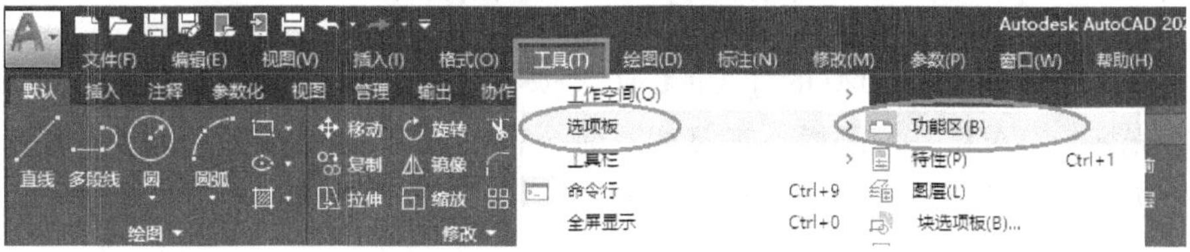

图 1-3　关闭功能区

（3）打开菜单栏【工具】→【工具栏】→【AutoCAD】，依次勾选标准、样式、图层、特性、绘图、修改及绘图次序等，如图 1-4 所示。

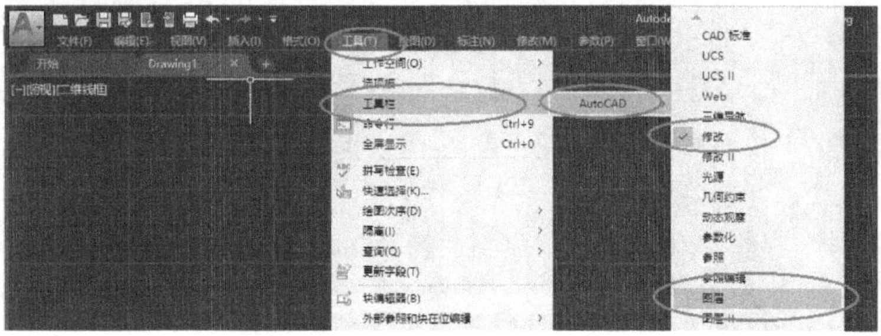

图 1-4　勾选工具条

（4）点击切换工作空间图标，点击【将当前工作空间另存为】，打开【保存工作空间】面板，输入文字【AutoCAD 经典】，保存即可，如图 1-5 所示。

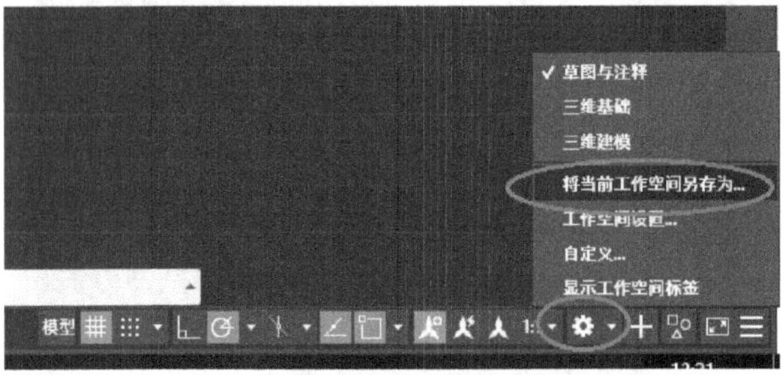

图 1-5　设置并保存 AutoCAD 经典界面

（5）保存后，直接点击右下角的切换工作空间按钮，就可以在【草图与注释】、【三维基础】、【三维建模】和【AutoCAD 经典】四种工作界面中任意切换了，如图 1-6 所示经典工作界面。

1.2.2 【AutoCAD 经典界面】工作界面的组成

中文版 AutoCAD 2020 的【AutoCAD 经典】工作界面由菜单浏览器、绘图区、十字光标、菜单栏、标题栏、工具栏、命令行提示区、状态栏、坐标、模型/布局选项卡及滚动条等组成，如图 1-6 所示。

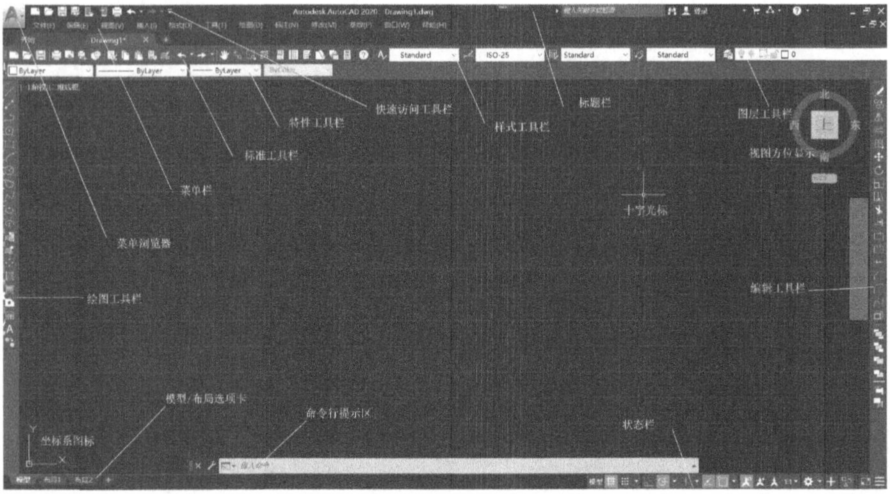

图 1-6　【AutoCAD 经典】工作界面及组成

【AutoCAD 经典】工作界面的组成元素主要功能说明：

【菜单浏览器】：包括新建、保存、打开、输出、发布及打印等命令。

【绘图区】：类似于手工绘图时的图纸，绘图区是 AutoCAD 进行绘图的主要区域，也是工作界面中显示区域最大的部分。对于 AutoCAD 来说，绘图的空间是一个无限大的三维空间，学习者看到的显示器只是绘图空间的部分显示。

【十字光标】：十字光标是鼠标在 AutoCAD 绘图区的反映。在绘图区内，十字线的交点表示当前光标的位置，十字光标用于图形的绘制、选择图形等操作。

【工具栏】：AutoCAD 2020 提供了多个工具栏，每一个工具栏上均包含最常用的操作命令快捷图标，方便学习者选用，单击某一图标，就可以启动 AutoCAD 相对应的操作命令。常用的有如图 1-7 所示的工具栏。

（a）快速访问工具栏

（b）标准工具栏

（c）样式工具栏

（d）图层工具栏

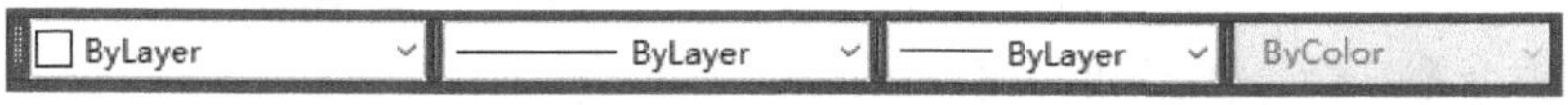

（e）特性工具栏

（f）绘图工具栏

（g）修改工具栏

图 1-7　AutoCAD 2020 常用的工具栏

学习者在已有工具栏上右击，弹出工具栏快捷菜单；或选择菜单栏【工具】→【工具栏】→【AutoCAD】，点击对应的子菜单命令，都可以根据需要打开或关闭任意一个工具栏。工具栏分为浮动或固定两种方式，浮动工具栏可以定位在绘图区域的任意位置；固定工具栏附着在绘图区域的任意边上，也可以拖到新的固定位置。

【菜单栏】：主要显示中文版 AutoCAD 2020 的十二项菜单，如图 1-8 所示。

图 1-8　AutoCAD 2020 的菜单栏

【标题栏】：主要显示 AutoCAD 2020 的程序图标；当前 AutoCAD 图形文件的名称；右上角的关闭退出中文版 AutoCAD 2020 图标，如图 1-9 所示。

图 1-9　AutoCAD 2020 的标题栏

【命令行提示区】：命令行提示区的主要功能是显示从键盘键入的命令和提示信息。默认的 AutoCAD 2020 在命令行提示区保留最后 3 行所执行的命令或提示信息；可以通过拖动区域边框的方式改变命令行提示区的大小，使其显示多于 3 行或少于 3 行的信息，如图 1-10 所示。

图 1-10　AutoCAD 2020 的命令行提示区

命令行提示区分为两部分：底部为命令行，用于输入当前命令或数值；上部显示历史命令、命令提示和选项等。

按 F2 键，系统弹出 AutoCAD 文本窗口，如图 1-11 所示。

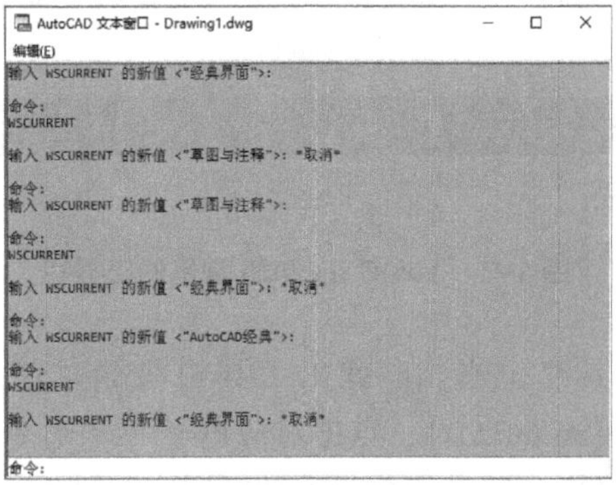

图 1-11　AutoCAD 2020 的文本窗口

在 AutoCAD 文本窗口中，不仅可以很方便地查看历史记录、输入命令或系统变量等进行绘图操作，还可以执行其编辑菜单中的命令，对命令记录进行复制、粘贴等处理；再次按 F2 键，则隐藏 AutoCAD 文本窗口。

【坐标系图标】：坐标系图标位于绘图区的左下角，表示当前绘图所使用的坐标系的形式以及坐标方向。AutoCAD 有世界坐标系（World Coordinate System，WCS）和用户坐标系（User Coordinate System，UCS）两种坐标系。三维建模环境中显示用户坐标系（UCS），二维绘图环境中使用系统默认的世界坐标系（WCS），如图 1-12 所示。

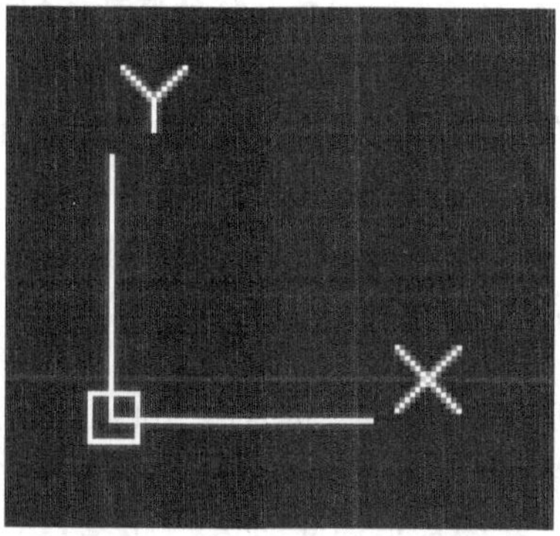

图 1-12　AutoCAD 的世界坐标系

【状态栏】：状态栏用于显示或设置当前的绘图状态。状态栏上最左侧的一组数字反映当前光标的坐标；状态栏上的图标从左到右分别表示：当前是否启用了捕捉模式、栅格显示、正交模式、极轴追踪、对象捕捉、对象捕捉追踪、动态 UCS、动态输入等功能，以及是否显示线宽、当前的绘图空间等信息，如图 1-13 所示。

图 1-13　AutoCAD 2020 的状态栏

【模型/布局选项卡】：模型/布局选项卡用于实现模型空间与图纸空间的切换，如图 1-14 所示。

图 1-14　AutoCAD 2020 的模型/布局选项卡

【视图方位显示（ViewCube）】：可以方便地将视图按不同的方位显示，但在二维绘图时，此功能作用不大，如图 1-15 所示。

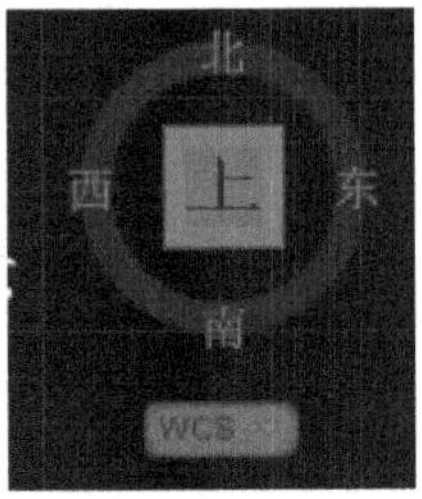

图 1-15　AutoCAD 2020 的视图方位显示

【滚动条】：滚动条有水平滚动条和垂直滚动条，在滚动条上通过移动鼠标可以实现绘图区在水平或垂直方向上的移动，便于图形的查看。

1.2.3　更改绘图区的背景颜色

打开中文版 AutoCAD 2020 程序，进入【AutoCAD 经典】工作界面后，默认的绘图区背景颜色显示为黑色，设计师一般喜欢使用黑色背景。初学者可能会有些不适应，可将绘图区背景颜色设置为白色，当熟练运用 AutoCAD 后，可以按照自己喜欢的风格进行设置。

绘图区的背景颜色一般设置为白色或黑色，无论绘图区中显示的图形是黑色、白色，打印到图纸上都是黑色。

中文版 AutoCAD 2020 更改绘图区背景颜色的操作命令如下。

(1) 选择菜单栏的【工具】→【选项】，即可打开【选项】对话框，如图 1-16 所示。

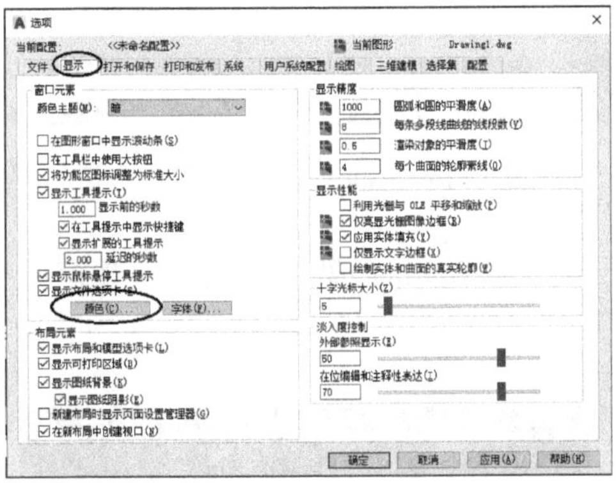

图 1-16　【选项】对话框

【选项】对话框共包含文件、显示、打开和保存、打印和发布、系统、用户系统配置、绘图、三维建模、选择集和配置共十个选项卡，内容涵盖了窗口元素、显示精度、布局元素、显示性能、十字光标大小、拾取框大小、打印设置及淡入度控制等诸多参数。

（2）在【显示】选项卡中选择【颜色】图标 颜色(C)... ，打开【图形窗口颜色】对话框，如图 1-17 所示。

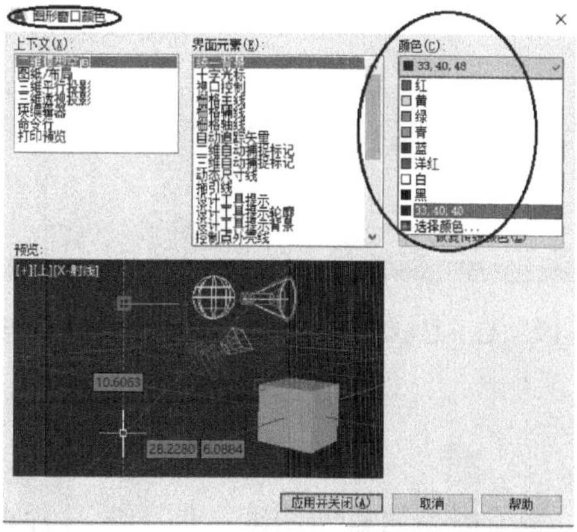

图 1-17　【图形窗口颜色】对话框

（3）在【图形窗口颜色】对话框中，点击颜色下拉列表，设置绘图区的背景颜色，即可将 AutoCAD 2020 绘图区的黑色背景改为白色背景。如图 1-18、1-19所示绘图区黑色背景与白色背景的显示效果。

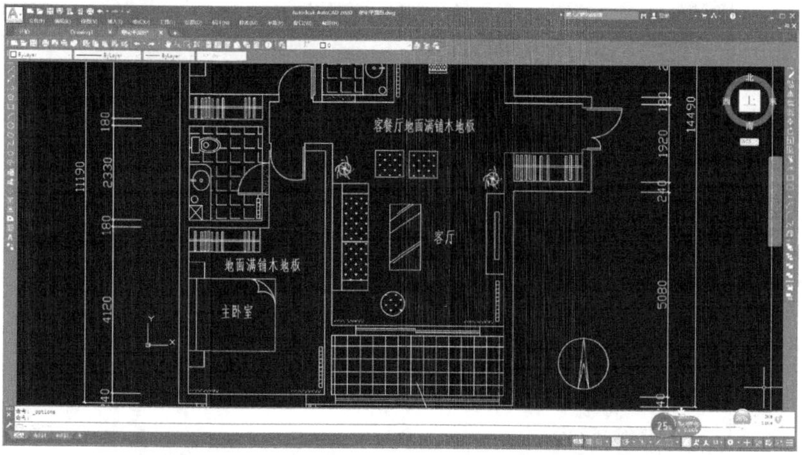

图 1-18　AutoCAD 2020 绘图区黑色背景的显示效果

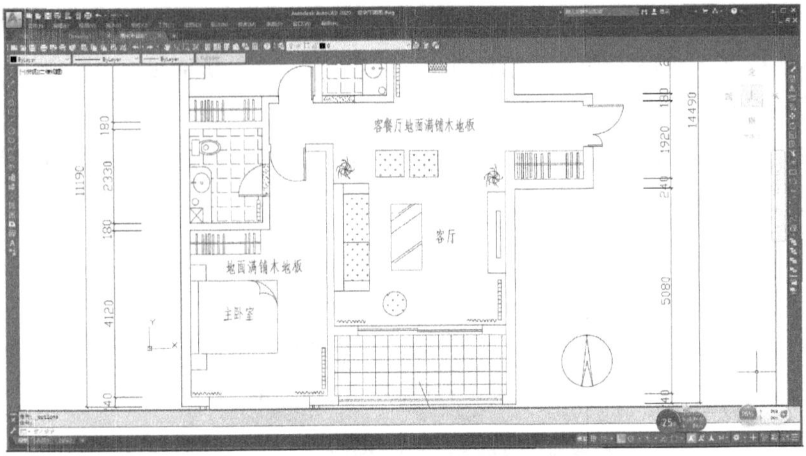

图 1-19　AutoCAD 2020 绘图区白色背景的显示效果

小提示

本书从本节开始，为了提高面板的明度，便于学习者观看使用，将 AutoCAD 2020 绘图区显示由系统默认的黑色背景改为白色背景；窗口元素的颜色主题由系统默认的“暗”改为“明”；学习者如感觉不方便，可以选择【工具】→【选项】→【显示】选项卡中，选择【窗口元素】→颜色主题，自行进行更改，如图 1-20 所示。

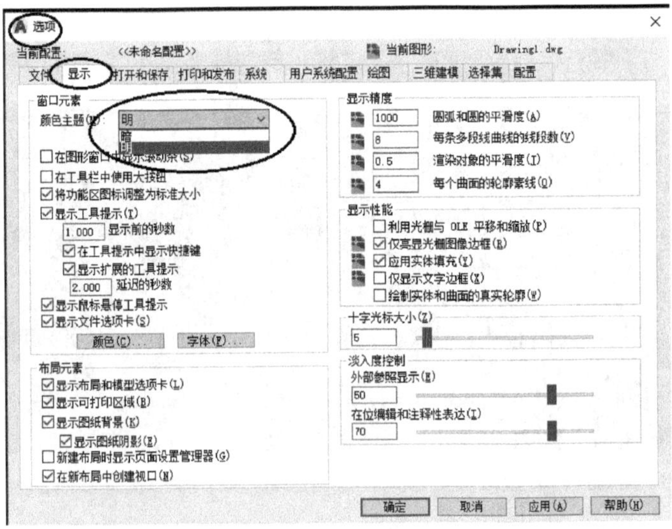

图 1-20　更改窗口元素的颜色主题

1.3　AutoCAD 2020 图形文件的管理

AutoCAD 2020 图形文件的管理包括新建 AutoCAD 文件、打开已有的 AutoCAD 文件、保存 AutoCAD 文件及关闭 AutoCAD 文件等基础操作。

1.3.1　新建图形文件

新建 AutoCAD 文件有多种方式，启动中文版 AutoCAD 2020 程序，点击【开始】图标中的【开始绘制】面板，系统会自动创建一个格式为【.dwg】的图形文件；也可以选择一个样板作为模板来创建新的图形，当选择了一个样板后，单击【打开】图标，系统将打开一个基于该样板的新文件，学习者可灵活选择最适合的操作方式。在此重点介绍常用的新建 AutoCAD 文件的几种操作方式。

（1）启动中文版 AutoCAD 2020 程序后，系统默认创建一个图形文件，并自动命名为 Drawing1. dwg，如图 1-21 所示。

图 1-21　系统默认的新建文件方式

（2）在 AutoCAD 2020 工作界面中，点击【菜单浏览器】图标，选择【新建】菜单，如图 1-22 所示。

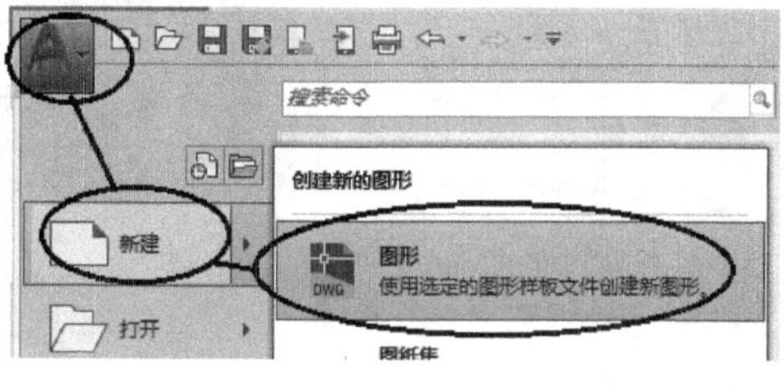

图 1-22　通过【菜单浏览器】新建文件

（3）在 AutoCAD 2020 工作界面中，选择菜单栏【文件】→【新建】菜单，如图 1-23 所示。

图 1-23　通过【新建】菜单新建文件

（4）单击【标准】工具栏或【快速访问】工具栏中的【新建】图标，如图 1-24 所示。

图 1-24　通过【标准】工具栏新建文件

（5）在命令提示行输入“NEW”命令，然后按空格键或回车键。

（6）选择组合键【Ctrl+N】。

无论采用上述的哪一种 AutoCAD 2020 新建文件操作方式，执行命令后，系统都会打开【选择样板】对话框，在对话框中根据需要选择一个样板文件后，单击【打开】图标，即可创建一个新文件，如图 1-25 所示。

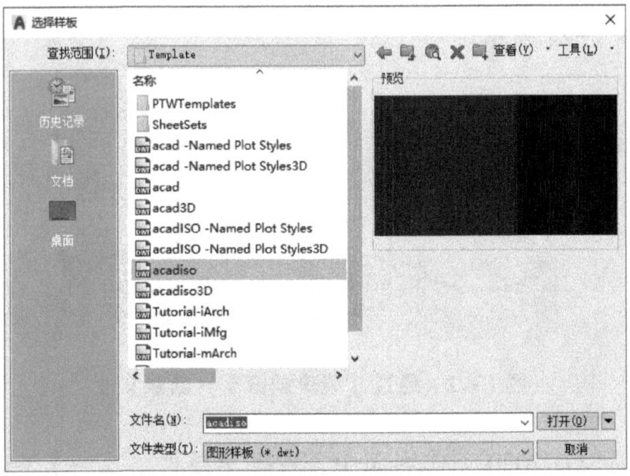

图 1-25　【选择样板】对话框

小提示

三维建模空间的默认样板是 acadiso3d. dwt 和 acad3d. dwt。

在定制样板图形中，acadiso. dwt 是最基本的，其余的都是由此派生而来，acadiso. dwt 主要是把 autocad 中下拉菜单的格式栏目下所有项的内容全都定制一遍。

1.3.2　打开图形文件

在绘制建筑设计、室内设计、展示设计及有线电视网络工程等施工图过程中，并非每个器件、标识及符号的 AutoCAD 图形都必须重新绘制。将可以重复使用的图形保存为单个文件；在以后的绘图中根据设计需要，将已经保存在本地存储设备上的图形调出，就可以重复使用。

打开 AutoCAD 2020 图形文件同新建文件一样，也有多种操作方式。常用的打开文件的操作方式主要有以下几种。

（1）打开【我的电脑】，点击任意一个【 *. dwg】格式的文件，就可以打开 AutoCAD 文件，并同时打开中文版 AutoCAD 2020 程序。

（2）打开中文版 AutoCAD 2020 程序后，在工作界面中点击【菜单浏览器】图标，选择【打开】菜单，如图 1-26 所示。

图 1-26　通过【菜单浏览器】打开文件

（3）在 AutoCAD 2020 工作界面中，选择菜单栏【文件】→【打开】菜单，如图 1-27 所示。

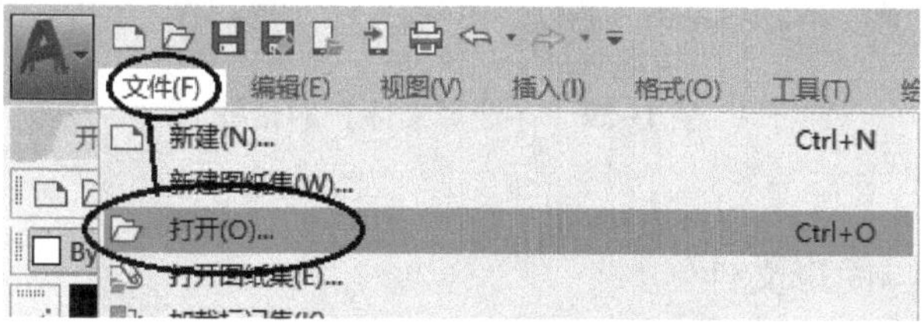

图 1-27　通过【打开】菜单打开文件

（4）单击【标准】工具栏或【快速访问】工具栏中【打开】图标，如图 1-28 所示。

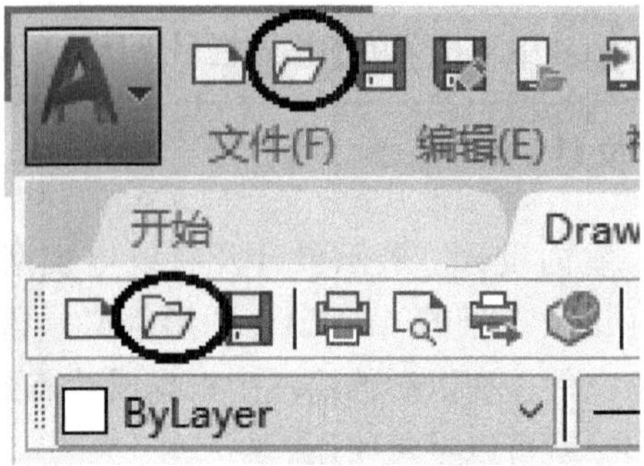

图 1-28　通过【标准】工具栏打开文件

（5）在命令提示行输入“OPEN”命令，然后按空格键或回车键。

（6）选择组合键【Ctrl+O】。

无论采用上述的哪一种打开 AutoCAD 2020 文件的操作方式，执行命令后，系统会打开【选择文件】对话框，如图 1-29 所示。选择一个需要打开的文件后，单击【打开】图标即可打开一个 AutoCAD 文件。

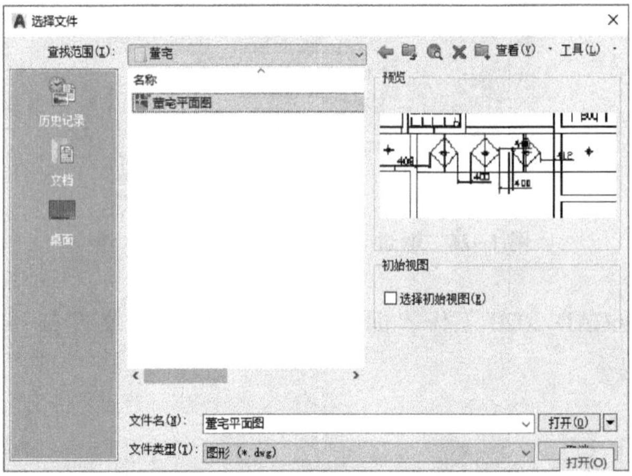

图 1-29　【选择文件】对话框

1.3.3　保存图形文件

中文版 AutoCAD 2020 文件保存同新建、打开文件的操作方式类似。

在绘图工作模式下，在【菜单浏览器】中，点击【保存】图标；在【快速访问】工具栏或【标准】工具栏中点击【保存】图标；在菜单栏下选择【文件】→【保存】菜单；使用组合键 CTRL+S 等几种操作方式，都可以保存 AutoCAD 文件，其中最方便快捷的是使用组合键 CTRL+S，在此就不一一赘述了。

小提示

在开始绘制 AutoCAD 图形时，应马上将文件存盘；绘图过程中最好经常使用组合键 CTRL+S，将文件及时存盘，防止发生停电、设备损坏或系统故障等情况造成文件丢失；对于重要文件，最好再保存一到两个备份。

1.3.4　自动保存图形文件

在绘制 AutoCAD 图形过程中，有时会出现停电、机器出现故障或软件出错等各种情况，未能及时保存最近完成的图形操作，而造成文件的丢失。针对这种情况，AutoCAD 2020 提供了自动保存功能。

选择菜单栏【工具】→【选项】，打开【选项】对话框；在【打开和保存】选项卡中，可以设置自动保存的时间；【每次保存时均创建备份副本】选项，系统在自动保存文件时，会同时创建一个同名的备份文件，但扩展名为【.bak】，如图 1-30 所示。

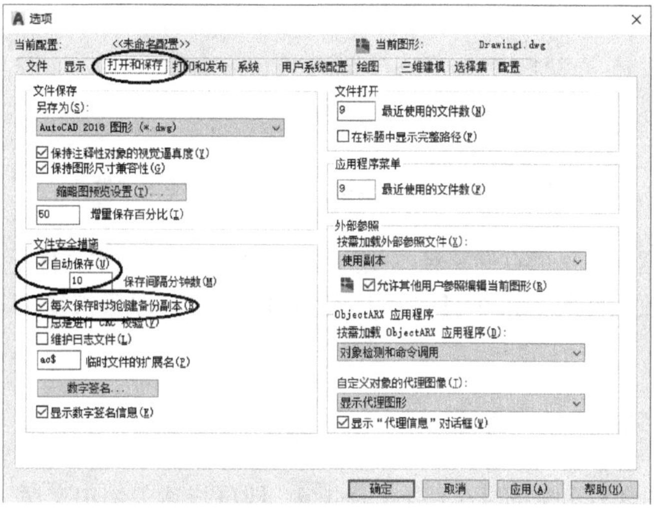

图 1-30　通过【选项】对话框设置自动保存文件

小提示

（1）AutoCAD 2020 默认文件格式是＊.dwg，自动保存的文件名名称不变，但扩展名为【.ac $】，备份文件的扩展名为【.bak】。

（2）系统默认自动保存设置每隔 10 分钟自动保存一次，如自动保存时间过短，会影响软件的运行速度，一般应用默认设置即可。

1.3.5 恢复图形文件

对于出现意外情况而丢失的 AutoCAD 文件，可以应用恢复图形命令来找回丢失的文件，具体操作步骤如下。

（1）选择菜单栏【工具】→【选项】，打开【选项】对话框。

（2）在【文件】选项卡中单击⊞ 自动保存文件位置，如图 1-31 所示。

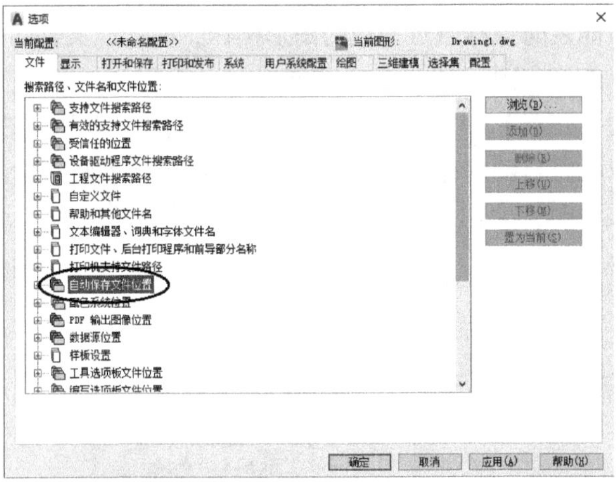

图 1-31 通过【选项】对话框恢复图形文件

（3）根据原文件的存储路径，找到丢失文件的备份副本文件。

（4）修改文件的扩展名【.bak】改为【.dwg】，即可恢复丢失的 AutoCAD 文件。

1.3.6 关闭当前文件

单击绘图区右上角的【关闭】图标，即可快速关闭中文版 AutoCAD 2020 当前文件，如图 1-32 所示。

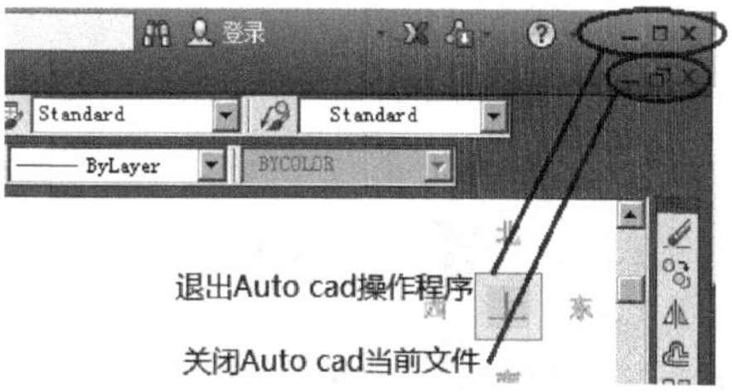

图 1-32　通过【关闭】图标关闭当前文件

1.3.7　退出中文版 AutoCAD 2020 程序

单击工作界面标题栏右上角的【关闭】图标 ×，或选择【文件】→【退出】命令；或使用组合键 Ctrl+Q，都可以退出中文版 AutoCAD 2020 程序。

退出 AutoCAD 2020 程序时，如果当前窗口中有未关闭的文件，要先将其关闭，若该文件被编辑过需要先保存文件，然后再退出。

小提示

退出 AutoCAD 2020 程序与关闭 AutoCAD 2020 文件不同，退出 AutoCAD 2020 程序是关闭整个程序，而关闭 AutoCAD 2020 文件仅仅是关掉当前文件。

1.4　本 章 小 结

本章讲述了中文版 AutoCAD 2020 的基础知识，详细介绍了 AutoCAD 经典工作界面的组成元素，AutoCAD 2020 文件的新建、打开、保存及关闭图形文件的管理技巧，更改 AutoCAD 2020 绘图区的背景颜色等知识。学习者应掌握 AutoCAD 经典工作界面的组成元素，在熟悉工作界面环境的基础上，掌握文件的基本操作命令，为后续知识的学习打下良好的理论基础。

第 2 章

AutoCAD 2020 绘图基础

本章内容是应用 AutoCAD 绘图前需要了解的一些基础知识。主要内容包括绘图坐标及绘图单位的设置技巧；AutoCAD 2020 操作命令的执行方式；正交模式、栅格显示、对象捕捉及极轴追踪等操作命令。通过学习本章内容，学习者熟悉 AutoCAD 的操作方法；了解视图的操作技巧，掌握 AutoCAD 2020 操作命令的执行方式。

2.1 AutoCAD 的操作手势

AutoCAD 软件在实际操作中与 Word、3ds Max 及 PhotoShop 等软件不同，在使用过程中更多的需要双手协调合作。两手同时操作，“齐心协力”，各负其责，这种操作方法可以极大提高工作效率，熟练的工程制图人员都是两手同时应用。

在初学过程中，学习者必须强迫自己养成左手用键盘、右手用鼠标，双手同时操作的习惯。左手一直放在键盘的数字机字母部位，主要负责键盘的输入命令与执行命令，以输入快捷键或组合键为主；右手主管鼠标控制十字光标，进行图标或图形的选取等操作。

2.2 键盘与鼠标的组合应用

在使用中文版 AutoCAD 2020 绘图时，键盘与鼠标的完美配合，可以极大地节约绘图时间，加快绘图速度。键盘主要用来输入数值、文字、简化命令、快捷键及组合键，鼠标用来选择及编辑图形等。

2.2.1 键盘的应用

在使用 AutoCAD 2020 绘图时，键盘的应用比较多，许多绘图命令及文字等都通过键盘输入，键盘上也有许多的快捷键或组合键，快捷键或组合键的应用可以节约绘图时间。 AutoCAD 2020 常用的快捷键或组合键有以下几种。

（1）【空格】键：在绘图时应用最多的一个键，空格键的使用技法是：①每次在命令提示行输入命令后，都要按一下空格键，执行当前命令；②完成一项操作后，按空格键，可以结束操作；③在上次命令的基础上，按空格键，表示重复执行上次命令。也可以使用回车键，但是回车键不如空格操作方便。

（2）【ESC】键：无论当前执行哪一项操作，按下 ESC 键，都可终止命令的继续或执行，返回原始状态。

（3）【Delete】键：选中图形后，按下 Delete 键就可以直接删除选中的图形，相当于修改工具栏的删除】图标，但是比使用修改命令要方便快捷。

（4）【F8】键：正交模式的切换键，相当于状态栏的【正交】图标。

（5）【F3】键：对象捕捉的切换键，相当于状态栏的【对象捕捉】图标。

（6）【Ctrl+Z】组合键：撤销上一步操作，相当于【快速访问】工具栏的【放弃】图标。

（7）【Ctrl+S】组合键：保存图形文件，相当于【快速访问】工具栏的【保存】图标。

这些常用的快捷键或组合键在中文版 AutoCAD 2020 的工作界面中，一般都有相对应的操作图标或命令，但是在实际应用中，使用键盘会更加快速方便。

2.2.2　鼠标的应用

鼠标在 AutoCAD 2020 绘图区中，显示为【十字光标】的形状，在绘图时同键盘配合应用，二者缺一不可。鼠标的中键、左键与右键在使用时，都有不同的作用。

（1）【中键】的应用：按下中键不放，此时【十字光标】变成抓手的形状，移动鼠标可任意移动视图；滚动中键可以缩放视图。

（2）【左键】的应用：主要是选择图形，通过单击或框选选择图形，选择图形后，在图形外单击，可取消已选择图形。

（3）【右键】的应用：在一些位置右击，可以出现快捷菜单。

2.3　移动视图

移动视图，使图纸的某一局部显示在绘图区中，具体操作方式如下。

按下鼠标中键不放，此时【十字光标】变成抓手的形状，移动鼠标可任意移动视图；或选择菜单栏【视图】→【平移（P）】，如图 2-1 所示。

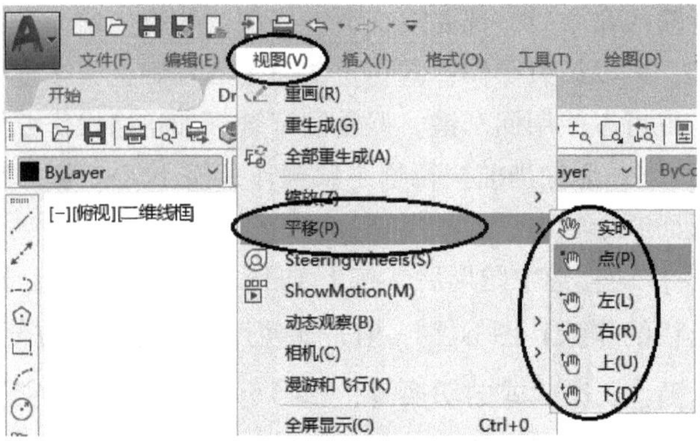

图 2-1　通过【平移】菜单移动视图

2.4　缩放视图

缩放视图，将 AutoCAD 图形在绘图区的视觉尺寸放大或缩小，但实际尺寸不变，具体操作方式主要有以下几种。

（1）滚动鼠标中键，可以方便快速的缩放视图。

（2）选择菜单栏【视图】→【缩放（Z）】，选择其中的一种缩放方式，即可有目的地缩放绘图区，如图 2-2 所示。

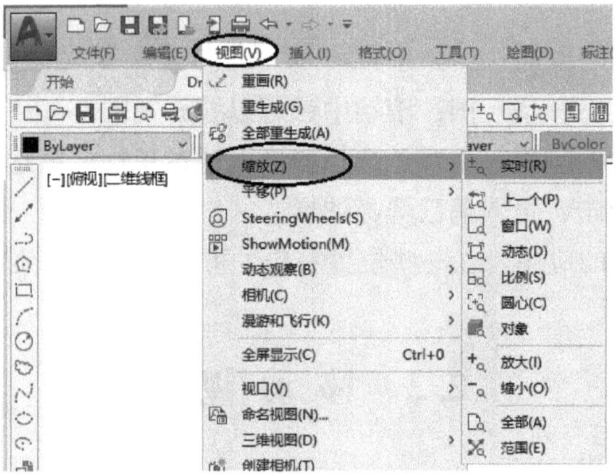

图 2-2　通过【缩放】菜单缩放视图

（3）选择 AutoCAD 2020 标准工具栏上的【缩放】图标，也可以打开多种常用的缩放视图图标，几种缩放方式可以根据实际需要配合使用：①【实时缩放】图标：可以任意缩放绘图区的图形。②【窗口缩放】图标：可以拖拽出一个任意矩形的缩放的区域，用于局部的快速放大或缩小。③【缩放上一个】图标：与窗口缩放配合使用，可以快速返回上次缩放前的视图区域。

2.5　AutoCAD 2020 操作执行方式

使用 AutoCAD 2020 绘制建筑设计、室内装饰设计及有线电视网络工程等工程施工图时，需要使用绘图工具或输入命令，以执行相应的操作。AutoCAD 2020 有多种操作执行方式，常用的是使用工具栏、在命令行输入命令及使用菜单栏。

2.5.1　使用工具栏

使用 AutoCAD 2020 工具栏可以方便、直观地绘制和编辑图形；进行图案填充、文字输入及尺寸标注等操作，常用的工具栏有绘图工具栏、编辑工具栏、标准工具栏、样式工具栏及特性工具栏等，如图 2-3 所示。

（a）绘图工具栏

（b）编辑工具栏

（c）标准工具栏

（d）样式工具栏

（e）特性工具栏

图 2-3　常用的 AutoCAD 2020 工具栏

在实际操作应用时，单击工具栏上的相应图标即可。

2.5.2 在命令提示行输入命令

在命令提示行通过键盘输入绘图命令，在命令行的【命令:】提示符后输入操作命令，然后按一下空格键或回车键执行命令，一般常用空格键比较方便；每次输入命令后都要按空格键，确认当前操作执行，如图 2-4 所示。

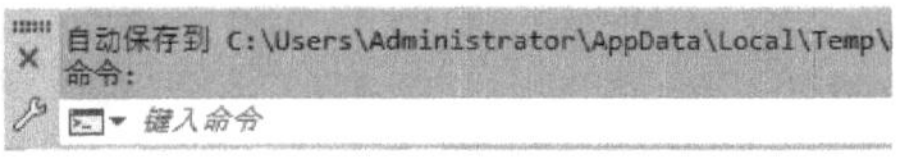

图 2-4 AutoCAD 2020 的命令提示行

小提示

（1）在绘图中，命令提示行与图标可以配合使用，操作者左手负责命令的输入与执行，右手负责鼠标。对于简短的操作命令、快捷键及组合键，可以左手输入；比较长的操作命令，使用图标更加方便。如打开 AutoCAD 文件，输入【OPEN】就不如用图标方便；偏移的简化命令是【O】，输入命令就比用图标要快速。命令行与图标二者配合使用，可以极大地提高工作效率。

（2）在命令提示行输入数值后，都需要按空格键或回车键，确认执行命令或结束当前命令，根据绘图工作经验，使用空格键比回车键要方便而高效。

2.5.3 使用菜单栏

使用中文版 AutoCAD 2020 的菜单栏，可打开相应的绘图及编辑命令，也可以进行绘图区的栅格、捕捉及尺寸标注等操作，一般与工具栏配合使用，如图 2-5所示。

图 2-5 中文版 AutoCAD 2020 的菜单栏

2.6 AutoCAD 2020 的绘图坐标

2.6.1 世界坐标系

世界坐标系即 WCS（Word Coordinate System）坐标系，又称为通用坐标系，是 AutoCAD 2020 系统默认的坐标系，不可改动，这个坐标系中的所有点由唯一的 X、Y、Z 坐标确定，但可以从任何角度、任意方向来观察或旋转图形。

世界坐标系　　　用户坐标系

图 2-6　AutoCAD 2020 的绘图坐标

AutoCAD 许多绘图及编辑命令，如圆、圆弧以及修剪等，都在 WCS（世界坐标系）里进行操作。对于二维绘图来讲，使用世界坐标系就足够了。在使用 AutoCAD 绘图时，绘图区的左下角会出现世界坐标系的图标，该图标中标有 X、Y 的箭头表示当前坐标系统的 X 轴、Y 轴的方向，如图 2-6 所示。

2.6.2　用户坐标系

用户坐标系在制作三维模型时应用比较多，可以很容易地绘制三维立体图形。在三维绘图时，只在一个固定的坐标系中绘制三维立体图形是不现实的，为了更方便地绘制三维立体图，AutoCAD 允许使用者自己建立专用的坐标系，即用户坐标系，又称为 UCS（User Coordinate System）坐标系，如图 2-6 所示。可对用户坐标系执行移动、自定义、保存及恢复等设置。

2.7　AutoCAD 2020 的绘图单位

AutoCAD 2020 默认的绘图单位是【毫米】，在绘图时通常不用修改特定的绘图单位。在工程制图中最常用的单位也是毫米，一般情况下，AutoCAD 采用实际的测量尺寸来绘制各种工程图，打印输出时再按一定的缩放比例来输出图形。

本书中涉及的图形单位如无特殊说明，都以【毫米】为单位。

选择菜单栏【格式】→ 0.0 单位(U)... 菜单，打开【图形单位】对话框，可以设置单位的类型、精度等内容，如图 2-7 所示。

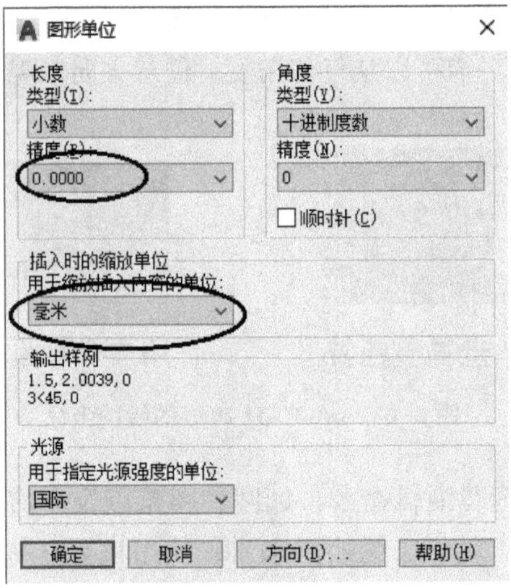

图 2-7 【图形单位】对话框

2.8 AutoCAD 2020 的正交模式

在绘制直线、构造线等图形时，利用 AutoCAD 2020 的正交模式，可以方便、快速地绘制垂直或水平方向的线条。使用正交模式辅助绘图的应用如下。

（1）单击状态栏的【正交模式】图标；或按 F8 键，都可打开正交模式，如图 2-8 所示。

图 2-8 通过【正交模式】图标打开 AutoCAD 2020 的正交模式

（2）在正交模式下，使用【直线】图标，在绘图区内绘制出几条水平、垂直的线段，如图 2-9 所示。

（3）再次单击【正交模式】图标；或按 F8 键，就可关闭正交模式，使用【直线】图标，绘制几条倾斜的线段，如图 2-9 所示。

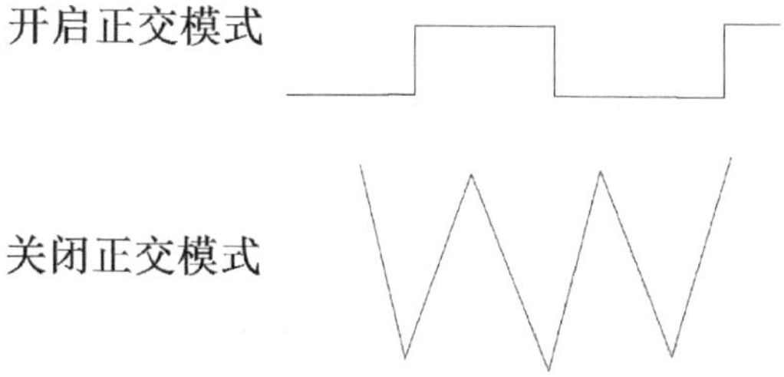

图 2-9　开启、关闭正交模式后绘制的线段效果

2.9　AutoCAD 2020 的栅格显示

AutoCAD 2020 栅格显示的功能控制是否在绘图区显示栅格。点击状态栏的【栅格显示】图标，或输入命令 GRIDMODE 或使用 F7 键都可以开启或关闭栅格功能，如图 2-10 所示。

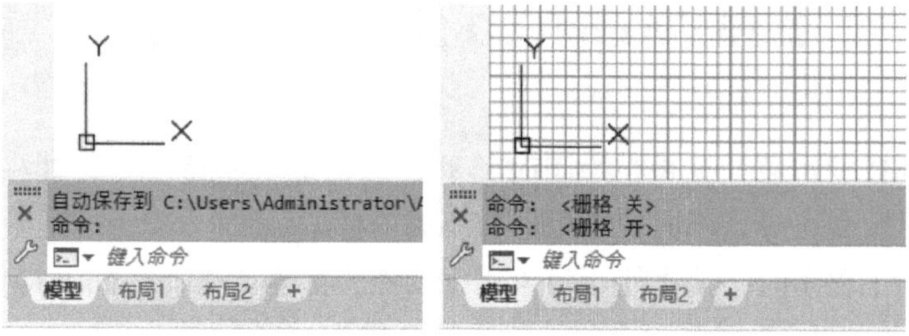

图 2-10　AutoCAD 2020 的栅格显示

栅格与对象捕捉配合应用，有助于特殊点的选取、图形的创建及编辑。栅格是一种辅助工具，仅在绘图区显示出来，在打印输出时不会被打印出来。

在世界坐标系中，栅格布满整个绘图区，栅格在绘图区内均匀分布，栅格的间距可以与捕捉的间距相等，也可以不相等。

在状态栏【栅格显示】图标上右击，选择 网格设置... ，打开【草图设置】对话框，在对话框内设置栅格间距及捕捉间距等，如图 2-11 所示。

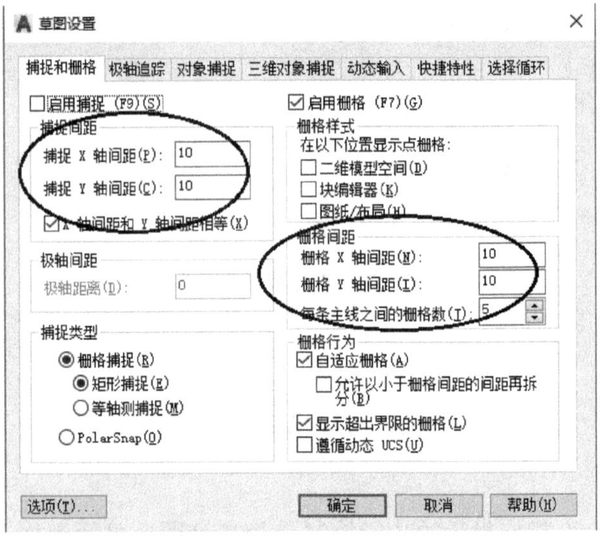

图 2-11　通过【草图设置】对话框设置栅格间距

2.10　AutoCAD 2020 的对象捕捉

AutoCAD 的对象捕捉是在绘图时辅助精确捕捉一些特殊点，如中点、端点、圆心、垂足及交点等，不同的捕捉点有不同的标记。

在绘制工程图时，首次使用对象捕捉功能，都需要先执行如下操作，设置好捕捉的点。

（1）在状态栏上的【对象捕捉】图标上右击，选择对象捕捉设置...，打开【草图设置】对话框。

（2）在【对象捕捉】选项卡中，设置对象捕捉的点，系统默认的是端点、圆心、交点及延长线捕捉模式。

（3）根据需要勾选相应的图标，即可选取该类型的点，如图 2-12 所示。

（4）勾选需要捕捉的点的类型后，按下 F3 键开启对象捕捉功能。

（5）设置好捕捉点后，就可以右击状态栏的【对象捕捉】图标；或使用 F3 键，都可以开启或关闭对象捕捉功能。

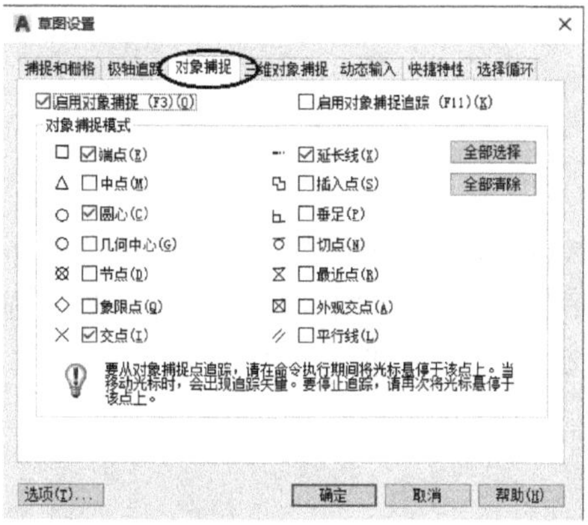

图 2-12　通过【草图设置】对话框设置对象捕捉模式

2.11　AutoCAD 2020 的极轴追踪

AutoCAD 2020 极轴追踪的功能是在绘图时捕捉极轴角，极轴角的设置如下：

（1）右击状态栏的【极轴追踪】图标；或使用 F10 键，都可以开启或关闭极轴追踪功能。

（2）在【极轴追踪】图标上右击，选择 正在追踪设置... ，打开【草图设置】对话框，设置极轴追踪的相关数值，如图 2-13 所示。

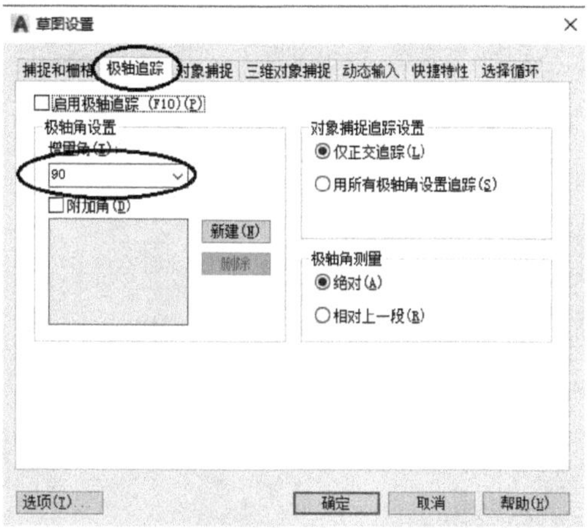

图 2-13　通过【草图设置】对话框设置极轴追踪

2.12 本章小结

本章重点讲述了 AutoCAD 绘图基础，详细介绍了 AutoCAD 2020 的世界坐标系与用户坐标系；AutoCAD 2020 绘图单位的设置；栅格显示与对象捕捉；极轴追踪等操作命令。本章的绘图基础知识是后续学习二维绘图操作命令的关键所在。

第 3 章

二维图形的绘制

本章学习中文版 AutoCAD 2020 最基本的二维图形绘制命令，掌握直线、曲线、矩形、圆形、多边形、圆弧等二维基本图形的绘制技巧。通过本章的学习，熟悉 AutoCAD 2020 最基本的二维图形绘制命令，掌握二维图形的基本绘制技法。

3.1 AutoCAD 2020 二维绘图命令执行方式

使用中文版 AutoCAD 2020 二维绘图命令，可以绘制直线、构造线、多段线、圆、矩形、多边形及椭圆等基本二维图形，也可以将绘制的图形转换为面域，对其进行填充。

AutoCAD 2020 常用的有绘图工具栏、命令提示行输入命令、菜单栏等几种绘图命令的选取方式。

3.1.1 使用绘图工具栏绘图

在 AutoCAD 2020 二维绘图命令的选取方式中，最常用的是使用【绘图】工具栏来选取绘图工具。本章重点介绍使用【绘图】工具栏来绘制二维图形的操作方式，这种操作方式直观而简单，【绘图】工具栏如图 3-1 所示。

图 3-1　AutoCAD 2020 的【绘图】工具栏

3.1.2 使用命令提示行绘图

在命令提示行通过键盘输入绘图命令，学习者在命令行的【命令:】提示符后输入命令，命令行输完数值后，都要按下空格或回车键，确认执行命令或结束当前命令。在实际绘图工作中，应用空格键比较快捷、方便，如图 3-2 所示。

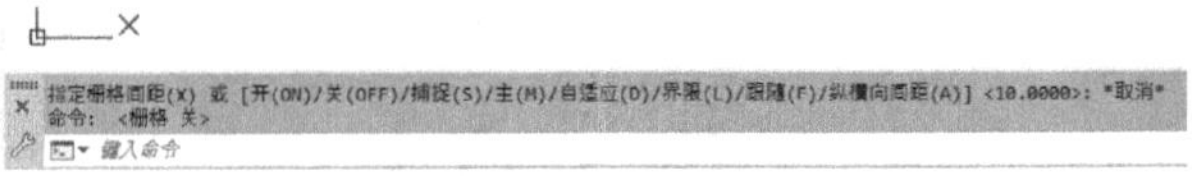

图 3-2　AutoCAD 2020 的命令提示行

小提示

在实际绘图工作中，最好是将命令输入与使用绘图图标两种方式配合使用。对于输入字母较多的命令可以用图标；简短的命令可以输入，二者相互配合，可以极大地提高工作效率。

3.1.3　使用菜单栏绘图

使用菜单栏的绘图命令绘图，直接点击菜单栏的【绘图】菜单，选取相应的菜单操作即可，如图 3-3 所示。

图 3-3　AutoCAD 2020 的绘图菜单

3.2　AutoCAD 2020 二维绘图

3.2.1　绘制点

（1）功能

点是图形最基本的图元，也是组成图形的最小单位，是学习需要熟悉的第一个基本图形。

（2）绘制方式

点的绘制方式有以下三种。

①选择【绘图】工具栏的【点】图标。

②选择菜单栏的【绘图】→【点】→【单点】或【多点】菜单命令。

③在命令提示行输入【Point】命令，或简化命令【Po】，然后按空格键。

（3）设置点的样式

默认情况下，在绘图区绘制的点都是看不见的，为了方便点的使用与观察，需要设置点的样式和大小。

选择菜单栏【格式】→ 点样式(P)... 菜单；或在命令行输入【Ddptype】命令，都可以打开【点样式】对话框，设置点的样式、大小等参数，点击【确定】即可，如图 3-4 所示。

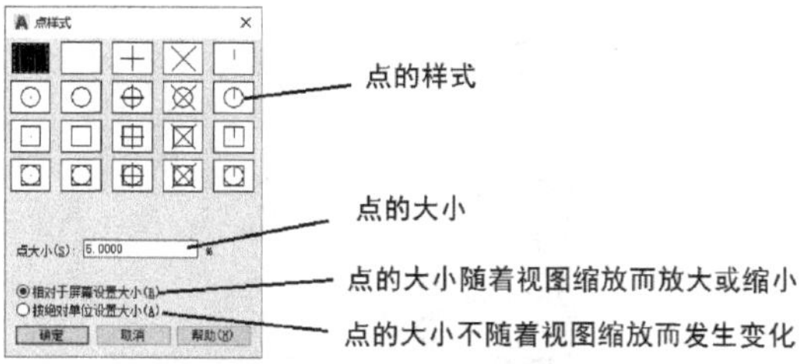

图 3-4　通过【点样式】对话框设置点的样式

（4）绘制单点、多点

在【点的样式】对话框设置点的样式为，单击【绘图】工具栏的【点】图标；或选择菜单栏的【绘图】→【点】→【多点】，都可以在绘图区内点击光标绘制一个单点，如想绘制多个点，多次单击即可，如图 3-5 所示。

图 3-5　单点与多点的绘制

（5）绘制【定数等分】点

使用【定数等分】工具，在已有直线上绘制等分点，将直线均分，具体操作步骤如下。

①单击【绘图】工具栏中的【直线】图标，或输入简化命令 L，按空格键。

②在绘图区内任意单击，选择一点作为直线的起始点；按 F8 键；打开正交模式，在绘图区内单击一点作为结束点；或在命令行输入结束点的数值，按空格键，都可以创建一条水平直线，如图 3-6 所示。

图 3-6　使用直线图标绘制的水平直线

③设置点的样式为；选择菜单栏的【绘图】→【点】→【定数等分】菜单命令，如图 3-7 所示。

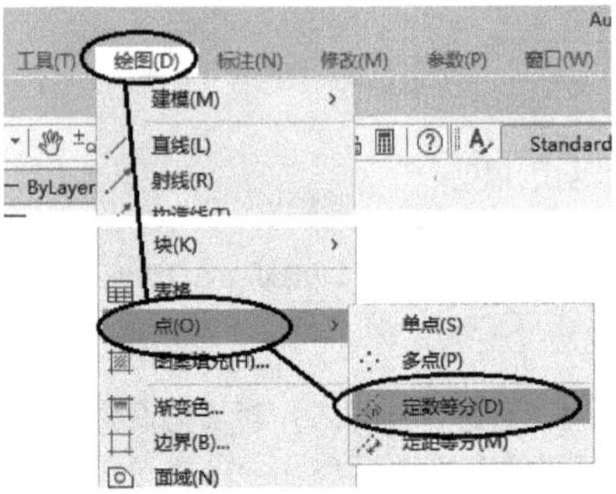

图 3-7　通过菜单选择定数等分命令

④在直线上单击光标，选中直线，如图 3-8 所示。

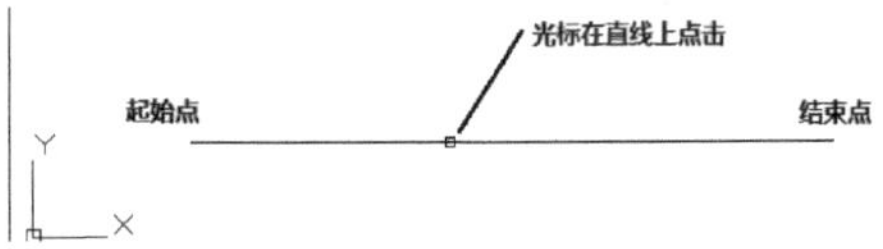

图 3-8　选中直线

⑤在命令提示行输入线段的数目数值“5”，按空格键，即将直线分成了 5 段，最终效果如图 3-9 所示。

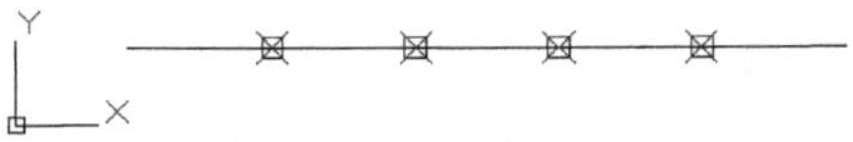

图 3-9　直线被点等分为五段

⑥绘制【定距等分】点

【定距等分】点与【定数等分】点的操作类似，定距等分是输入直线上的点之间的距离，定数等分是输入直线的段数，在此就不再赘述了。

3.2.2　绘制直线

（1）功能

可创建一系列连续二维或三维的直线段，每条线段都是独立的，可以单独编辑。

（2）绘制方式

选择【绘图】工具栏的【直线】图标，或输入简化命令【L】，按空格键。

（3）绘制任意长度的直线

①选择【绘图】工具栏的【直线】图标，或输入简化命令【L】，按空格键；

②按 F8 键开启正交模式；

③右手控制十字光标，在作图区内任意区域随意点击，确定第一点；

④将光标向右移动，确定直线的方向，在合适位置单击作为第二点，左手按空格键，结束直线的绘制。

（4）绘制一定长度的直线

①选择【绘图】工具栏的【直线】图标，或输入简化命令【L】，按空格键。

②按 F8 键开启正交模式。

③右手控制十字光标，在作图区内任意区域随意点击，确定第一点。

④将光标向右移动确定直线的方向，在命令行输入直线的长度“2000”，左手按下空格键，结束一条长度为 2 米的直线的绘制，最终效果如图 3-10 所示。

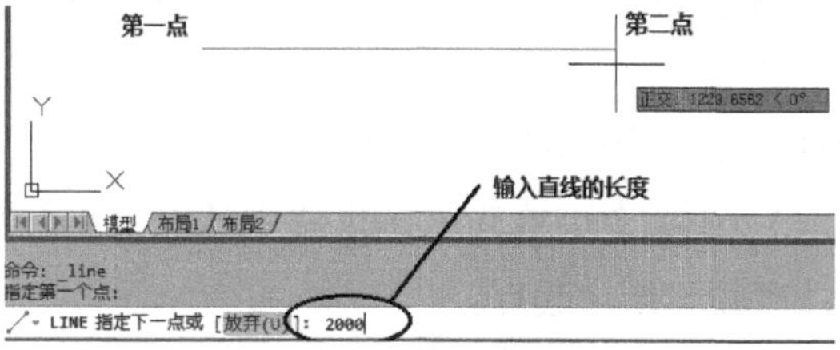

图 3-10　使用直线图标或命令绘制的直线

小提示

（1）关闭 F8 键就可绘制任意角度的斜线，操作方法同直线的绘制相同。

（2）绘制直线时，在绘图区内选取第一点后，光标移动的方向，就是直线第二点的方向。

3.2.3 绘制构造线、射线

（1）功能

二维或三维的无限长的射线，射线可以用来创建参考线及构造线等，本操作命令在绘制建筑施工图纸时，使用极广。

（2）绘制方式

选择【绘图】工具栏的【构造线】图标，或输入简化命令【XL】，按空格键。

（3）绘制构造线

绘制步骤与直线的绘制方式相同，选择【构造线】图标后，按下 F8 键开启正交模式可以绘制出垂直、水平的线条，关闭 F8 键可以绘制任意角度的构造线、射线。

小提示

射线的绘制与构造线相似，实际绘图应用时一般使用构造线就可以了；二者区别在于构造线向两端无限延长，射线向一端无限延长。

3.2.4 绘制多段线

（1）功能

绘制二维或三维的多段线，在一条线中包含直线、曲线的综合线，还可以控制线宽，来绘制宽度不同的线条。

（2）绘制方式

选择【绘图】工具栏的【多段线】图标，或输入简化命令【PL】，按空格键。

（3）使用多段线绘制一个灯泡形状的图形

①选择【多段线】图标，或输入简化命令【PL】，按空格键。

②命令行提示：PLINE 指定起点：

③使用鼠标在绘图区内单击，确定第一点，命令行提示：

PLINE 指定下一个点或［圆弧（A）半宽（H）长度（L）放弃（U）宽度

（W）]：

提示解释如下：①指定起点：指定所要绘制的多段线的起点；②圆弧（A）：要绘制圆弧选择此项；③半宽（H）：指定所绘制的多段线的线宽的一半，绘制过程中，不同位置可以设置不同的线宽；④长度（L）：用来指定直线的长度，一般和极轴追踪或正交结合使用；⑤放弃（U）：相当于撤销一步；⑥宽度（W）：指定多段线的线宽，与半宽（H）类似。

④使用鼠标在绘图区内单击，确定第二点，命令行提示：

PLINE 指定下一个点或［圆弧（A）闭合（C）半宽（H）长度（L）放弃（U）宽度（W）］：

⑤在此提示下输入“A”，按空格键，绘制弧线，命令行提示：

PLINE［角度（A）圆心（CE）闭合（CL）方向（D）半宽（H）直线（L）半径（R）第二个点（S）放弃（U）宽度（W）］：

⑥在绘图区内点击，指定图形的第三点，完成弧形的绘制，命令行提示：

PLINE［角度（A）圆心（CE）闭合（CL）方向（D）半宽（H）直线（L）半径（R）第二个点（S）放弃（U）宽度（W）］：

⑦在此提示下输入“L”，按空格键，指定图形的第四点、第一点，绘制直线段，完成图形的绘制，最终效果如图 3-11 所示。

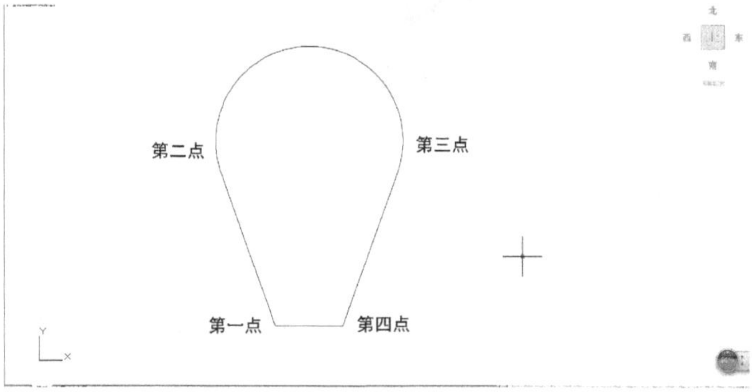

图 3-11 多段线绘制效果

小提示

在使用【多段线】时，最好先绘制一些参考线，打开对象捕捉，然后通过鼠标和对象捕捉、相对坐标等命令结合使用，根据提示选择相应的选项，绘制不同形状的多段线。

使用多段线绘制一个箭头

（1）选择【多段线】图标，或输入简化命令【PL】，按空格键。

（2）命令行提示：PLINE 指定起点：

（3）使用鼠标在绘图区内单击，确定第一点，命令行提示：

PLINE 指定下一个点或［圆弧（A）半宽（H）长度（L）放弃（U）宽度（W）］：

（4）在此提示下输入“W”，按空格键，命令行提示：PLINE 指定起点宽度<0.0000>：

（5）在命令行输入箭头起始端的宽度“20”，按空格键，命令行提示：

PLINE 指定端点宽度<20.0000>：

（6）在命令行输入箭头末端的的宽度“0”，按空格键，命令行提示：

PLINE 指定下一个点或［圆弧（A）半宽（H）长度（L）放弃（U）宽度（W）］：

（7）使用鼠标在绘图区内单击，确定箭头的方向与长度，按空格键，结束箭头的绘制，最终效果如图 3-12 所示。

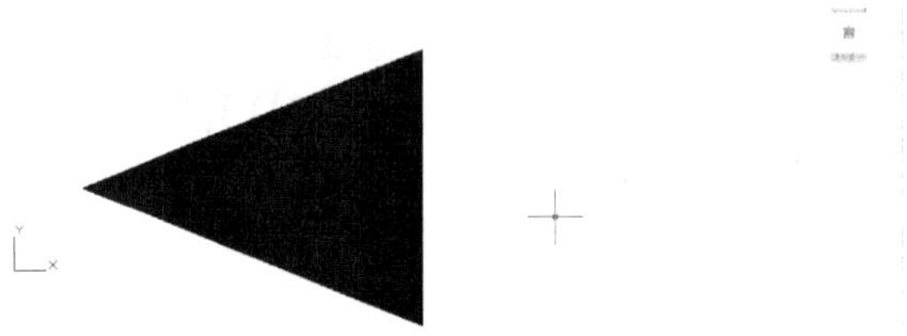

图 3-12　箭头绘制效果

3.2.5　绘制多边形

（1）功能

绘制二维多边形，在 AutoCAD 2020 中，可以绘制边数为 3—1024 的正多边形。

（2）绘制方式

选择【绘图】工具栏的【多边形】图标 ，或输入简化命令【POL】，按空格键。

（3）绘制多边形

①选择【多边形】图标 ，命令行提示：POLYGON_ polygon 输入侧面数<4>：

②在此提示下输入正多边形的边数“5”，按空格键，命令行提示：

POLYGON 指定正多边形的中心点或［边（E）］：

③在绘图区内任意位置单击光标，确定第一点，按空格键（如输入“e”，选择“边（E）”选项，就可以通过一条边的两个端点绘制正多边形），命令行提示：

POLYGON 输入选项［内接于圆（I）外切于圆（C）］<I>：

小提示

默认选项是内接于圆，一般选择默认即可，如图 3-13 所示两种选项的区别。

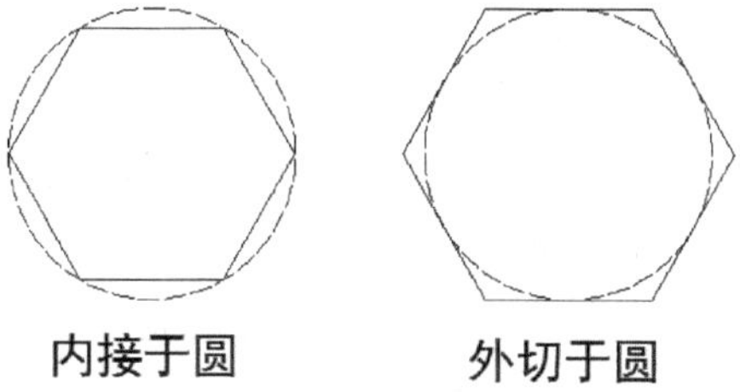

图 3-13　内接于圆与外切于圆的区别

（1）按空格键，选择默认的“I”，命令行提示：

POLYGON 指定圆的半径：

（2）单击第二点，按空格键，即可绘制出一个边数为 5 的多边形，如图 3-14 所示。

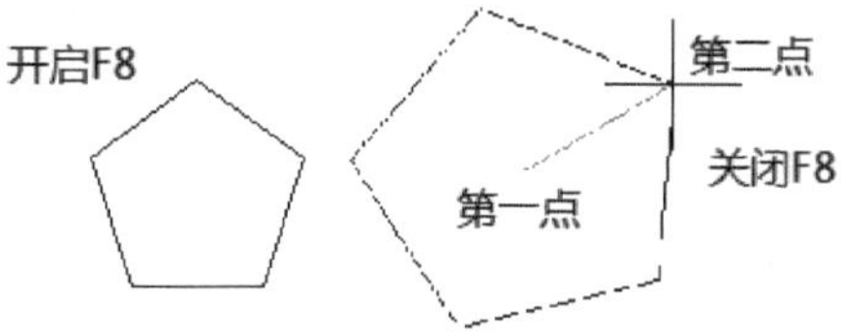

图 3-14　多边形绘制效果

小提示

利用 F8 键开启或关闭正交模式，就可绘制出任意角度或一定角度的多边形，如图 3-14 所示。

3.2.6　绘制矩形

（1）功能

绘制二维矩形。

（2）绘制方式

选择【绘图】工具栏的【矩形】图标，或输入简化命令【REC】，按空格键。

（3）绘制任意尺寸的矩形

选择【矩形】图标，在绘图区中单击鼠标，移动鼠标拖拽出一个矩形框，再次单击鼠标后，即可创建一个任意尺寸的矩形。

（4）绘制一定尺寸的矩形

①选择【绘图】工具栏的【矩形】图标，命令行提示：

RECTANG 指定第一个角点或［倒角（C）标高（E）圆角（F）厚度（T）宽度（W）］：

②在绘图区内任意点击一点，作为矩形的第一点，命令行提示：

RECTANG 指定另一个角点或［面积（A）尺寸（D）旋转（R）］：

③ 在此提示下输入“D”，按空格键，命令行提示：

RECTANG 指定矩形的长度<0. 0000>：

④ 在此提示下输入矩形长度“1200”，按空格键，命令行提示：

RECTANG 指定矩形的宽度<0. 0000>：

⑤在命令行输入矩形宽度“750”，点击鼠标，选择矩形第二点的位置，结束矩形的绘制，最终效果如图 3-15 所示。

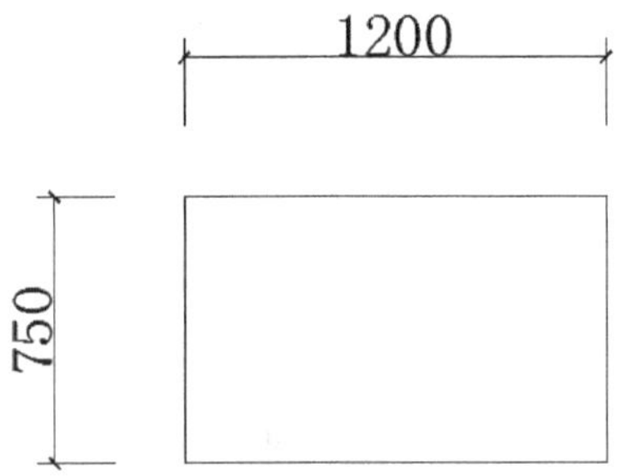

图 3-15　矩形绘制效果

（5）绘制倒角矩形

①选择【绘图】工具栏的【矩形】图标，命令行提示：

RECTANG 指定第一个角点或［倒角（C）标高（E）圆角（F）厚度（T）宽度（W）］：

②在命令行输入“C”，命令行提示：

RECTANG 指定矩形的第一个倒角距离<0. 0000>：指定第二点：

③根据提示输入第一个倒角距离，空格，命令行提示：

RECTANG 指定矩形的第二个倒角距离<20. 0000>：

④根据提示输入第二个倒角距离，空格，然后在绘图区内用鼠标拖拽出一个矩形，即可绘制出一个倒角矩形，如图 3-16 所示。

（6）绘制倒圆角矩形

①选择【绘图】工具栏的【矩形】图标，命令行提示：

RECTANG 指定第一个角点或［倒角（C）标高（E）圆角（F）厚度（T）宽度（W）］：

②在命令行输入“F”，命令行提示：RECTANG 指定矩形的圆角半径<20. 0000>：

③根据提示输入矩形的圆角半径，按空格键，然后在绘图区内用鼠标拖拽出一个矩形，即可绘制出一个倒圆角矩形，如图 3-16 所示。

（7）绘制有宽度和厚度的矩形

①选择【绘图】工具栏的【矩形】图标，命令行提示：

RECTANG 指定第一个角点或［倒角（C）标高（E）圆角（F）厚度（T）宽度（W）］：

②在命令行输入“T”，命令行提示：RECTANG 指定矩形的厚度<0. 0000>：

③根据提示输入矩形的厚度值“300”，按空格键，命令行提示：

RECTANG 指定第一个角点或［倒角（C）标高（E）圆角（F）厚度（T）宽度（W）］：

④根据提示输入“W”，命令行提示：RECTANG 指定矩形的线宽<0. 0000>：

⑤根据提示输入矩形的宽度值“30”，按空格键，然后命令行提示确定矩形的第一点、第二点，即可绘制出一个厚度 300、宽度 30 的矩形，最终效果如图 3-16 所示。

图 3-16　不同的矩形绘制效果

小提示

系统默认的视图是俯视图，在俯视图中看不见矩形的厚度，需要将俯视图转换成三维视图，才能看到矩形的厚度。

选择菜单【视图】→【三维视图】→【西南等轴侧】，将视图修改为三维视图，即可显示出矩形的厚度，如图 3-17 所示。

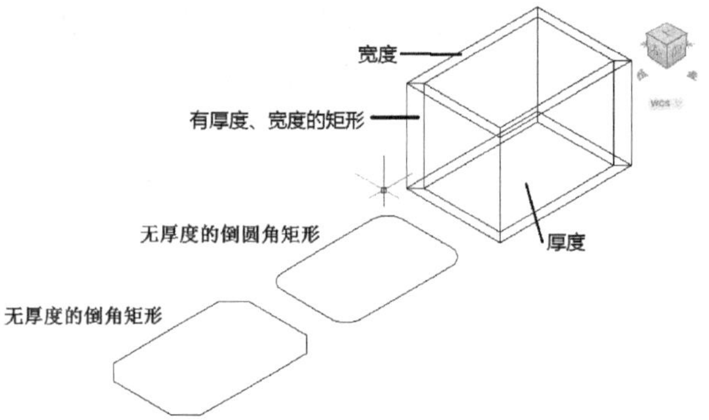

图 3-17 矩形的三维视图

3.2.7 绘制圆弧

（1）功能

绘制二维圆弧。

（2）绘制方式

选择【绘图】工具栏的【圆弧】图标；或输入简化命令【A】，按空格键；或选择菜单栏【绘图】→【圆弧】菜单，显示出绘制圆弧的方法有 11 种，如图 3-18 所示。

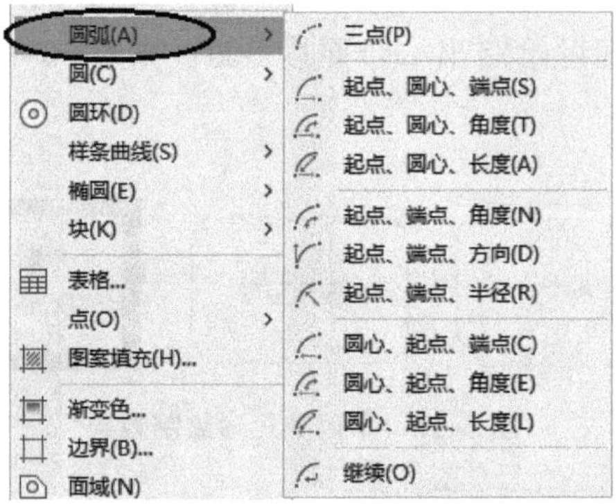

图 3-18 圆弧的绘制方式

在实际绘图时，根据实际情况选用不同的绘制方法，这里主要介绍利用三点及起点、圆心、端点的绘制圆弧的方法。

（3）根据三点绘制圆弧

三点是指圆弧的起点、圆弧上任意一点以及圆弧的终点（端点），具体操作步骤如下。

①选择菜单栏【圆弧】→【三点】，命令行提示：ARC 指定圆弧的起点或［圆心（C）］：

②在绘图区内单击鼠标，确定圆弧的起点位置，命令行提示：

ARC 指定圆弧的第二个点或［圆心（C）端点（E）］：

③在绘图区内单击鼠标，确定圆弧的第二点位置，命令行提示：ARC 指定圆弧的端点：

④在绘图区内单击鼠标，确定圆弧的端点位置，结束圆弧的绘制，最终效果如图 3-19 所示。

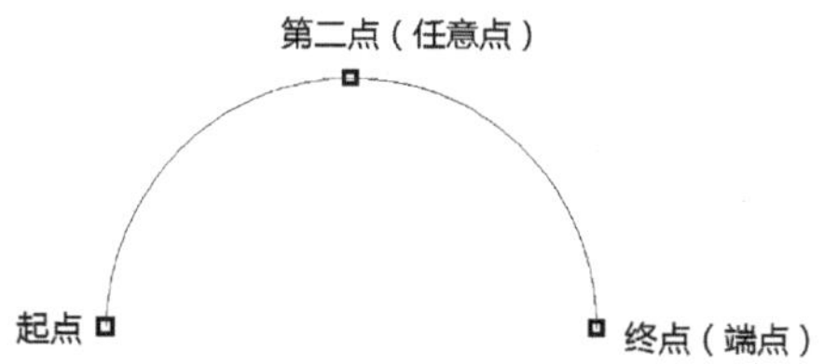

图 3-19　通过三点绘制圆弧

（4）根据圆弧的起点、圆心和端点绘制圆弧

①选择菜单栏【圆弧】→【起点，圆心，端点】，命令行提示：

ARC 指定圆弧的起点或［圆心（C）］：

②在绘图区内单击鼠标，确定圆弧的起点位置，命令行提示：

ARC 指定圆弧的第二个点或［圆心（C）端点（E）］：_ c 指定圆弧的圆心：

③在绘图区内单击鼠标，确定圆弧的圆心位置，命令行提示：

ARC 指定圆弧的端点或［角度（A）弦长（L）］：

④在绘图区内单击鼠标，确定圆弧的端点位置，结束圆弧的绘制，即可完成圆弧的绘制。

小提示

根据起点、圆心和端点绘制圆弧时，AutoCAD 2020 总是从起点开始，绕圆心沿逆时针方向绘制圆弧。

（5）绘制连续圆弧

无论采用哪一种绘制圆弧的方式，完成一个圆弧的绘制时，选择菜单栏【圆弧】→【继续】命令，AutoCAD 2020 会以上一次绘制圆弧时确定的终止点作为新圆弧的起点，并以圆弧在终止点处的切线方向为新圆弧在起点处的切线方向开始绘制圆弧，这样就可以绘制连续的圆弧，效果如图 3-20 所示。

图 3-20　连续绘制圆弧

3.2.8　绘制圆

（1）功能

绘制二维圆形。

（2）绘制方式

选择【绘图】工具栏的【圆形】图标，或输入简化命令【C】，按空格键；或选择菜单栏【绘图】→【圆】，显示绘制圆的方法有 6 种，在实际绘图时，根据实际情况选用不同的绘制方法，如图 3-21 所示。

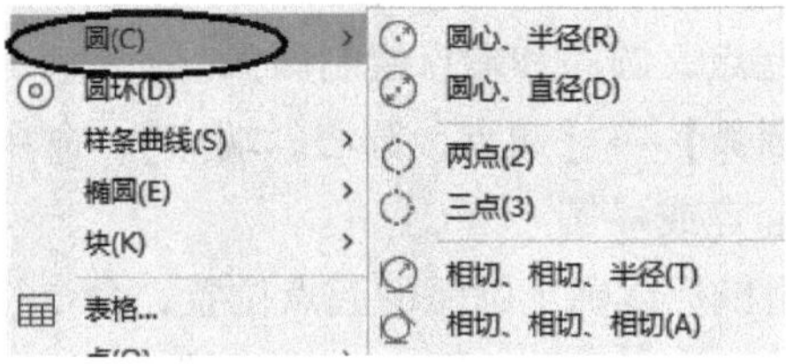

图 3-21　圆的绘制方式

（3）根据圆心和半径绘制圆

①选择菜单栏【圆】→【圆心、半径】，命令行提示：

CIRCLE 指定圆的圆心或［三点（3P）两点（2P）切点、切点、半径（T）］：

②在绘图区内单击鼠标，确定圆的圆心位置，命令行提示：

CIRCLE 指定圆的半径或［直径（D）］<13010.4251>：

③输入圆的半径值，按空格键，或者在绘图区内鼠标单击任意一点，确定圆的圆心位置，结束圆的绘制，即可绘制出一个圆。

（4）根据两点绘制圆

①选择菜单栏【圆】→【两点】，命令行提示：

CIRCLE 指定圆的圆心或［三点（3P）两点（2P）切点、切点、半径（T）］：_2p 指定圆直径的第一个端点：

②在绘图区内单击鼠标，确定圆的第一个端点的位置，命令行提示：

CIRCLE 指定圆直径的第二个端点：

③在绘图区内单击鼠标，确定圆的第二个端点的位置，结束圆的绘制。

（5）根据相切、相切、半径绘制圆

①先在绘图区绘制出两个半径为 1000、500 的圆，如图 3-22 所示。

图 3-22　绘制圆

②选择菜单栏【圆】→【相切、相切、半径】，命令行提示：

CIRCLE 指定图形与圆的第一个切点：

③在半径为 1000 的圆上点击，选择第一个切点，命令行提示：

CIRCLE 指定图形与圆的第二个切点：

④在半径为 500 的圆上点击，选择第二个切点，命令行提示：

CIRCLE 指定圆的半径<500. 0000>：

⑤输入圆的半径“2000”，绘制出第三个圆，最终效果如图 3-23 所示。

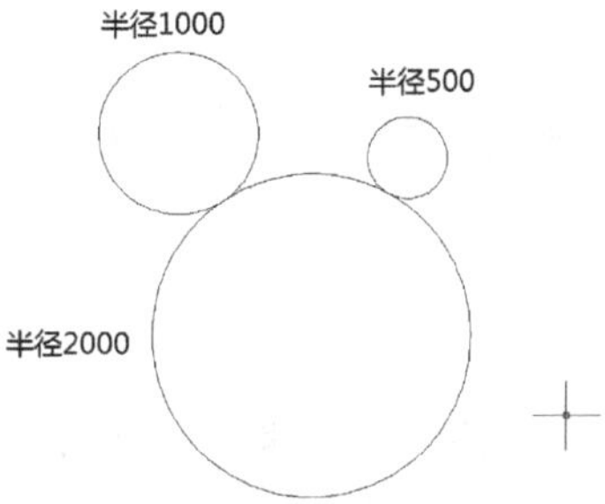

图 3-23　根据相切、相切、半径绘制圆

小提示

使用【相切、相切、半径】绘制圆时，AutoCAD 总是以离选取点最近的位置作为切点来绘制相切圆。因此，在【指定图形与圆的第一、二个切点】提示下选择相切图形时，应尽量靠近所希望的切点位置选择图形。

在“指定圆的半径”提示下输入的圆半径值如果太小，则无法绘制出圆，

AutoCAD 会提示“圆不存在”，并结束命令。

（6）根据相切、相切、相切绘制圆

①打开图 3-22 的文件，选择菜单栏【圆】→【相切、相切、相切】，命令行提示：

CIRCLE 指定圆的圆心或［三点（3P）两点（2P）切点、切点、半径（T）］：_ 3p 指定圆上的第一个点：_ tan 到

②在半径为 1000 的圆上点击，选择第一个切点，命令行提示：

CIRCLE 指定圆上的第二个点：_ tan 到

③在半径为 500 的圆上点击，选择第二个切点，命令行提示：

CIRCLE 指定圆上的第三个点：_ tan 到

④在半径为 2000 的圆上点击，选择第三个切点，绘制出第四个圆，与相切、相切、半径一样，最后得到的圆与选择的切点位置相关，最终效果如图 3-24 所示。

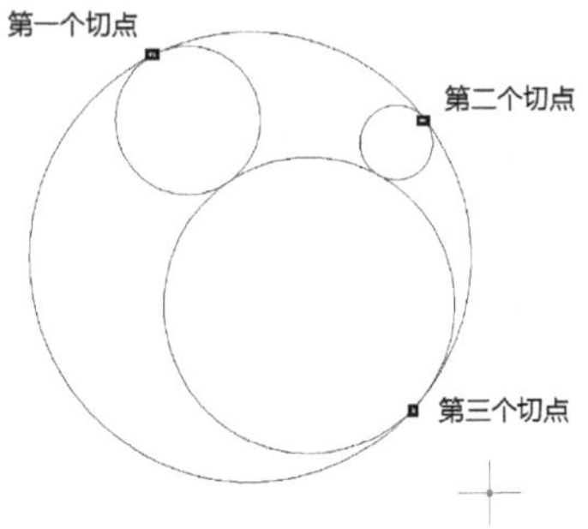

图 3-24　根据相切、相切、相切绘制圆

3.2.9　绘制修订云线

修订云线有多个连续的圆弧组成，一般用于圈至图形或文字说明，达到提醒的目的，在工程制图中，一般很少使用云线。

选择【绘图】工具栏的【修订云线】图标，或输入简化命令【REVC】，都可以打开绘制云线命令。

云线的绘制非常简单，选择【修订云线】图标后，直接在绘图区内移动鼠标绘制即可，如图 3-25 所示。

图 3-25　修订云线

3.2.10　绘制样条曲线

样条曲线是一条光滑的、非均匀的线条，有通过拟合点、控制点两种绘图方法。精确控制样条曲线看似简单，但实际应用很复杂。目前的办法是型值点取得的越多，结果就越精确。

选择【绘图】工具栏的【样条曲线】图标，或输入简化命令【SPL】，都可以打开样条曲线绘制命令，在绘图区选取多点，完成后按三次空格键即可结束样条曲线的绘制。

样条曲线在工程制图中很少使用，一般用于精度要求不高的曲线，如室内装饰设计平面图中的“窗帘”等，如图 3-26 所示。

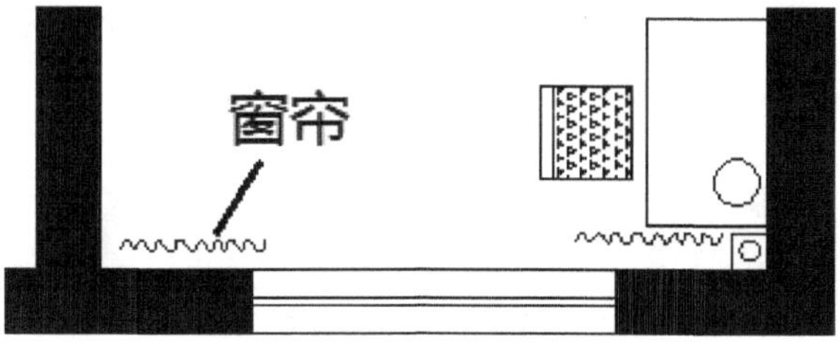

图 3-26　使用样条曲线绘制窗帘

3.2.11　绘制椭圆与椭圆弧

（1）功能

绘制二维椭圆。

（2）绘制方式

选择【绘图】工具栏的【椭圆】图标，或输入简化命令【EL】，按空格键；或选择菜单栏【绘图】→【椭圆】，显示绘制圆的方法有三种，在实际绘图时根据实际情况选用不同的绘制方法，如图 3-27 所示。

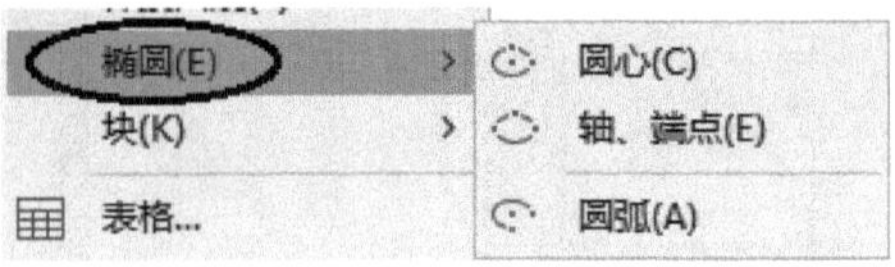

图 3-27 椭圆的绘制方式

（3）根据圆心绘制椭圆

①选择菜单栏【绘图】→【椭圆】→【圆心】，命令行提示：

ELLIPSE 指定椭圆的中心点：

②在绘图区内单击鼠标任意点击一点，确定椭圆的圆心位置，命令行提示：

ELLIPSE 指定轴的端点：

③在绘图区内单击鼠标任意点击一点，确定椭圆 X 轴的端点 1 位置，命令行提示：

ELLIPSE 指定另一条半轴长度或［旋转（R）］：

④在绘图区内单击鼠标任意点击一点，确定另一 Y 轴的端点 2 位置，或输入半轴的长度，确定椭圆，最终效果如图 3-28 所示。

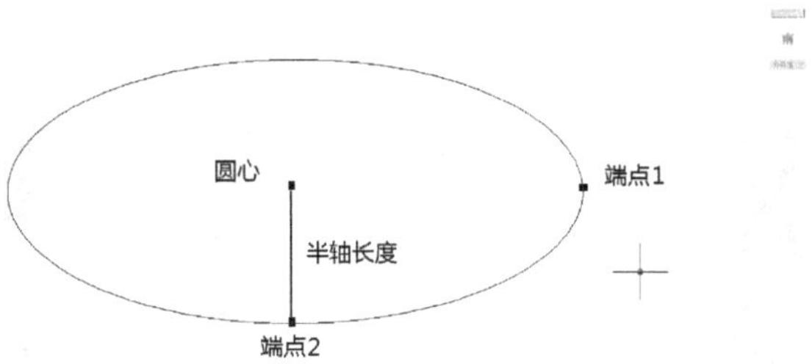

图 3-28 根据圆心绘制椭圆

（4）根据轴、端点绘制椭圆

①选择菜单栏【绘图】→【椭圆】→【轴、端点】，命令行提示：

ELLIPSE 指定椭圆的轴端点或［圆弧（A）中心点（C）］：

②在绘图区内单击鼠标任意点击一点，确定椭圆上某一条轴的端点，命令行提示：

ELLIPSE 指定轴的另一个端点：

③在绘图区内单击鼠标任意点击一点，确定椭圆上另外一条半轴的长度位置，命令行提示：

ELLIPSE 指定另一条半轴长度或［旋转（R）］：

④在绘图区内单击鼠标任意点击一点，确定另一 *Y* 轴的端点 2 位置，或输入半轴的长度，确定椭圆。

小提示

椭圆弧的绘制方法与椭圆一样，在此就不再详述了。

3.2.12　绘制多线

（1）功能

多线是由多条平行线组成，一般用于绘制建筑施工图中平面图的墙体。

（2）绘制方式

选择菜单栏【绘图】→ 多线(U)，或输入简化命令【ML】，按空格键。

（3）定义多线的样式

①选择菜单栏【格式】→ 多线样式(M)...，打开【多线样式】对话框，单击【新建】图标，打开【创建新的多线样式】对话框，如图 3-29 所示。

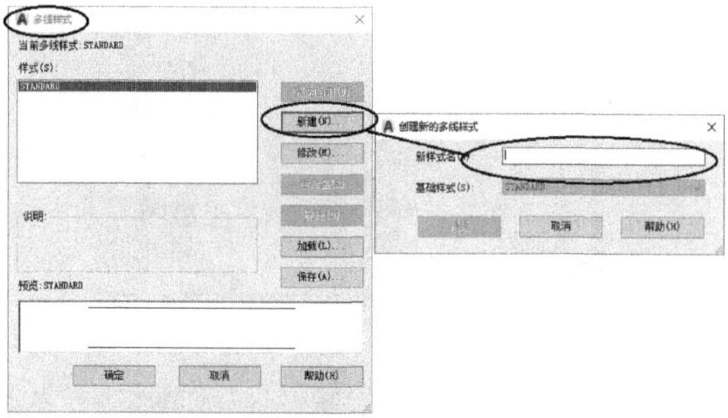

图 3-29　【多线样式】对话框

②在“新样式名”文本框中输入新样式的名称，然后单击【继续】图标，打开【新建多线样式】对话框，设置多线的封口、填充、偏移、颜色及线型等，如图 3-30 所示。

【新建多线样式】对话框中的选项说明：①封口：控制多线在起点和终点处的样式。②填充：确定多线的背景填充颜色。③图元：设置偏移、颜色以及线型。④添加：为多线添加新线，单击添加图标，AutoCAD 2020 自动加入一条偏移为“0”的新线，可以继续添加，并输入不同的偏移量。

③在【新建多线样式】对话框中完成新的多线的设置后，单击【确定】图标，返回【多线样式】对话框，点击【确定】图标即可，如图 3-31 所示。

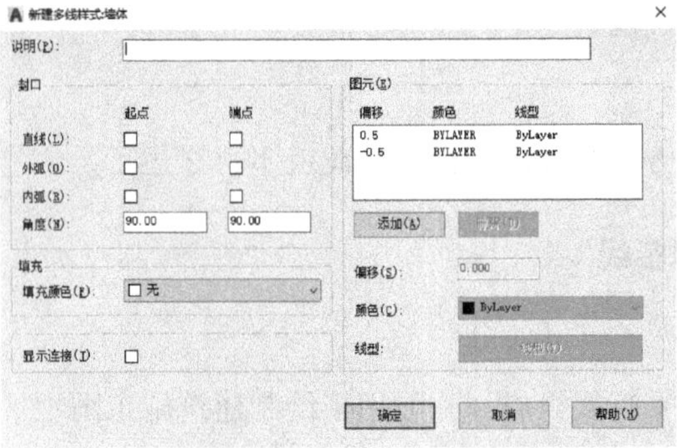

图 3-30　通过【新建多线样式】对话框设置多线的填充及颜色

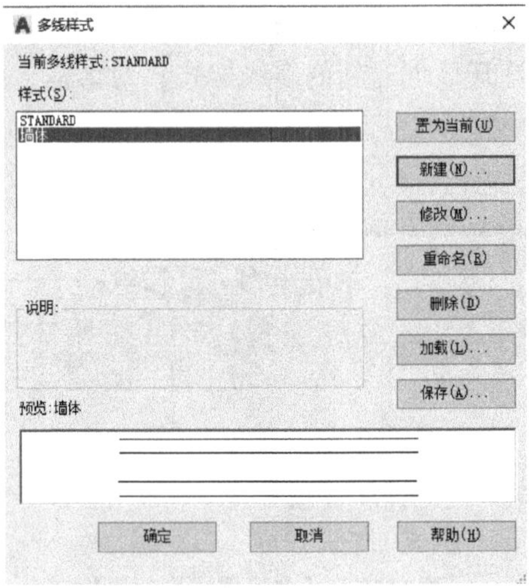

图 3-31　【多线样式】对话框

小提示

如果想修改定义好的多线样式，可在【多线样式】对话框中，选择【修改】图标，打开【新建多线样式】对话框，修改多线的相应参数即可。

（4）多线的编辑

在菜单栏中选择【修改】→【对象】→ 多线(M)...，打开【多线编辑】对话框，对话框中非常形象地说明了多线的编辑功能，根据实际需要选择一种编辑样式后，返回绘图区，选择要编辑的多线即可，如图 3-32 所示。

图 3-32　通过【多线编辑】对话框修改多线样式

3.2.13　绘制圆环

（1）功能

绘制二维圆环。

（2）绘制方式

选择菜单栏【绘图】→【圆环】，或输入简化命令【DO】，按空格键。

圆环可以任意选择内径与外径，内径与外径相等为普通圆，内径与外径相差为圆环，内径为 0 为实心圆，三种圆环的区别如图 3-33 所示。

图 3-33　三种圆环的区别

（3）绘制填充的圆环

①选择菜单栏【绘图】→【圆环】，或输入简化命令【DO】，按空格键。命令行提示：

DONUT 指定圆环的内径<0. 5000>：

②输入圆环的内径，按空格键，命令行提示：

DONUT 指定圆环的外径<1. 0000>：

③输入圆环的外径，按空格键，命令行提示：

DONUT 指定圆环的中心点或<退出>：

④在绘图区内点击任意一点，确定圆环的中心，即可绘制出一个圆环，可以继续点击绘制多个圆环，如果想结束绘制，按空格键即可结束圆环的绘制，最终效果如图 3-34 所示。

（4）绘制不填充的圆环

①输入【FILL】命令，命令行提示：

FILL 输入模式［开（ON）关（OFF）］<开>：

“开（ON）”选项使填充有效，“关（OFF）”选项则关闭填充模式，即不填充。

②输入“OFF”，选择关（OFF），然后重新绘制一个同样的圆环，就可以绘制出不填充的圆环，最终效果如图 3-34 所示。

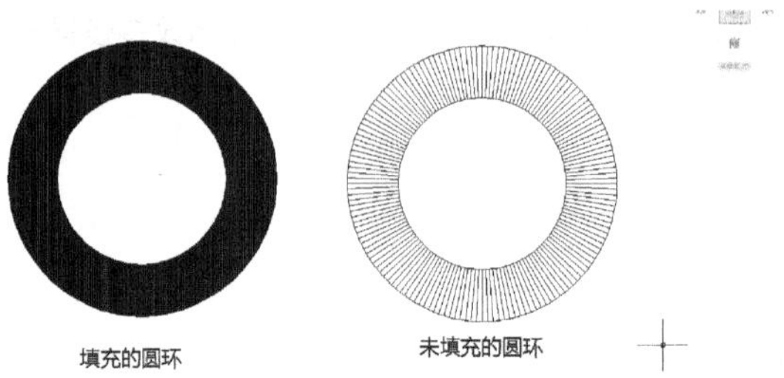

图 3-34　圆环的填充效果

3.3　本章小结

本章重点讲述了中文版 AutoCAD 2020 的二维绘图命令，详细介绍了常用的构造线、直线、圆、圆弧、矩形及多边形等的绘制技法，学习者要反复地练习创建各种二维图形的操作命令，熟练掌握二维绘图命令技巧，为下一章二维图形编辑命令的学习做好准备。

第 4 章

二维图形的编辑

本章学习中文版 AutoCAD 2020 最基本的二维图形编辑技巧。通过本章的学习，可以对绘制的直线、曲线、矩形、圆形、多边形、圆弧等二维基本图形，执行移动、复制、缩放、修剪、镜像及阵列等操作，使绘制出的 AutoCAD 图形更加美观、合理。

4.1　AutoCAD 2020 二维图形编辑基础

4.1.1　AutoCAD 编辑命令的选取方式

使用 AutoCAD 2020 绘制出二维图形后，一般都需要使用图形编辑工具或输入命令，来修改、完善 AutoCAD 二维图形。

中文版 AutoCAD 2020 有修改工具栏、命令提示行输入命令、菜单栏及屏幕菜单四种编辑命令的选取方式。

（1）使用修改工具栏

利用【修改】工具栏进行图形编辑是最常用的方式，【修改】工具栏如图 4-1 所示。

图 4-1　【修改】工具栏

（2）使用命令提示行

在命令提示行通过键盘输入图形修改命令，在命令行的【命令:】提示符后输入命令，输完数值后，都要按空格键或回车键，确认执行命令或结束当前命令，一般使用空格键比较简便快捷，如图 4-2 所示。

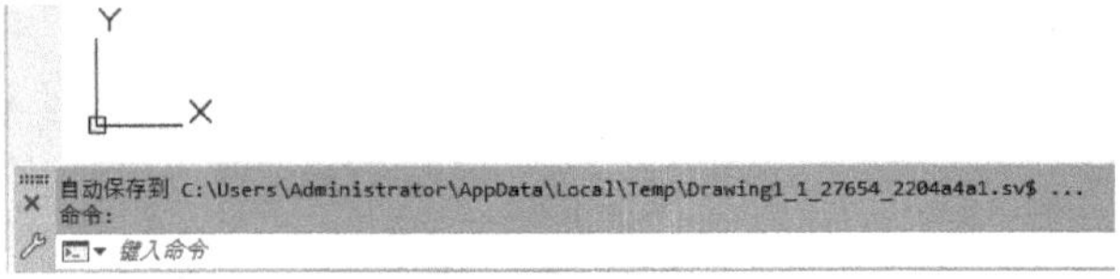

图 4-2　命令提示行

小提示

在实际绘图工作中，命令输入与修改工具栏的图标配合使用，对于输入字母较多的命令可以用图标；简短的命令可以输入，二者相互配合，可以极大地提高工作效率。

(3) 使用菜单栏

使用菜单栏来进行修改命令的选取的方式，在实际应用中，不如输入简化命令及修改工具栏方便，在实际绘图中，可以根据个人习惯及实际情况确定选择方式，如图 4-3 所示。

图 4-3　【修改】菜单

(4) 使用屏幕菜单

在实际应用中，屏幕菜单很少使用，在此就不再叙述了。

4.1.2　AutoCAD 选择命令方式

在编辑 AutoCAD 2020 图形时，输入修改命令之前或之后，都需要进行图形的选择，确定操作的图形，选择图形后，绘图区十字光标变成一个小方框，称之为点取框，如图 4-4 所示。

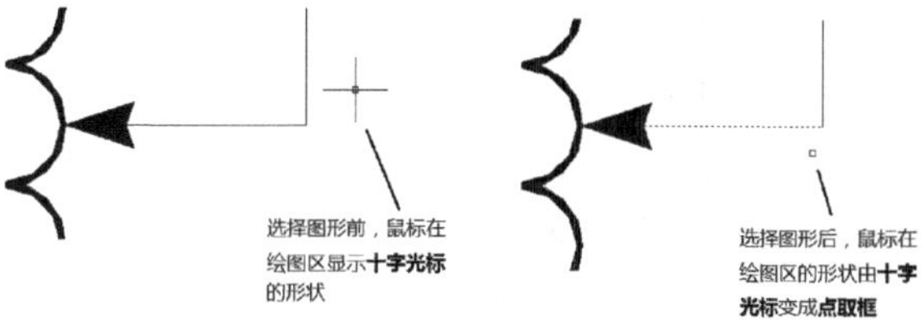

图 4-4　鼠标的两种形状

十字光标和点取框的大小可以自行设置，点击菜单栏的【工具】→【选项】，打开【选项】对话框，在【显示】选项中可以设置十字光标的大小，如图 4-5 所示。

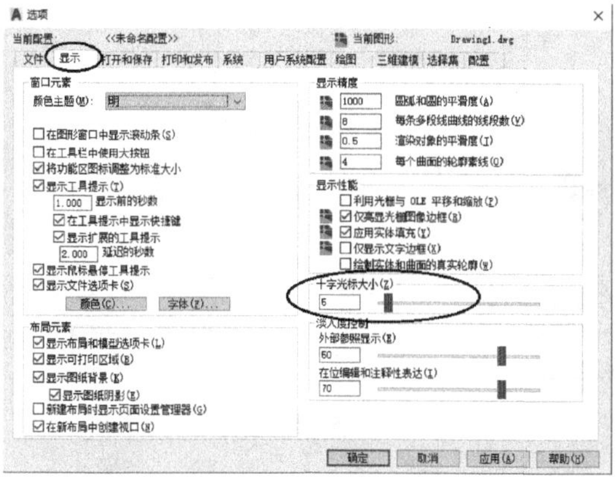

图 4-5　通过【选项】对话框设置十字光标的大小

在【选择集】选项中可以设置拾取框的大小及夹点的尺寸，如图 4-6 所示。

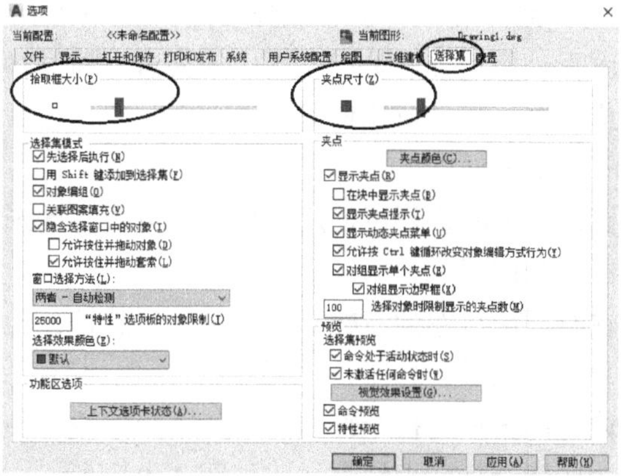

图 4-6　通过【选择集】选项设置拾取框的大小

AutoCAD 2020 提供了多种图形的选择方式，主要的有以下几种。

（1）点选（单击选择图形）

当命令行提示“选择图形：”时，绘图区出现拾取框光标，将光标移动到某个图形上，单击鼠标左键，则可以选择图形，被选中的图形呈高亮显示。

单击图形直接选择方式适合选择图形较少的情况。

点选直接用鼠标左键单击，逐一选择目标，将选择的图像图形添加到选择集中。

点选时，先选择图形后输入命令或其他操作，图形被选中后，图形会显示夹点加虚线的状态，十字光标的形状不变；先输入命令或其他操作后选择图形，图形被选中后，图形会仅仅显示虚线的状态，十字光标的形状变成拾取框，如图 4-7 所示。

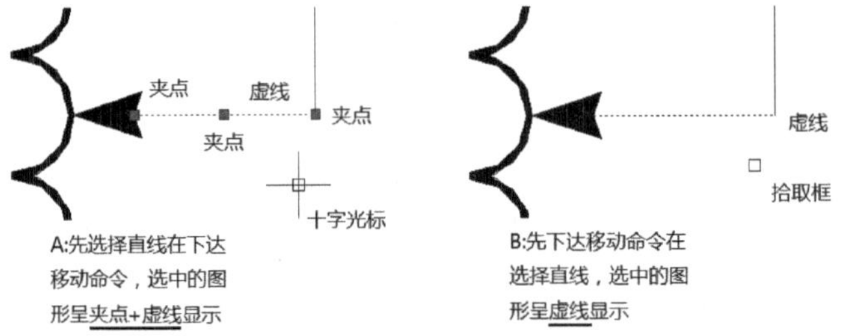

图 4-7　图形的显示状态

小提示

（1）在选择多个需要的图形时，如果多选或错选了，可以按住 Shift 键进行加减；即按住 Shift 键，再点选选错的那个图形即可。

（2）利用夹点的快捷方法，可以编辑图形。夹点的使用方法有多种，但常用的是移动或拉伸图形。使用方法是点击图形的夹点，通过移动或拉伸等方式编辑夹点，图形也相应地进行移动或拉伸等。

（2）窗口选择（从左向右）

当需要选择的图形较多时，可以使用窗口选择方式，此选取方式主要针对选取选择矩形区域范围内的图形。

使用鼠标左键在绘图区从左到右的拉出一个矩形选框，矩形选框边框呈实线显示，选择区域内呈灰色显示，如图 4-8 所示。

位于矩形选框内部的图形将被全部选中；位于矩形选框外部及边界相交的图形则未被选中，选中图形全部呈虚线显示，如图 4-9 所示。

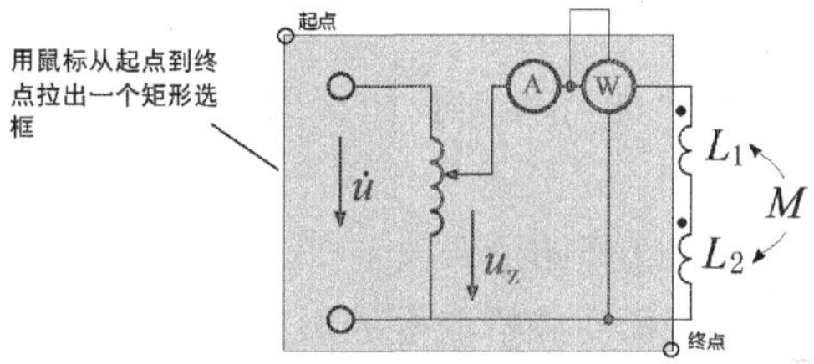

图 4-8　矩形选框内呈灰色显示

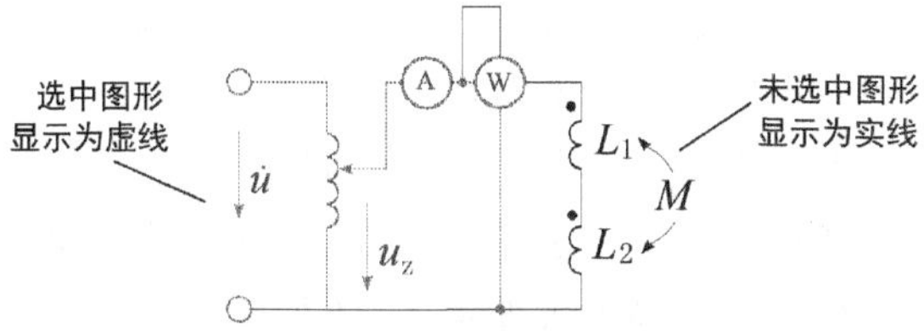

图 4-9　选中图形呈虚线显示

（3）窗口选择（从右向左）

使用鼠标在绘图区从右下到左上，或右上到左下移动拉出一个矩形选框，选择框呈虚线，位于矩形选框内部、外部及边界相交的图形则全部被选中。这种方法也是全选最好的方法之一，如图 4-10 所示。

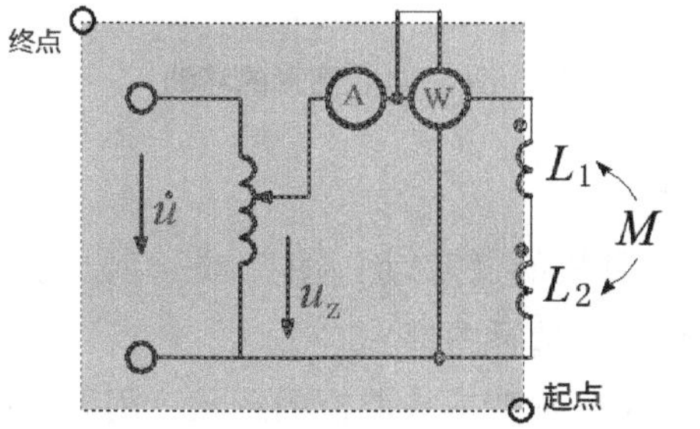

图 4-10　窗口选择方式（从右向左）

4.2　AutoCAD 二维图形的编辑

4.2.1　移动

（1）功能

将选定的图形从一个位置移动到另一位置。

（2）非精确移动图形

①选择【修改】工具栏的【移动】图标；或输入简化命令【M】，按空格键。

②命令行提示：MOVE 选择图形：

③这时绘图区的十字光标变成拾取框的形状，用鼠标在绘图区内选择需要移动的图形，命令行提示：MOVE 选择图形：

④这时可以继续选择要移动的图形，如已经选取完成，按空格键结束选择图形。命令行提示：MOVE 指定基点或［位移（D）］<位移>：

⑤指定图形中的一点作为移动的基点，命令行提示：

MOVE 指定第二个点或<使用第一个点作为位移>：

⑥再用鼠标指定任意一点，指定第二个点，选择的图形将从当前位置按由所指定两点确定的距离移动，最终效果如图 4-11 所示。

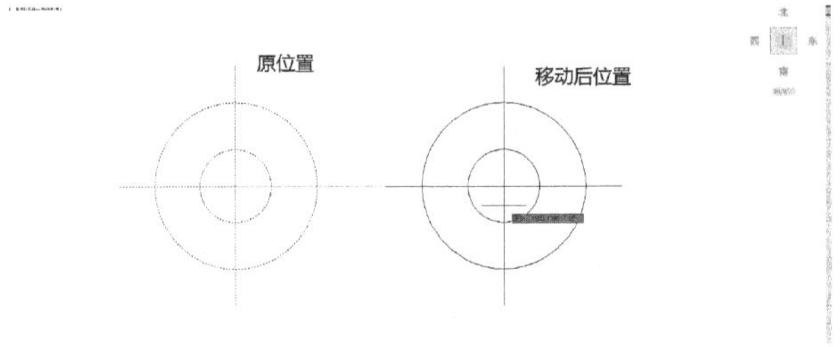

图 4-11　图形的移动

（3）精确移动图形

①选择【修改】工具栏的【移动】图标；或输入简化命令【M】，按空格键。命令行提示：MOVE 选择图形：

②这时绘图区的十字光标变成拾取框的形状，用鼠标在绘图区选择需要移动的图形，命令行提示：MOVE 选择图形：

③这时可以继续选择要移动的图形，如已经选取完成，按空格键，结束选择图形。命令行提示：MOVE 指定基点或［位移（D）］<位移>：

④在命令行输入“D”，根据位移的数值量移动图形，命令行提示：

MOVE 指定位移<0.0000，0.0000，0.0000>：

⑤在此提示下输入移动位移量（“300，500，800”）后，按空格键，所选择图形将按此移动位移量移动。

位移《0.0000，0.0000，0.0000》三个数值代表着图形在绘图区的坐标系中 X 轴、Y 轴及 Z 轴上的位移量。

在实际操作中，如果将图形向下方、左方移动，就需要输入负值，如“-2000”，但是这样比较麻烦。如果移动图形时配合鼠标，则无论向那个方向移动图形，只需要移动鼠标，输入正值位移量即可，具体使用方法如下。

先用鼠标选取移动的基点（如圆心）后，鼠标向图形将要移动的方向移动，在命令行直接输入一个正值位移量值（如 2000），就可以移动图形到该位置，这样可以节省输入时间，如果是在 XY 轴方向，则需要输入两个位移量值（如图形从 A 位置移动到 F 位置，需要输入 1500，800），如图 4-12 所示是图形在 A 位置输入不同的位移量，所产生的移动效果。

这种方法可以极大地提高绘图速度，简单快速，易于掌握。

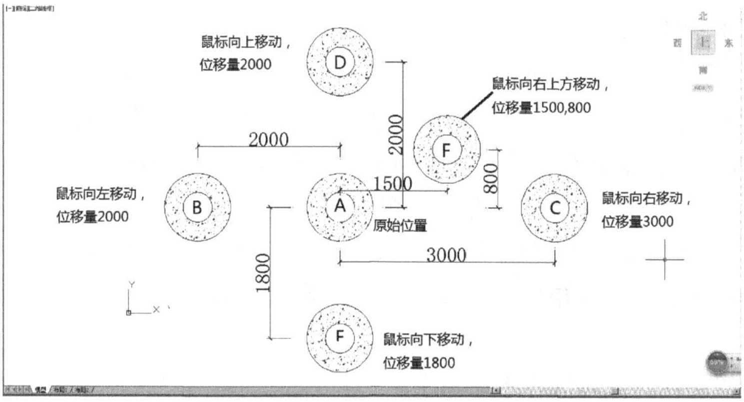

图 4-12　图形的精确移动效果

（4）垂直或水平移动图形

使用【移动】工具可以将 AutoCAD 2020 图形向任意位置移动，按 F8 键启动正交模式，则只能在水平或垂直方向移动图形。

（5）【移动】与【实时平移】的区别

移动与实时平移不同，移动是移动绘图区的图形，实时平移是移动整个绘图区。

4. 2. 2　旋转

（1）功能

旋转图形，将所选图形绕指定点（旋转基点）旋转制定的角度。

（2）按照一定角度旋转图形

①选择【修改】工具栏的【旋转】图标；或输入简化命令【RO】，按空

格键。命令行提示：ROTATE 选择图形：

②利用鼠标选择旋转的图形，命令行提示：ROTATE 选择图形：

③可以继续选择多个图形一起旋转，如果选取完成，按空格键，命令行提示：

ROTATE 指定基点<对象捕捉 开>：

④利用鼠标选择图形的一个端点，制定旋转的基点，基点即要移动的那个点，图形将以选择的基点为中心进行旋转。命令行提示：

ROTATE 指定旋转角度或［复制（D）参照（R）］<0>：

⑤执行默认项，直接在提示下输入角度值“55”，按空格键，AutoCAD 2020 就会将选定的图形绕基点旋转 55 度。

旋转图形角度时，输入正值是逆时针旋转，负值是顺时针旋转，如图 4-12 所示。

（3）旋转并复制图形

图形旋转后，同时复制一个图形，仍在原位置保留源图形。

图形旋转操作①-④的操作步骤与上述相同，本操作从第五步开始：

ROTATE 指定旋转角度或［复制（D）参照（R）］<0>：

⑤在此提示下输入“C”，命令行提示：

ROTATE 指定旋转角度或［复制（D）参照（R）］<205>：

⑥在此提示下输入角度值“60”，按空格键，即可将图形旋转，如图 4-12 所示。

（4）以参照方式旋转图形

图形旋转操作①-④的操作步骤与上述相同，本操作从第五步开始：

ROTATE 指定旋转角度或［复制（D）参照（R）］<0>：

⑤在此提示下输入“R”，命令行提示：ROTATE 指定参照角<0>：

⑥在此提示下输入角度值“30”后，命令行提示：ROTATE 指定新角度或［点（P）］<0>：

⑦AutoCAD 2020 的实际旋转角度 = 输入的新角度一参照角度。根据这种算式，在提示下输入新角度值“90”，按空格键，即可将图形旋转，最终效果如图 4-13 所示。

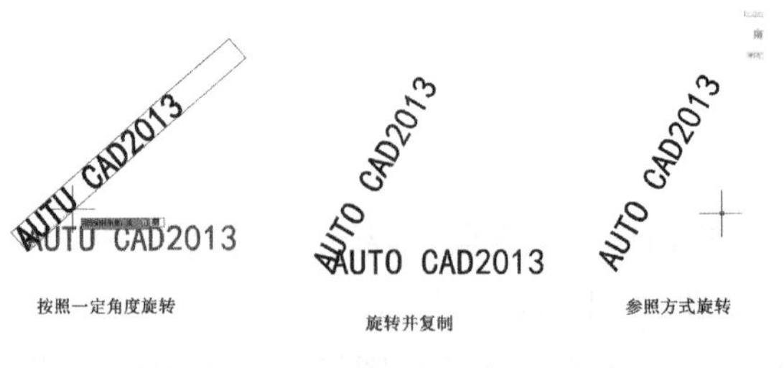

图 4-13　图形的旋转效果

4.2.3　缩放

（1）功能

放大或缩小选定的 AutoCAD 2020 图形，缩放后图形本身的比例不变。

（2）缩放图形

①选择【修改】工具栏的【缩放】图标；或输入简化命令【SC】，按空格键。命令行提示：SCALE 选择图形：

②利用光标选中缩放图形，选中图形呈虚线显示，按空格键，命令行提示：

SCALE 选择图形：

③可以继续选择多个图形，一起缩放，如果选取完成，按空格键，命令行提示：

SCALE 指定基点：

④在圆心单击，选中圆心为缩放基点，命令行提示：

SCALE 指定比例因子或［复制（D）参照（R）］：

⑤“指定比例因子”，是放大的倍数。如输入 2 是图形放大 2 倍，输入 0.5 是缩小一倍；输入分数的时候，新的值写在前面，旧的值写在后面。输入缩放比例，按空格键即可。

小提示

缩放工具，与使用鼠标滚动中键的缩放和缩放是不一样的。使用鼠标滚动中键缩放和缩放时，图形的本身没有发生变化；而使用缩放命令，会改变图形本身的大小。

4.2.4　删除

（1）功能

删除所选的 AutoCAD 2020 图形。

（2）删除图形

①选择【修改】工具栏的【删除】图标；或输入简化命令【E】，按空格键，命令行提示：EARSE 选择图形：

②利用光标选中需要删除的图形，按空格键，命令行提示：EARSE 选择图形：

③可以继续选择多个图形，一起删除，如果选取完成，按空格键，即可删除所选中的图形。

小提示

对于想要删除的图形，按一下键盘上的 Delete 键，这是最快速、简便的方式。对于误删除的图形，按下组合键 Ctrl+Z，即可恢复，多按几次 Ctrl+Z，还可恢复多步错误的操作。

4.2.5 复制

（1）功能

将选中的 AutoCAD 2020 图形复制到指定位置。

（2）复制图形操作方式

①选择【修改】工具栏的【复制】图标；或输入简化命令【CO】，按空格键，命令行提示：COPY 选择图形：

②利用光标选中需要复制的图形，按空格键，命令行提示：COPY 选择图形：

③可以继续选择多个图形，一起复制，如果选取完成，按空格键，命令行提示：

COPY 指定基点或［位移（D）模式（O）］<位移>：

④执行该默认项，在图形上会图形外任意指定一点作为复制基点后，命令行提示：

COPY 指定第二个点或［阵列（A）］<使用第一个点作为位移>：

⑤指定第二点作为复制基点后，选择图形将按由两点确定的位移量复制到指定位置，命令行提示：COPY 指定第二个点或［阵列（A）退出（E）放弃（U）］<退出>：

⑥如果要连续复制多个图形，可连续在绘图区的不同位置点击，如想结束图形的复制，按空格键，即可退出复制命令。

（3）精确复制图形

本操作①-③的操作步骤与上述相同，本操作从第 4 步开始：

COPY 指定基点或［位移（D）模式（O）］<位移>：

④在此提示下输入“D”，执行位移，根据位移量复制图形。命令行提示：

COPY 指定位移<0.0000，0.0000，0.0000>：

⑤在此提示下输入位移量（如输入“60，80，120”，它表示沿 X、Y、Z 轴的坐标方向的位移量分别是 60、80、0），按空格键，图形按输入的位移量复制所选图形，如图 4-14 所示。

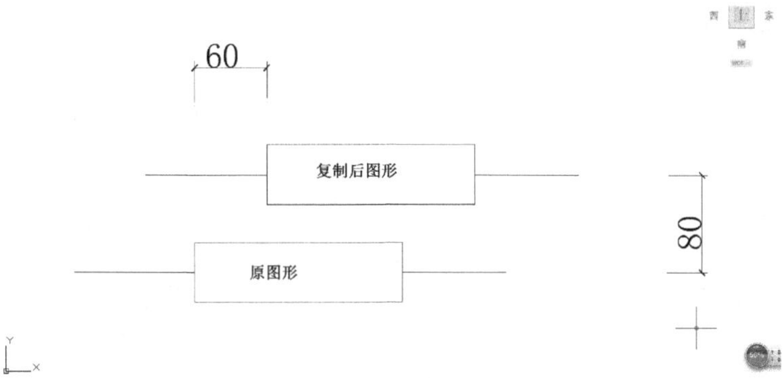

图 4-14　图形的复制效果

（4）重复复制图形

本操作①-③的操作步骤与上述相同，本操作从第 4 步开始：

COPY 指定基点或［位移（D）模式（O）］<位移>：

④在此提示下输入“O”，执行复制模式，命令行提示：

COPY 输入复制模式选项［单个（S）多个（M）］<多个>：

⑤“单个（S）”选项表示只能一次复制一个选择的图形；“多个（M）”选项表示可以多次复制选择的图形。一般使用第一种的多次点击的方法，比较简便。

4.2.6　偏移

（1）功能

AutoCAD 2020 的偏移命令相当于平行复制，将选中的图形进行等距离复制，可以创建同心圆、平行线或等距曲线。

偏移命令在实际绘图工作中应用极广；偏移命令在等距离复制时，非常简便快速，设计师都喜欢应用偏移命令来复制等距离图形。如图 4-15 所示图形的偏移效果。

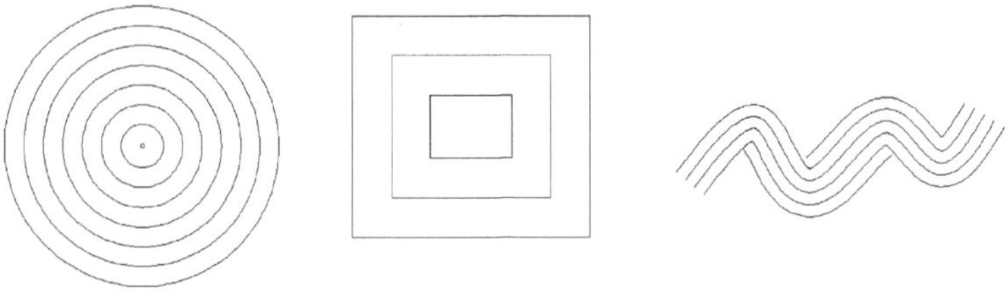

图 4-15　图形的偏移效果

（2）偏移复制图形

①选择【修改】工具栏的【偏移】图标；或输入简化命令【O】，按空格键，命令行提示：OFFSET 指定偏移距离或［通过（T）删除（E）图层（L）］<通过>：

②在命令行输入偏移量“1200”，按空格键，命令行提示：

OFFSET 选择要偏移的图形或［退出（E）放弃（U）］<退出>：

③在此提示下，光标变成“□”的形状，将光标移动至要偏移的构造线上，点击构造线，构造线变成虚线显示，然后向右方移动鼠标，然后释放鼠标，即可复制出一条距离原构造线 1200 的构造线，如图 4-16 所示。

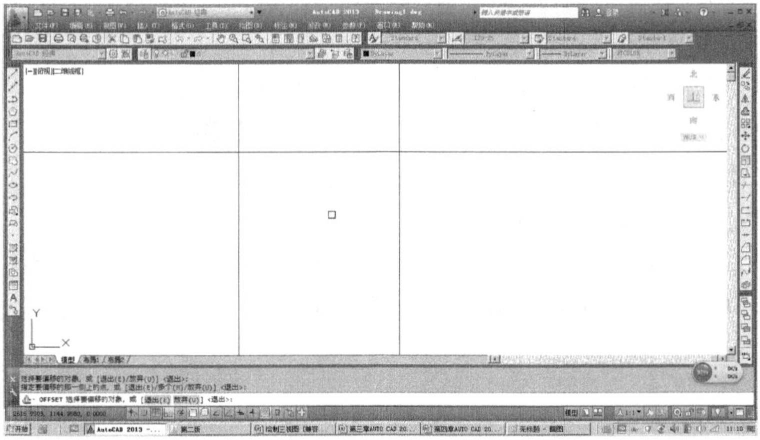

图 4-16　偏移图形

④按空格键，继续执行偏移操作，在命令行输入偏移量“750”，复制出第二条构造线，最终效果如图 4-17 所示。

图 4-17　偏移图形效果

4.2.7　修剪

（1）功能

用来剪切指定的 AutoCAD 2020 图形，如同剪刀一样剪掉图形的某一部分。

（2）修剪图形

①选择【修改】工具栏的【修剪】图标；或输入简化命令【TR】，按空格键，命令行提示：TRIM 选择图形或<全部选择>：

②利用光标选中图 4-17 中的直线 AB 作为剪切边的图形，按空格键，命令行提示：

TRIM 选择图形：

③如有多个剪切边，则可以继续选择多个剪切边图形，选取完成后，则按空格键，命令行提示：TRIM［栏选（F）窗交（C）投影（P）边（E）删除（R）放弃（U）］：

④用鼠标直接点击要修剪的图形，选中的图形部分即可被修剪掉。

如果直接在提示下选择被修剪图形，将以剪切边为边界，将被修剪图形上位于选择图形拾取点一侧的图形修剪掉。这时，在绘图区使用光标逐一选择要修剪的图形，或者框选被修剪图形，选中的图形在剪切边之外的局部就会被剪掉。

⑤图形修剪完成后，按空格键，结束图形的修剪，如图 4-18 是图形修剪前后的对比。

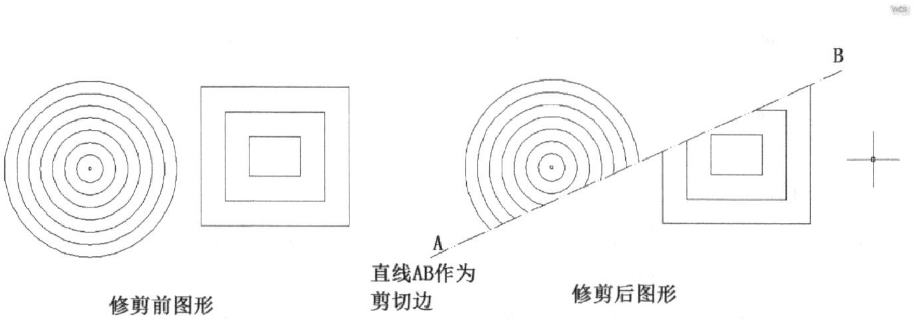

图 4-18　图形修剪前后的效果对比

小提示

（1）如果被修剪图形没有与剪切边交叉，在第三步的提示下按下 Shift 键后再选择图形，AutoCAD 2020 会将其延伸到剪切边，此处命令的作用相当于延伸命令，如图 4-19 所示。

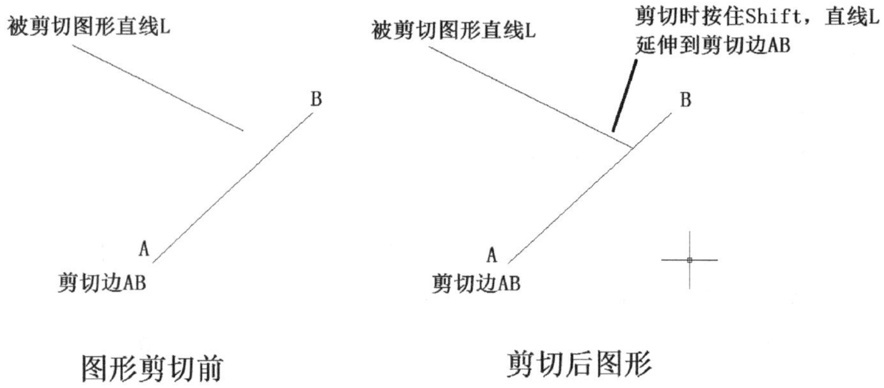

图 4-19　Shift 键的应用

（2）剪切边也可以同时作为被修剪图形；直线、射线、构造线、圆、圆弧、椭圆、椭圆弧、多段线、样条曲线以及文字等都可以作为剪切边来修剪图形。

（3）修剪图形的选项说明：①栏选 F：在此提示下逐一确定各栏选点后按空格键，由这些点确定的虚线相交的图形都将被删除；②窗交 C：使与矩形选择窗口边界相交的图形作为被修剪图形并进行修剪；③投影：确定修剪时的操作空间；④边：确定剪切边的隐含延伸模式，在命令提示行输入 E，命令行提示：TRIM 输入隐含边延伸模式［延伸（E）不延伸（N）］<不延伸>：延伸（E）：如果剪切边过短、没有与被修剪图形相交，AutoCAD 2020 会将剪切边延长后进行修剪。不延伸（N）：如果剪切边太短、没有与被修剪图形相交，则只按各边的实际相交情况修剪，不进行延伸修剪；⑤删除：删除选中的图形，与 Delete 键功能类似；⑥放弃：取消上一次的操作，实际应用意义不大。

4.2.8　延伸

（1）功能

将指定的 AutoCAD 2020 图形延伸到另一图形的边界上。

（2）延伸图形操作方式

①选择【修改】工具栏的【延伸】图标；或输入简化命令【EX】，按空格键，命令行提示：EXTEND 选择图形或<全部选择>：

②利用光标选中图 4-19 中的矩形作为延伸边，按空格键，命令行提示：

EXTEND 选择图形：

③如有多个延伸边界，则可以继续选择多个图形作为延伸边界，结束延伸边界的选取后，按空格键，命令行提示：EXTEND［栏选（F）窗交（C）投影（P）边（E）放弃（U）］：

④此时在绘图区中依次单击要延伸的图形即可，最终效果如图 4-20 所示。

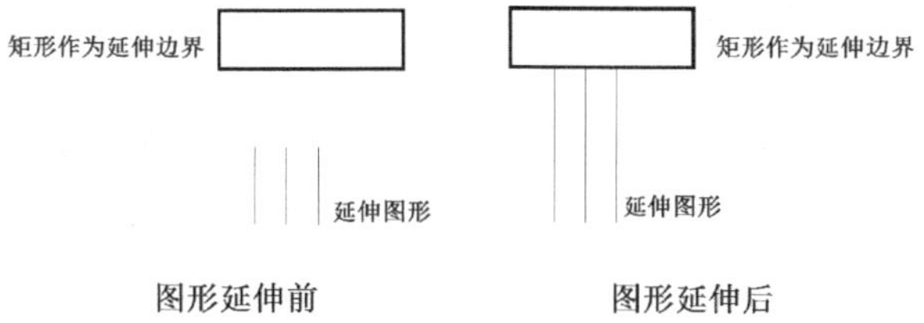

图 4-20　图形延伸效果

小提示

延伸命令的其他栏选、窗交等模式操作与修剪命令相同，在此就不再重复介绍了。

4.2.9　拉伸

（1）功能

可以拉伸 AutoCAD 2020 图形，使其长度或宽度发生变化。

（2）操作方式

①选择【修改】工具栏的【拉伸】图标；或输入简化命令【S】，按空格键。命令行提示：STRETCH 选择图形：

②从右往左，且只能选择部分要拉伸的图形；或用鼠标单击要拉伸的图形，如有多个拉伸图形，则可以继续选择，结束选取后，按空格键，命令行提示：

STRETCH 指定基点或［位移（D）］<位移>：

③指定图形需要拉伸部分的基点，命令行提示：

STRETCH 指定第二个点或<使用第一个点作为位移>：

④指定需要拉伸图形新的位置，按下鼠标，图形会被拉伸，如图 4-21 所示。

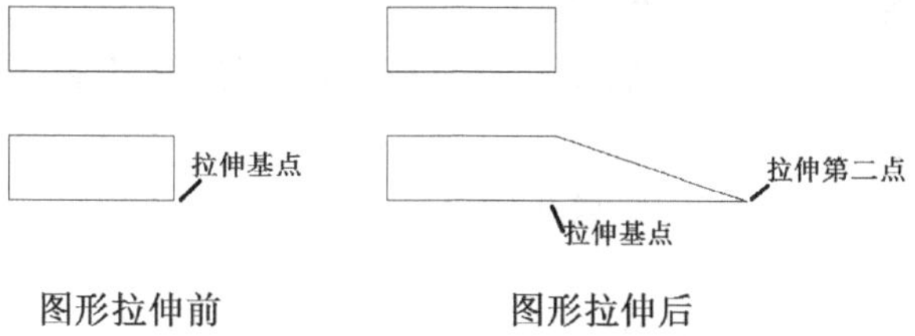

图 4-21　图形拉伸效果

小提示

拉伸操作中，拉伸图形选择方法非常重要，从左往右选择图形或是从右往左选择全部图形相当于是移动。

拉伸命令的正确使用方法是：从右往左选，且选取的是部分图形。

4.2.10 镜像

（1）功能

是指将选定的 AutoCAD 2020 图形，以镜像线为中线进行对称复制，此功能应用极广，特别适合绘制对称的图形。

（2）图形镜像操作方式

利用【镜像】命令复制餐桌的椅子，如图 4–22 所示。

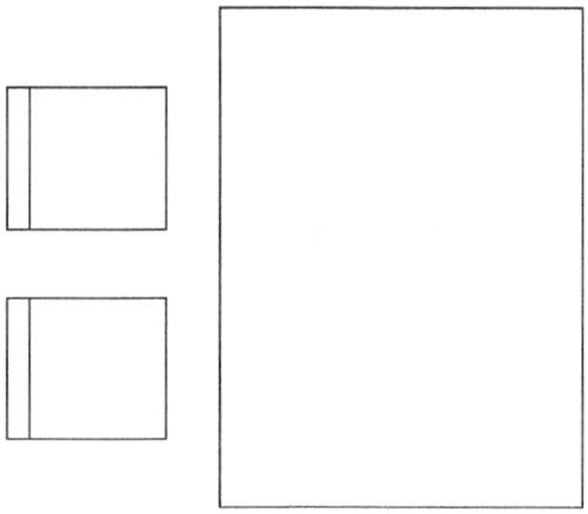

图 4–22　餐桌椅的图形

①选择【修改】工具栏的【镜像】图标；或输入简化命令【MI】，按空格键，命令行提示：MIRROR 选择图形：

②选择需要镜像的图形（椅子），命令行提示：MIRROR 选择图形：

③可以继续选取需要镜像的图形，按空格键，结束选取，命令行提示：

MIRROR 选择图形：指定镜像线的第一点：

④在绘图区内点击镜像线的第一点，按 F3，开启对象捕捉模式，选择餐桌的一个边的中点，命令行提示：

MIRROR 选择图形：指定镜像线的第一点：<对象捕捉 开> 指定镜像线的第二点：

⑤在绘图区点击镜像线的第二点，这里选择餐桌的另一个边的中点，命令行提示：

MIRROR 要删除源图形吗？［是（Y）否（N）］<N>：

⑥确定镜像后是否删除源图形。

默认选项是不删除源图形，直接按空格键，执行“否（N）”，AutoCAD 2020 镜像后保留源图形。反之镜像后删除源图形。

在图 4-21 所示的餐桌椅的图形中，镜像后保留了源图形，这样就通过镜像命令复制了 2 把对称的椅子，最终效果如图 4-23 所示。

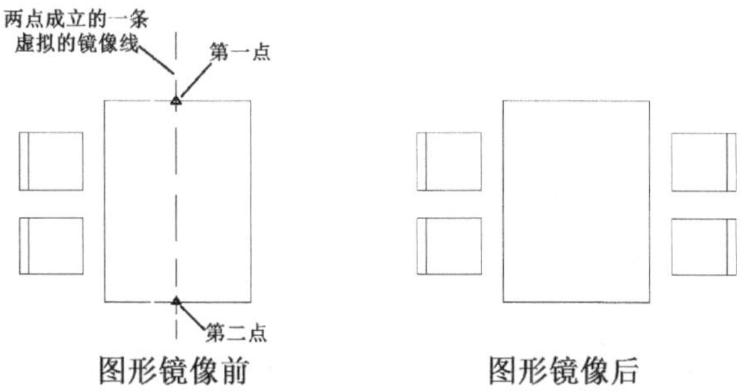

图 4-23　利用镜像命令复制餐椅

小提示

（1）镜像图形时，只想镜像图像，不镜像文字，只要修改系统变量即可完成。使用系统变量 mirrtext 可以控制文字镜像的方向。如果系统值为 1，则文字镜像，镜像出来的文字不可读，如果系统值为 0，文字方向不镜像。

（2）镜像线可以是通过指定图形上两点的方式确定一条虚拟镜像线，可以以图形上的某条直线作为镜像线，根据实际情况灵活掌握。

4.2.11　阵列

（1）功能

阵列是 AutoCAD 2020 的一种复制形式，在进行有规律的多重复制时，阵列比复制及偏移命令更加有效、实用，可以提高绘图效率。

（2）阵列类型

阵列有矩形阵列、环形阵列及路径阵列三种方式，【矩形阵列】指将图形按多行和多列的重复复制；【环形阵列】将图形按照指定的中心，围绕此中心进行圆周上的等距复制；【路径阵列】是将图形沿整个路径或部分路径平均复制分布，如图 4-24 所示。

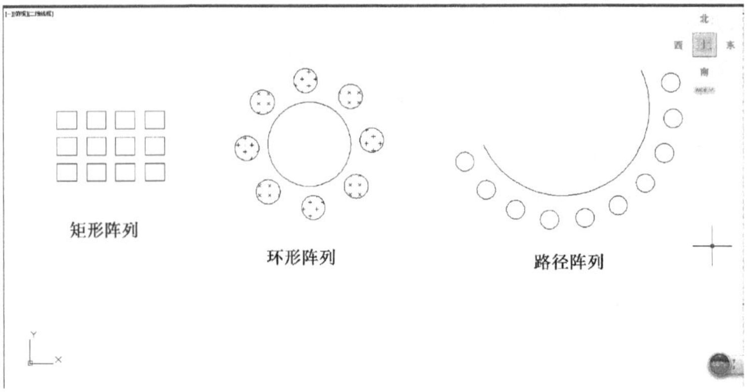

图 4-24　图形阵列的三种方式

(3) 使用【阵列】对话框

在命令提示行输入【ARRAYCLASSIC】命令，打开【阵列】对话框，【阵列】对话框中有矩形阵列和环形阵列两种阵列方式，如图 4-25、4-26 所示。

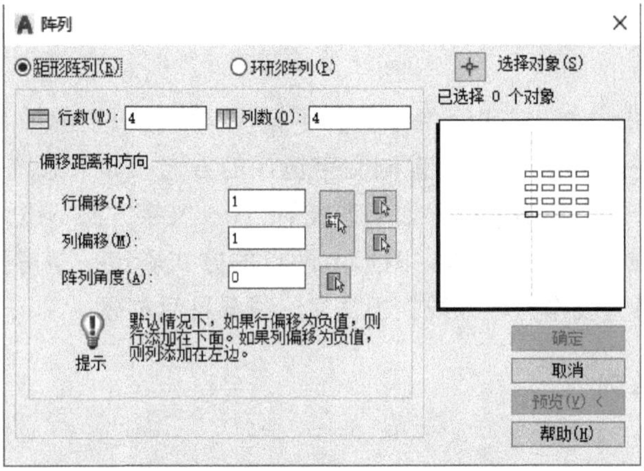

图 4-25　【矩形阵列】对话框

在【矩形阵列】对话框中可以设置矩形阵列的行数、列数；行偏移、列偏移及阵列角度，设定好相应的参数后，按 选择对象(S) 图标，返回绘图区。

选择需要阵列的图形，按空格键，回到【阵列】对话框，单击【确定】，即可将选中的图形按照设定的数值进行多重复制。

小提示

输入行偏移和列偏移时，正值表示在 X、Y 轴正方向进行阵列。输入负值则表示在 X/Y 轴负方向进行阵列。

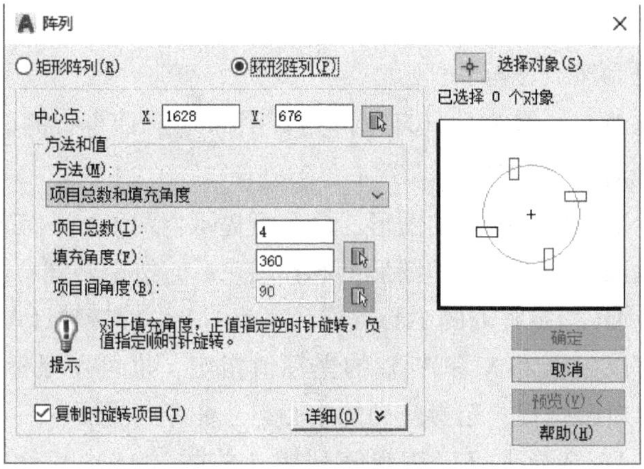

图 4-26　【环形阵列】对话框

在【环形阵列】对话框中可以选择环形阵列的中心点；阵列数量；角度等，设定好相应的参数后，按 选择对象(S) 图标，返回绘图区。

选择需要阵列的图形，按空格键，回到【阵列】对话框，单击【确定】，即可将选中的图形按照设定的数值进行多重复制。

（4）使用矩形阵列图标或命令

①选择【修改】工具栏的【矩形阵列】图标 ；或输入简化命令【AR】，按空格键，命令行提示：ARRAYRECT 选择图形：

②在此提示下选择要阵列的图形，命令行提示：ARRAYRECT 选择图形：

③可以多次选择需要阵列的图形，选择结束后，按空格键，命令行提示：

ARRAYRECT 选择夹点以编辑阵列或［关联（AS）基点（B）计数（COU）间距（S）列数（COL）行数（R）层数（L）退出（X）］<退出>：

④这时可以逐项设置阵列的行数及列数等参数，设置完成后，图形将按照设定好的参数进行复制。

小提示

（1）【层数（L）】是指在 *Z* 轴上的复制层数，在 AutoCAD 2020 三维视图中才能显示。

（2）输入阵列的列间距、行间距时，如果列间距为正值，相对于源图形向右阵列，输入负值向左阵列；如果行间距为正值，则相对于源图形向上阵列，负值为向下阵列。

（3）【关联（AS）】控制阵列后的图形之间的关系，使用关联阵列出来的各个图形是一个整体，不能单独编辑；没有关联阵列出来的各个图形都是独立的，可以单独进行编辑。

（5）使用环形阵列图标

①选择【修改】工具栏的【环形阵列】图标，命令行提示：

ARRAYPOLAR 选择图形：

②在此提示下选择要阵列的图形，命令行提示：ARRAYPOLAR 选择图形：

③可以多次选择需要阵列的图形，选择结束后，按空格键，命令行提示：

ARRAYPOLAR 指定阵列的中心点或［基点（B）旋转轴（A）］：

④中心点可以用输入 X 和 Y 轴的坐标值指定，也可用鼠标单击选择指定。在此提示下开启对象捕捉，选择阵列的中心点，命令行提示：

ARRAYPOLAR 选择夹点以编辑阵列或［关联（AS）基点（B）项目（I）项目间角度（A）填充角度（F）行（ROW）层（L）旋转项目（ROT）退出（X）］<退出>：

⑤这时可以逐项设置阵列的数量、角度及层数等参数，设置完成后，图形将按照设定好的参数进行复制。

小提示

（1）在这里常用的是参数【项目（I）】，即在环形阵列中，复制出的图形数量。

（2）【填充角度（F）】通过设置阵列中第一个和最后一个图形间的角来设置阵列大小。默认值为 360，不能为 0；正值是逆时针旋转，负值是顺时针旋转。

（6）使用路径阵列图标

①选择【修改】工具栏的【路径阵列】图标，命令行提示：ARRAYPATH 选择图形：

②在此提示下选择要阵列的图形，命令行提示：ARRAYPATH 选择图形：

③可以多次选择需要阵列的图形，选择结束后，按空格键，命令行提示：

ARRAYPATH 选择路径曲线：

④在此提示下选择阵列的路径，命令行提示：

ARRAYPATH 选择夹点以编辑阵列或［关联（AS）方法（M）基点（B）切向（T）项目（I）行（R）层（L）对齐项目（A）方向（Z）退出（X）］<退出>：

⑤这时可以逐项设置阵列的数量、方向及层数等参数，设置完成后，图形将按照设定好的参数进行复制。

小提示

直线、曲线、多段线、螺旋线、圆弧、椭圆弧、圆及椭圆等都可以作为路径阵列的路径。

4.2.12　打断于点

（1）功能

在两点之间打断图形，可以对直线、开放的多段线和圆弧等执行打断于点命令，但不能打断圆、椭圆等闭合图形。

（2）打断图形操作方式

①选择【修改】工具栏的【打断于点】图标，命令行提示：BREAK 选择图形：

②在此提示下选择要打断的图形（线段或圆弧），命令行提示：

BREAK 指定第二个打断点或［第一点（F）］：

③在此提示下选择要打断的第二个点，结束操作，绘图区中的图形（线段或圆弧）被从打断点处分成了两部分，效果如图 4-27 所示。

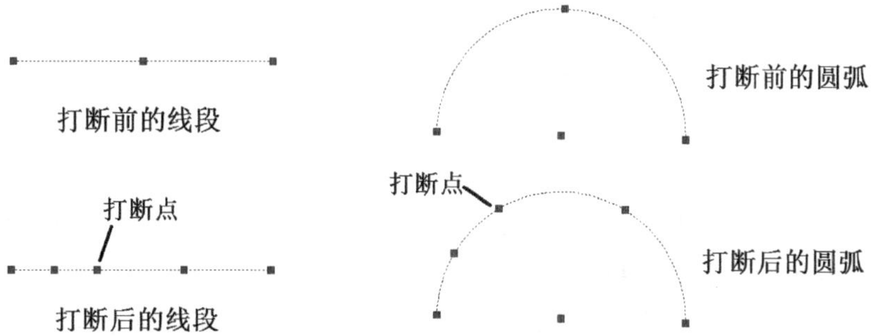

图 4-27　打断于点的图形效果

小提示

打断后看不出图形的变化，点击线段后可以看得出，打断于点命令将原来的一条线段分成了两个线段。

4.2.13　打断

（1）功能

打断是指将图形在某点处打断，将图形一分为二；或在两点之间打断图形，即删除位于两点之间的那部分图形。打断命令通常用于为块及文字创建空间。

（2）打断图形操作方式

①选择【修改】工具栏的【打断】图标；或输入简化命令【BR】，命令行提示：

BREAK 选择图形：

②在此提示下选择要打断的图形，命令行提示：

BREAK 指定第二个打断点或［第一点（F）］：

③在此提示下选择要打断的第二个点，结束操作，绘图区中的图形被从打断点处分成了两部分，效果如图 4-28 所示。

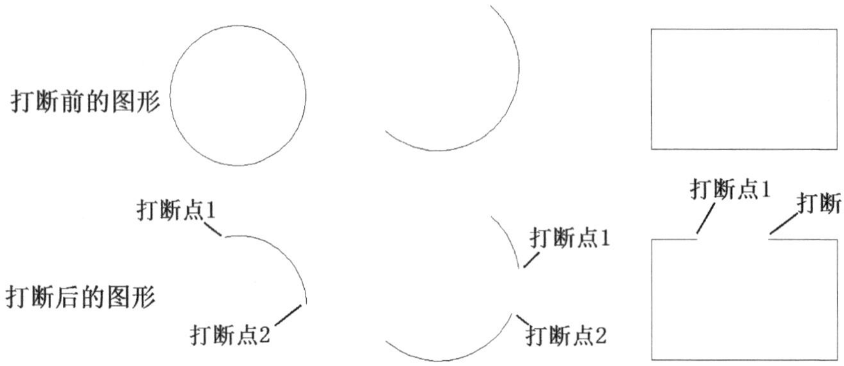

图 4-28　图形打断前后的对比效果

小提示

（1）打断命令在实际工作中非常实用，当绘制完图形后，如发现图形长度不合适，则可用打断命令打断图形。

（2）通过指定两点的方式打断圆时，将沿逆时针方向将圆上位于第一断点与第二断点之间的那段圆弧删除掉。

4.2.14　合并

（1）功能

合并多个相似的图形以形成一个完整的图形；要合并的图形必须位于相同的平面上。每一类图形均具有附加约束。

（2）合并操作方式

①选择【修改】工具栏的【合并】图标；输入简化命令【J】，命令行提示：

JOIN 选择源图形或要一次合并的多个图形：

②在此提示下选择要合并的图形，命令行提示：JOIN 选择要合并的图形：

③在此提示下可以多次选择要合并的图形，全部选中后，按空格键，结束操作，就会将多个图形合并成一个图形，效果如图 4-29 所示。

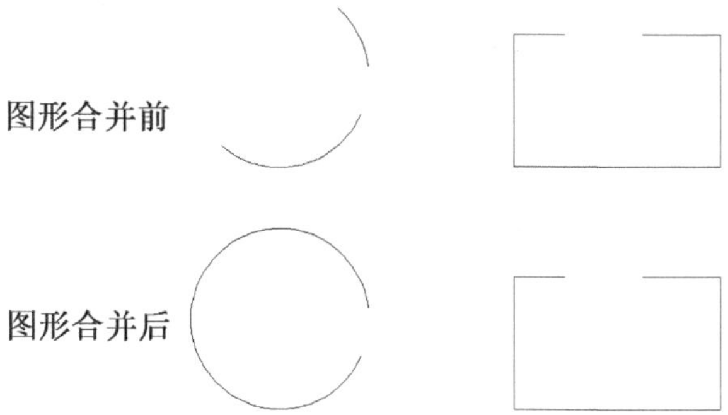

图 4-29　图形合并效果

小提示

对于多条首尾相连的直线、圆弧、多段线或样条曲线等图形，合并命令会将这些线连接成一条多段线。

4.2.15　倒角

（1）功能

在两条直线之间绘制出倒角。

（2）倒角操作方式

①选择【修改】工具栏的【倒角】图标，命令行提示：CHAMFER 选择第一条直线或［放弃（U）多段线（P）距离（D）角度（A）修剪（T）方式（E）多个（M）］：

②在此提示下输入“D”，按空格键，命令行提示：CHAMFER 选择第一条直线或［放弃（U）/多段线（P）/距离（D）/角度（A）/修剪（T）/方式（E）/多个（M）］：d 指定第一个倒角距离<0. 0000>：

③在此提示下输入第一个倒角距离“30”，按空格键；根据提示在输入第二个倒角距离“50”，按空格键，命令行提示：CHAMFER 选择第一条直线或［放弃（U）多段线（P）距离（D）角度（A）修剪（T）方式（E）多个（M）］：

④在绘图区选择第一条直线，命令行提示：CHAMFER 选择第二条直线或按住 shift 键选择直线以应用角点或［距离（D）角度（A）方法（M）］：

（5）在绘图区内选择第二条直线，结束操作，效果如图 4-30 所示。

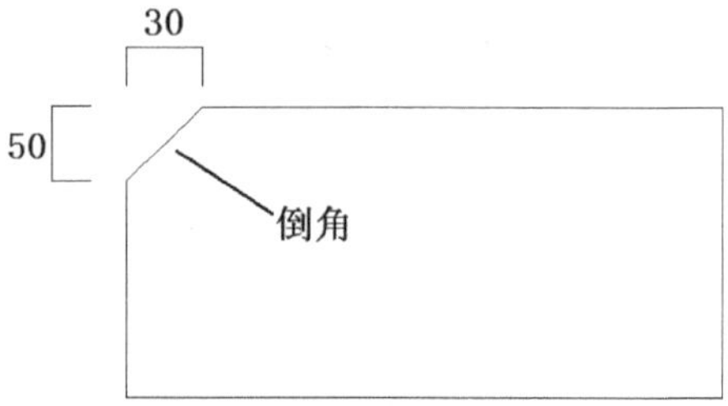

图 4-30　图形倒直角效果

4.2.16　圆角

1. 功能

在指在两个图形（直线或曲线）之间绘制出圆角。

2. 圆角操作方式

（1）选择【修改】工具栏的【圆角】图标；或输入简化命令【F】，按空格键，命令行提示：FILLET 选择第一个图形或［放弃（U）多段线（P）半径（R）修剪（T）多个（M）］：

（2）在此提示下输入“R”，按空格键，命令行提示：FILLET 指定圆角半径 <0.0000>：

（3）在此提示下输入圆角半径“30”，按空格键，命令行提示：

FILLET 选择第一个图形或［放弃（U）多段线（P）半径（R）修剪（T）多个（M）］：

（4）在绘图区内依次选择第一、二条直线，结束操作，效果如图 4-31 所示。

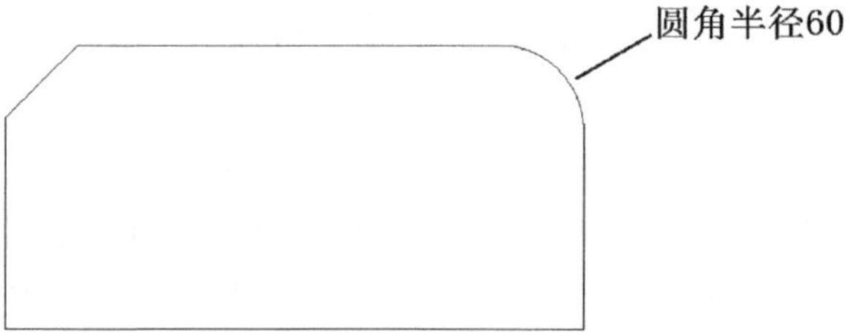

图 4-31　图形倒圆角效果

4.2.17　光顺曲线

（1）功能

在两条选定的曲线或直线之间的间隙中创建样条曲线；可以对直线、多段线、圆弧、椭圆弧、螺旋和样条曲线等执行此操作命令。

（2）光顺曲线操作方式

①选择【修改】工具栏的【光顺曲线】图标 A ；或输入简化命令【BL】，按空格键命令行提示：BLEND 选择第一个图形或［连续性（CON）］：

②在此提示下选择默认选项，在样条曲线 A 末端选择并点击第一点，命令行提示：

BLEND 选择第一个点：

③在样条曲线 B 起始端选择并点击第二点，两条样条曲线 AB 被连接成为一条曲线，效果如图 4-32 所示。

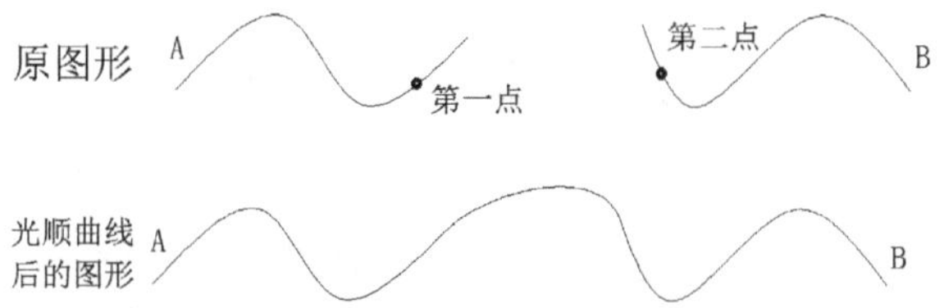

图 4-32　光顺曲线

小提示

在两个曲线或样条线之间，选择的图形和点的位置不同，创建的曲线也不同，如图 4-33 所示，同样的两条样条曲线，由于选择的点不同，所产生的结果也不一样。

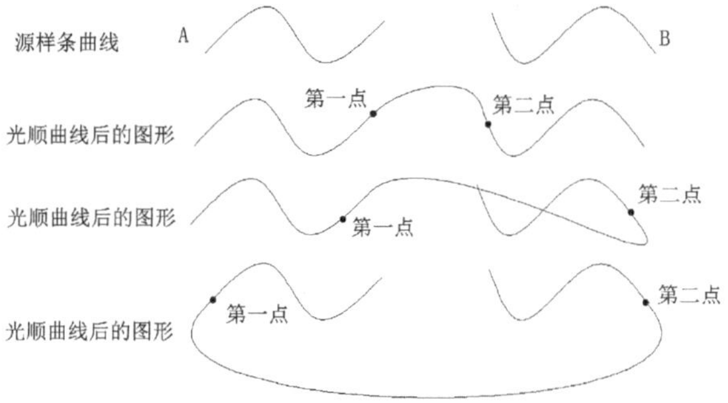

图 4-33　不同点的光顺曲线

4.2.18 分解

(1) 功能

分解命令相当于生活中的炸药，把图形进行解体与爆破，使之成为最原始的图形单元。

分解命令在编辑尺寸标注及填充图案时非常实用，可以将一个尺寸标注分解为箭头、线段和尺寸文字，将填充图案分解成组成该图案的各图形，便于单独编辑。

(2) 分解操作方式

①选择【修改】工具栏的【分解】图标；或输入简化命令【EXPLO】，按空格键命令行提示：EXPLODE 选择图形：

②在此提示下选择需要分解的图形，全部选择后，按空格键，即可将图形分解。

4.3 本章小结

本章重点讲述了 AutoCAD 2020 的修改工具栏的一些重点图标的功能及操作方式，详细介绍了移动、旋转、缩放、镜像、复制、偏移、阵列、缩放、修剪及延伸等常用的图形修改编辑命令的使用技法，本章内容是 AutoCAD 2020 中极其重要的一章，在实际绘图工作中应用极广，需要反复练习、熟练掌握，达到灵活运用。

第 5 章

文字与表格

在各种工程图中，文字的注释也是 AutoCAD 的主要功能之一。文字在工程图的应用极其重要，如标题栏内需要填写文字、图形中的技术要求、工程的施工工艺说明、施工材料的名称等都需要文字的参与。文字的加入就像一幅图画，使 AutoCAD 图形图文并茂。本节重点介绍使用 AutoCAD 2020 输入及编辑文字、创建及编辑表格等操作技巧。

5.1　AutoCAD 2020 文本

AutoCAD 2020 中的文字分为单行文字与多行文字两种。

单行文字就是一行文字，每行文字都是独立的图形，一般常用的是单行文字，再输入一行后，如想分行，则直接按下回车键，另起一行即可。

AutoCAD 2020 文字创建主要有以下三个方式。

（1）【TEXT】命令用于创建单行文字。

（2）【DTEXT】命令可连续输入多行文字，而不需重复输入命令；在每行输入一个字时，可方便地实现文字的竖排。

（3）【MTEXT】命令使用【多行文字编辑器】编辑文字。

5.1.1　定义文字样式

中文版 AutoCAD 2020 文字样式用于确定输入文字时所采用的字体、大小等文字属性，AutoCAD 2020 中可以定义多个文字样式，但只能用当前文字样式创建文字。

在【样式】工具栏中单击【文字样式】图标 A；选择菜单栏【格式】→【文字样式】命令；或在命令行输入【STYLE】命令，都可打开【文字样式】对话框，如图 5-1 所示。

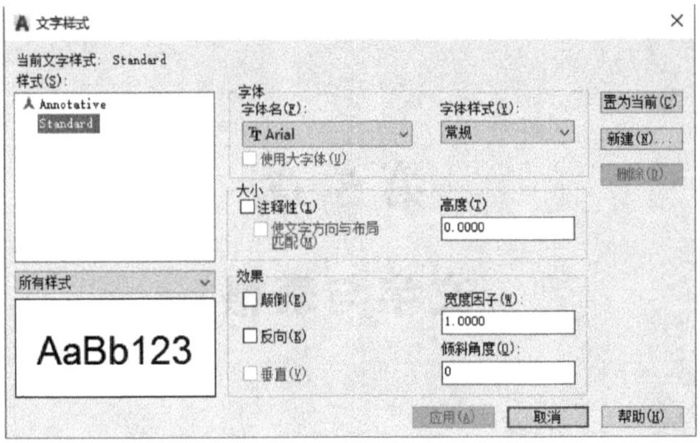

图 5-1 【文字样式】对话框

【文字样式】对话框中常用的选项如下：①样式：显示当前文字样式的名称，有 Standard 和 Annotative 两种文字样式。Standard 是默认文字样式；Annotative 前有图标 ▲，表示是注释性文字样式；②大小：指定文字的高度，可以直接在“高度”文本框中输入高度值。③宽度因子：控制文字字符宽高比。当宽度比例因子为 1 时表示按系统定义的宽高比标注文字，小于 1 时字会变窄，大于 1 时字会变宽；④倾斜角度：控制文字的倾斜角度。角度为 0 时字不倾斜；正值时字向右倾斜；负值时字向左倾斜；⑤效果：用于确定文字样式的一些特征。“颠倒”确定是否将文字颠倒标注，“反向”确定是否将文字反向标注，如图 5-2 所示。

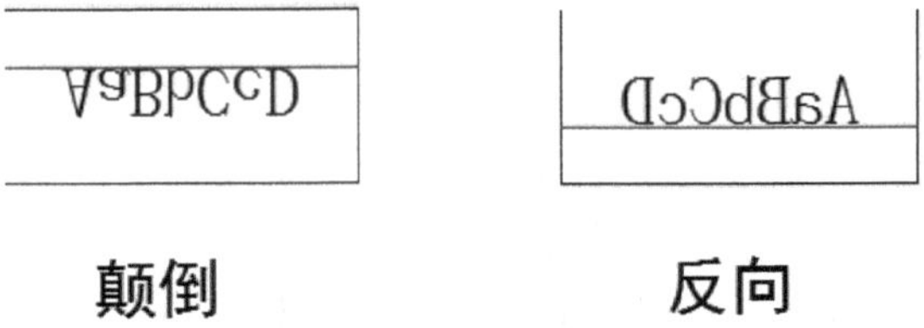

图 5-2 文字样式效果

5.1.2 文字输入基础

(1) 文字行的位置

中文版 AutoCAD 2020 为文字行定义了顶线、中线、基线和底线 4 条参考线，用来确定文字行的位置。如图 5-3 所示，以文字串“Gong Cheng”为例，说明了文字串与 4 条线的关系。

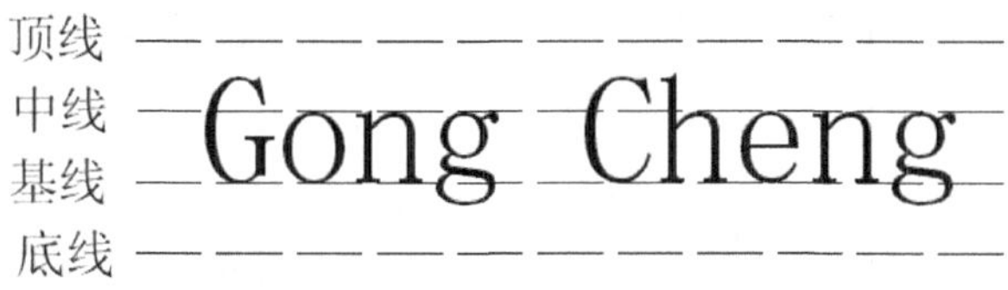

图 5-3　文字行的位置

（2）利用输入方式创建特殊字符

在创建文字时，有时需要创建一些特殊字符，如在文字的上方或下方加线、度（°）、正负公差符号（±）、直径符号（Φ）等，这些特殊字符无法用键盘直接输入。为解决此问题，AutoCAD 2020 提供了专门的替代符，以实现特殊符号的创建。

AutoCAD 2020 的替代符由两个百分号（%%）和一个字符构成，不区分大小写，在输入单行文字的过程中，输入以下的替代符即可生成相应的特殊符号，常用的控制符如图 5-4 所示。

替代符	生成的符号
%%O	文字上划线
%%U	文字下划线
%%D	度符号“°”
%%P	正负公差“±”
%%C	直径“Φ”
%%%	百分比“%”

图 5-4　常用的控制符

（3）利用插入方式创建特殊字符

对于特殊字符，有些可以利用键盘输入，但是有些却需要特殊的方法，单行文字通过输入替代符的方式生成特殊字符，但是这种方法不便于记忆，因此中文版 AutoCAD 2020 提供了“插入符号”的功能，来解决这个问题。

打开【文字格式】编辑器，在文本输入区单击鼠标右键，在弹出的菜单中，选择“符号”

选项，或点击【文字格式】编辑器中的符号图标 @▾，都可以打开符号样式，然后寻找需要的符号即可，如图 5-5 所示。

如果符号的子菜单中没有需要的符号，则选择 其他(O)... 选项，系统会打开【字符映射表】对话框，在其中选择需要的符号，依次点击选择、复制图标，关闭【字符映射表】对话框，在文字输入区内按组合键 Ctrl+V，将选中的符号粘贴

替代符	生成的符号
%%O	文字上划线
%%U	文字下划线
%%D	度符号“°”
%%P	正负公差“±”
%%C	直径“Φ”
%%%	百分比“%”

图 5-5　通过【文字格式】编辑器创建特殊字符

到文本区即可，如图 5-6 所示。

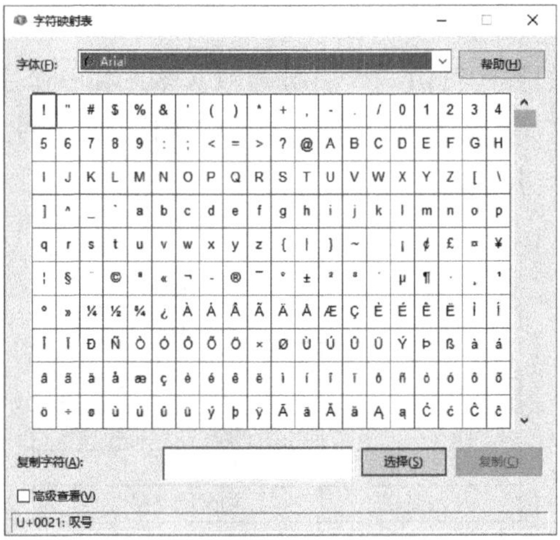

图 5-6　通过【字符映射表】对话框创建特殊字符

5.1.3　输入单行文字

（1）在 AutoCAD 2020 中单击【文字】工具栏的【单行文字】图标 A，如图 5-7 所示。或在命令提示行输入【TEXT】命令，按空格键；或选择菜单栏中【绘图】→【文字】→【单行文字】菜单，如图 5-8 所示，都可以创建单行文字。

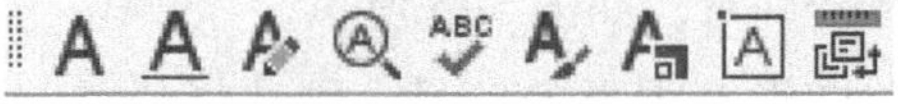

图 5-7　通过【文字】工具栏创建文字

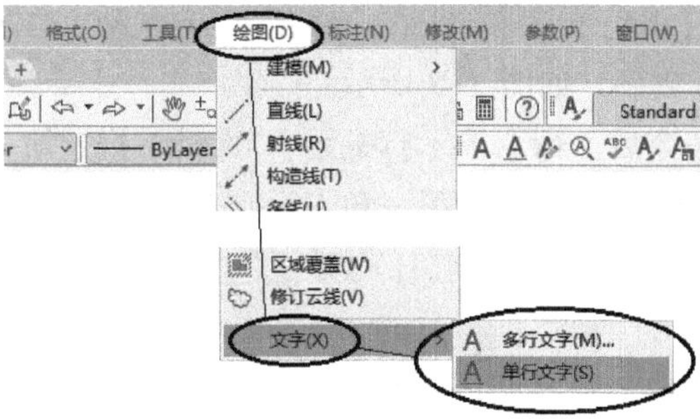

图 5-8　通过【绘图】菜单创建文字

（2）输入文字命令后，命令提示行提示：

TEXT 指定文字的起点或［对正（J）样式（S）］：

（3）在 AutoCAD 2020 绘图窗口中合适位置单击鼠标，确定文字起点位置，命令提示行提示：TEXT 指定高度<2.5000>：

（4）指定文字的高度值，这里输入“200”，按空格键，命令提示行提示：

TEXT 指定文字的旋转角度<0>：

（5）此提示是指文字的旋转角度，角度值为“0”，表示文字平行；如需要倾斜的文字，则在此输入一定的角度值；输入角度之后，按空格键。

（6）在绘图区中显示出一个表示输入文字位置的方框，在此直接输入要标注的文字“电气工程”即可，如图 5-9 所示文字角度在 45 度与 0 度的情况。

图 5-9　文字的角度

小提示

输入一行文字后，可以按 Enter 键换行或用鼠标左键指定新的文字位置。如果连续按两次 Enter 键，结束命令，完成文字的标注。最后按两次 Enter 键，完成单行文字的创建。

5.1.4　输入多行文字

（1）单击【绘图】工具栏的【多行文字】图标 A ；或选择菜单栏中【绘

图】→【文字】→【多行文字】；或在命令提示行输入【TEXT】命令，按空格键，都可以创建多行文字，如图 5-8 所示。

（2）选择文字命令后，命令提示行提示：MTEXT 指定第一角点：

（3）在此提示下指定一点作为第一角点后，命令行提示：

MTEXT 指定对角点或［高度（H）对正（J）行距（L）旋转（R）样式（S）宽度（W）栏（C）］：

（4）选择默认选项，在绘图区需要输入文字的位置，用鼠标拉出一个矩形框，弹出【文字格式】编辑器，如图 5-10 所示。

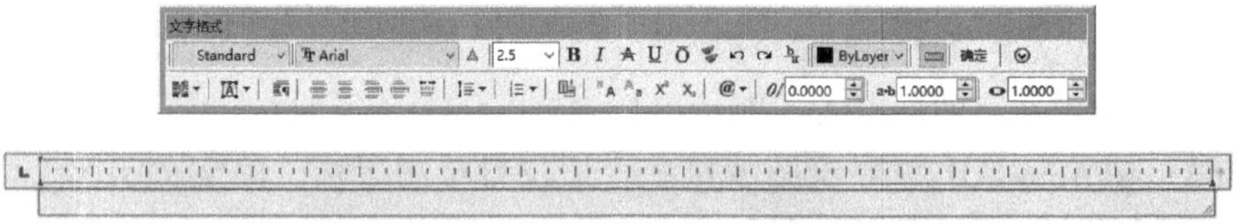

图 5-10　【文字格式】编辑器

（5）在【文字格式】编辑器中，设置文字的样式、大小、颜色等，输入文字，如图 5-11 所示。点击【确定】图标，即可完成多行文字的创建。

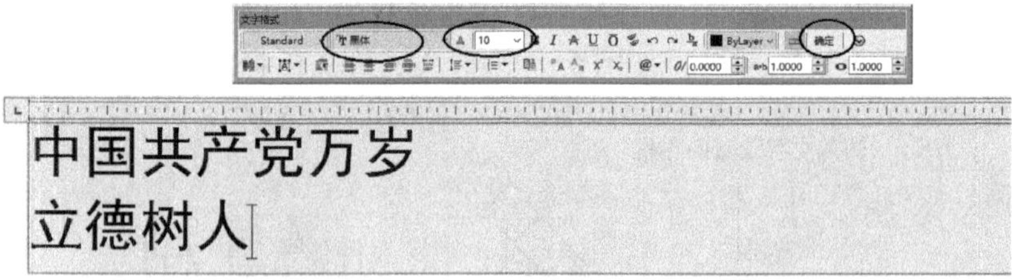

图 5-11　文字格式的设置

5.1.5　编辑输入

利用中文版 AutoCAD 2020 的【特性】面板，可以方便地编辑已标注的文字，可以修改文字的内容、样式、高度、角度等。

【特性】面板的打开方式是选中需要编辑的文字，选择工具栏的【特性】面板图标，打开【特性】面板，如图 5-12 所示。

图 5-12　通过【特性】面板编辑文字

在【特性】面板中可以修改文字的内容、样式、对齐方式、文字方向、文字的高度及旋转角度等，并且可以为文字添加背景颜色。

5.1.6　注释性文字

（1）功能

在工程制图中，经常需要不同的比例绘制，如 1∶100、1∶50、2∶1 等。手工绘制时需换算图形的尺寸，然后再按换算后得到的尺寸绘制图形。但在 AutoCAD 中，则是按 1∶1 的比例绘制，在打印机或绘图仪将图形输出到图纸时，再设置输出比例，而且同一幅图形可以按不同的比例多次输出。

当以不同的比例输出图形时，图形按比例缩小或放大，但文字、尺寸文字和尺寸箭头的比例等也会同步缩放。利用 AutoCAD 2020 的注释性图形功能，可在按 1∶1 比例绘制图形时，通过设置，使文字等按 2∶1 比例标注或绘制，这样，当按 1∶2 比例通过打印机或绘图仪将图形输出到图纸时，图形按比例缩小，但其他相关注释性图形（如文字等）按比例缩小后，正好满足标准要求。

AutoCAD 2020 可以将文字、尺寸、形位公差等指定为注释性图形。

（2）注释性文字的操作方式

①在【样式】工具栏中单击【文字样式】图标；或选择菜单栏【格式】→【文字样式】命令，都可以打开【文字样式】对话框。

②在【文字样式】对话框中，在定义文字样式的基础上，选中“注释性”选项。

③选中“注释性”选项后，会在“样式”列表框中的对应样式名前显示出图标，表示该样式属于注释性文字样式，如图 5-13 所示。

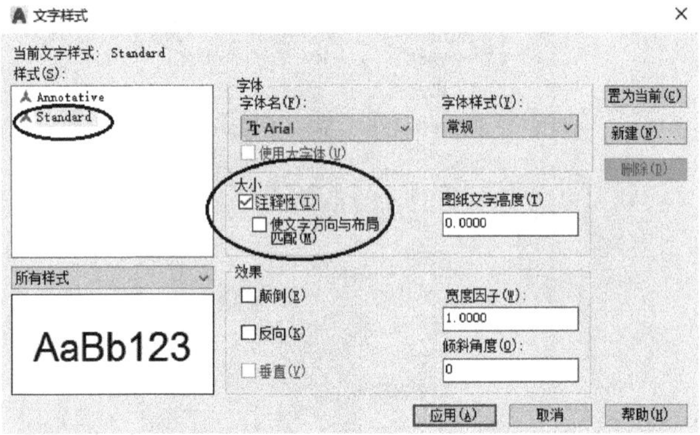

图 5-13　【文字样式】对话框

5.2　AutoCAD 2020 表格

在工程制图中，都要应用到表格，来说明设计单位、图纸名称、设计者等信息，对于简单、不规则的表格，一般采用直线或构造线绘制，但是对于比较规则的表格，则使用中文版 AutoCAD 2020 的表格功能绘制就比较快速、方便，可以极大地提高工作效率。

中文版 AutoCAD 2020 的表格是由多个单元格构成，一般表格由标题、表头和数据行等组成，如图 5-14 所示。

标题			
表头	表头	表头	表头
数据	数据	数据	数据
数据	数据	数据	数据
数据	数据	数据	数据

图 5-14　表格的构成

5.2.1　创建表格样式

系统默认的表格样式只有一个【Standard】表格样式，在实际工作中，也可以根据实际需要创建新的表格样式，创建新的表格样式操作步骤如下。

（1）单击【样式】工具栏中的【表格样式】图标；或选择菜单栏【格式】→【表格样式】命令，都可打开【表格样式】对话框，如图 5-15 所示。

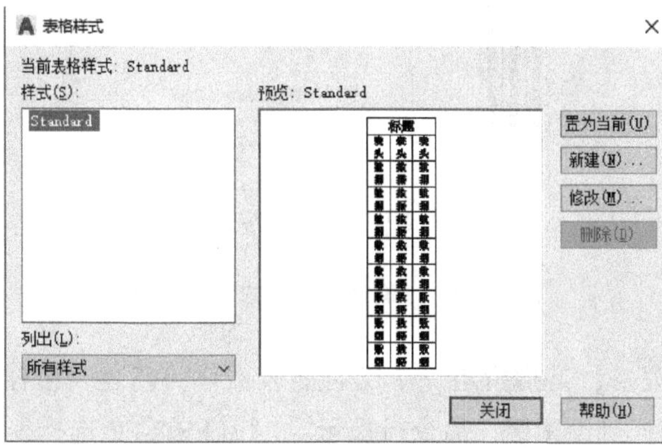

图 5-15　【表格样式】对话框

（2）单击【表格样式】对话框中的【新建】图标，弹出【创建新的表格样式】对话框，如图 5-16 所示。

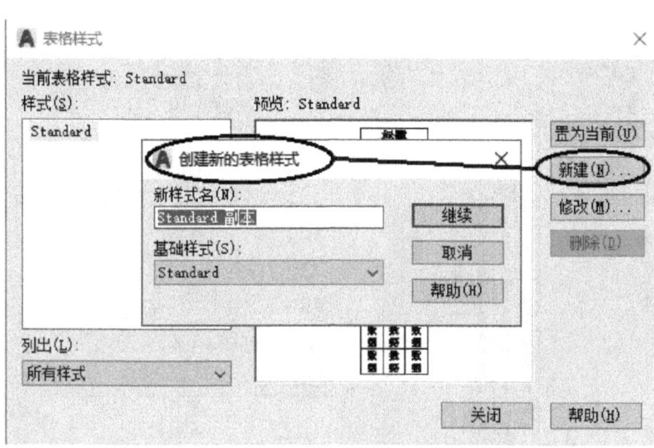

图 5-16　【创建新的表格样式】对话框

（3）在“基础样式”下拉列表选择 Standard 样式，在“新样式名”文本框中输入新样式的名称（电气符号 1），单击【继续】图标，弹出【新建表格样式】对话框，如图 5-17 所示。

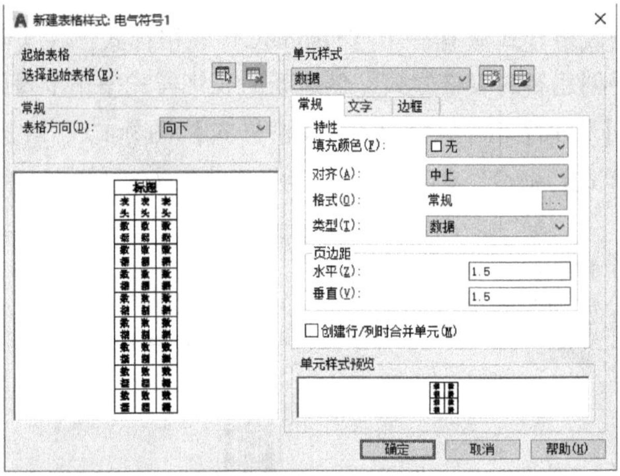

图 5-17　【新建表格样式】对话框

（4）【起始表格】是指指定一个已有的表格作为新建表格样式的原始表格。单击图标，切换到绘图区，命令行提示：TABLESTYLE 选择表格：

（5）在此提示下选择绘图区已经存在的某一表格后，返回到【新建表格样式】对话框，在预览框中显示出该表格，在各对应设置中显示出该表格的样式设置，如图 5-18 所示。

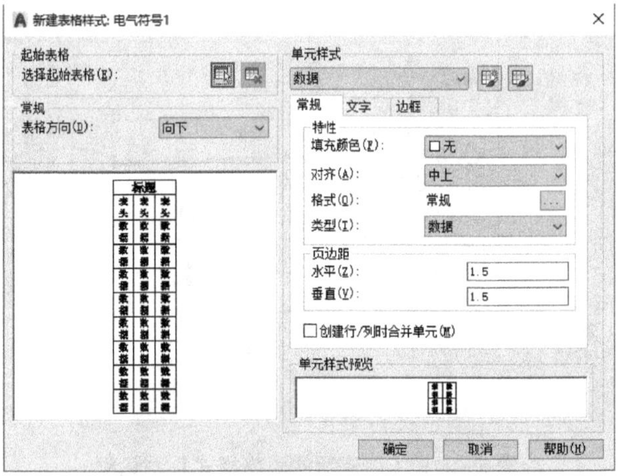

图 5-18　【新建表格样式】对话框

【新建表格样式】对话框中的重要选项说明：①图标：删除选择的起始表格；②常规：确定插入表格时的表格方向。“向下”表示创建由上而下读取的表格，即标题行和表头行位于表的顶部；“向上”则表示创建由下而上读取的表格，即标题行和表头行位于表的底部；③单元样式：确定单元格的样式；④常规：设置基本特性，包括表格的填充颜色、文字的对齐方式等；⑤文字：设置文字的样式、高度、颜色、角度；单击文字样式的图标，即可打开【文字样式】对话框，设置表格中文字的字体、大小等等，如图 5-19 所示；⑥边框：设置表格的边框特性，如边框线宽、线型、颜色及边框形式等，如图 5-20 所示。

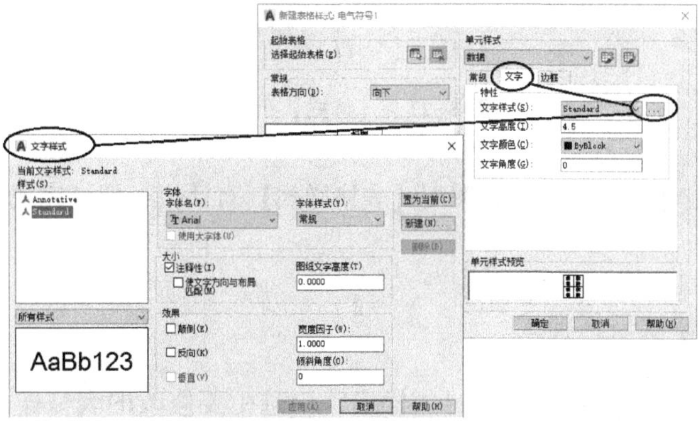

图 5-19　表格文字样式的设置

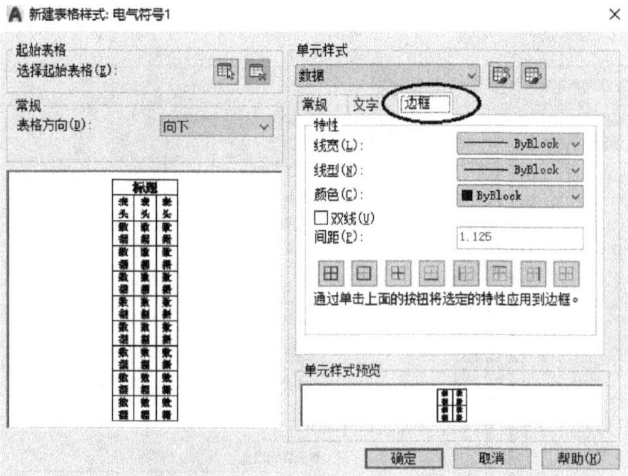

图 5-20　表格边框的设置

（6）完成表格样式的设置后，单击【确定】图标，返回【表格样式】对话框，新定义的样式就会显示在【样式】列表框中，如图 5-21 所示。

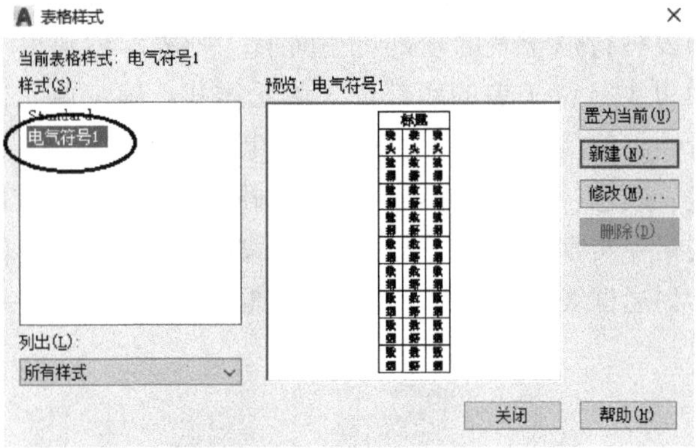

图 5-21 【样式】列表框

（7）单击【关闭】图标，关闭【表格样式】对话框，即可完成新表格样式的定义。

5.2.2 修改表格样式

在【表格样式】对话框中的“样式”中选中要修改的表格样式，单击【修改】图标，弹出【修改表格样式】对话框，在此对话框中可以修改表格的颜色、方向等，如图 5-22 所示。修改表格样式的操作方法与新建表格样式相似，在此就不再重复操作步骤了。

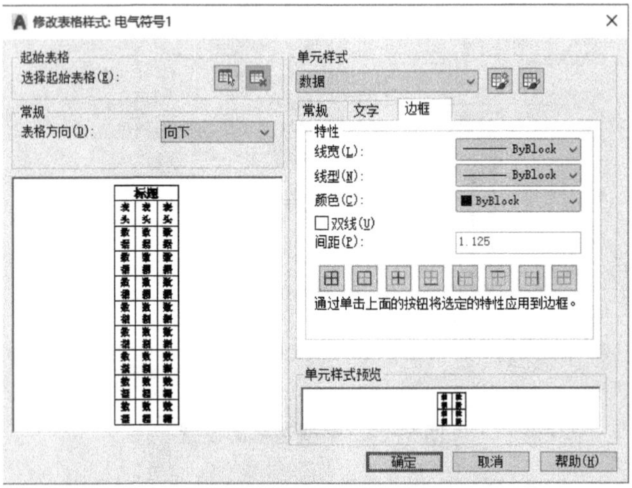

图 5-22 【修改表格样式】对话框

5.2.3　新建表格

（1）单击【绘图】工具栏中的【表格】图标；或选择菜单栏【绘图】→ 表格...，或输入简化命令【TAB】，都可打开【插入表格】对话框，如图 5-23 所示。

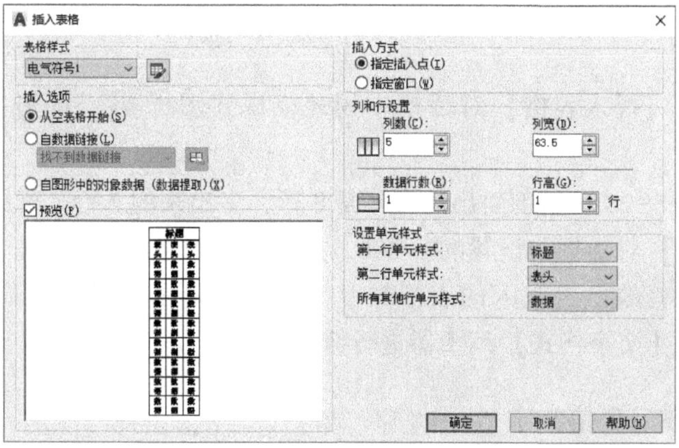

图 5-23　【插入表格】对话框

（2）在【插入表格】对话框中设置新建表格的行数为 6、列数为 3，其他选择系统默认，单击【确定】图标，返回绘图区，命令行提示：TABLE 指定插入点：

（3）在此提示下，在绘图区内选择合适的一点，将设定好的表格插入绘图区中，表格插入后，在第一个单元格的位置上会自动打开【文字格式】编辑器，即可向表格中输入文字，如图 5-24 所示。

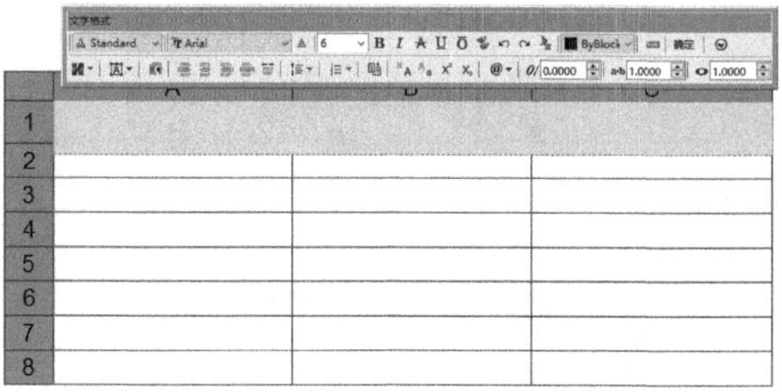

图 5-24　【文字格式】编辑器

（4）在表格中输入文字（电气符号示意图），单击【文字格式】编辑器中的【确定】图标，即可完成表格的绘制，如图 5-25 所示。

电气符号示意图		

图 5-25　表格的绘制效果

小提示

(1) 单击【插入表格】对话框中的表格样式图标，即可打开【表格样式】对话框。

(2) 在图 5-22 中新创建出的表格是 8 行，多出来的 2 行是标题行和表头行；在【插入表格】对话框中设置的行数 6，这 6 行是表格的数据行。

(3) 如想修改已经输入的表格文字（电气符号示意图），可以在文字上双击，即可打开【文字格式】编辑器进行修改。

5.2.4　填写表格文字

一个表格只有输入文字，才是一个完整的表格。

表格文字的输入技法是：当创建完表格后，双击表格中需要输入文字的单元格，即可打开【文字格式】编辑器，然后设置文字样式并输入文字，完成后单击【确定】即可，如图 5-26 所示。

图 5-26　输入表格文字

小提示

(1) 表格的高度会随着输入文字的高度而自动调整。

(2) 在单元格中输入文字时，可以使用键盘上的方向键【←、→、↑、↓】，来进行单元格的切换。

5.2.5　表格编辑器

在实际的设计工作中，经常需要修改已经创建好的表格，如增加或删减行数或列数、增加单元格的颜色、文字的对齐方式及合并单元格等操作，这些操作在【表格】编辑器中就很容易实现。

在表格任意一个单元格内单击鼠标，就可以打开【表格】编辑器，如图 5-27 所示。

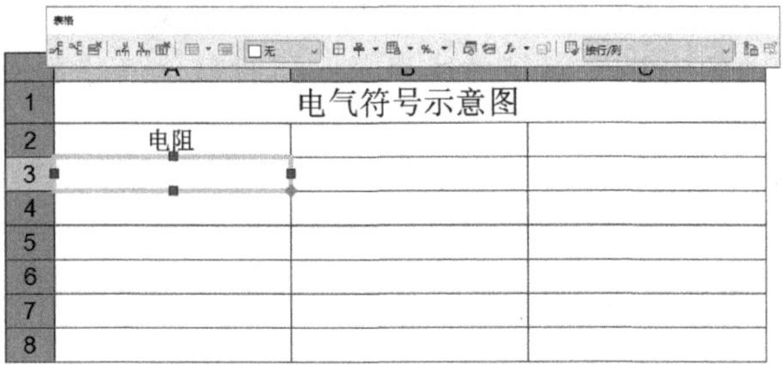

图 5-27　【表格】编辑器

小提示

（1）在表格的单元格中，单击会打开【表格】编辑器，双击则会打开【文字格式】编辑器。

（2）在【表格】编辑器中可以修改表格的行数与列数、单元格的颜色及边框属性；合并单元格；文字的对齐方式；输入数据的格式及在表格中插入块等操作，如图 5-28 所示。

图 5-28　【文字格式】编辑器

小提示

在表格中，默认合并单元格的图标是灰色的不可用，只有选择了多个单元格，才能启用；当合并单元格后，单击取消合并单元格图标，即可将合并的单元格恢复。

5.2.6 表格夹点的编辑

表格的编辑与中文版 AutoCAD 2020 的其他编辑命令类似，表格的编辑也可以通过使用夹点的方式进行调节，使用鼠标左键单击表格的任意边界，就可选中整个表格，被选中的表格全部呈虚线显示，同时显示表格的夹点，如图 5-29 所示。

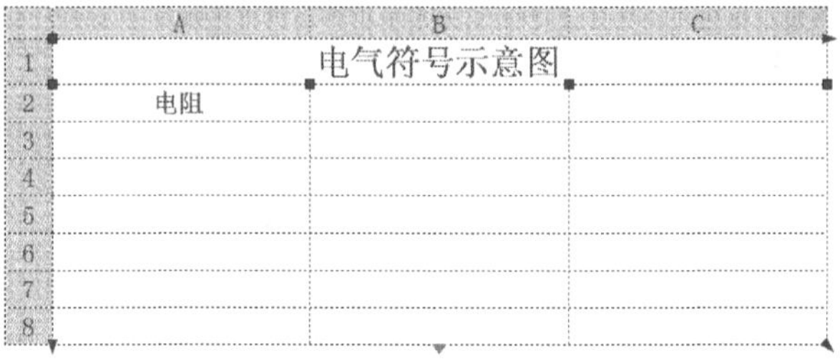

图 5-29 表格夹点的编辑

利用鼠标左键选中所需夹点，移动所选夹点，拖拽夹点到合适的位置，点击即可调整表格的列宽或整体高度计宽度。

5.3 本 章 小 结

本章重点讲述了 AutoCAD 2020 的文本与表格命令，详细介绍了单行文字与多行文字的创建与编辑方式文字、文字样式的设置、特殊符号的插入技巧、表格的创建与编辑等。文字在绘制 AutoCAD 工程设计图中是不可或缺的，而表格的运用可以极大地节省工程图表的绘制时间。

第 6 章

图案填充

图案填充是指在 AutoCAD 2020 图形的指定区域内，填充指定的图案、渐变色或实体等。许多图形都需要填充不同的图案，以区分不同的符号、图例与施工材料；另外使复杂图形达到良好的区分度，做到一目了然。

传统的手工绘制图案的方式，不仅工作量很大 ，而且角度和间距都不太精确；AutoCAD 的图案填充功能，使图案的绘制变得非常简单，只要定义好边界，系统自动进行填充，还可以应用图案的编辑功能调节图案的疏密、方向等，产生丰富多样的填充效果。

6.1 AutoCAD 的图案填充

6.1.1 图案填充的基础知识

（1）图案填充的边界

图案填充是为一个闭合的图形区域内填充图案。填充前需要先定义图案填充的边界区域，边界线必须是首尾相连的一条闭合线，填充区域全部显示在当前绘图区，并且构成边界的图形应在端点处相交，若边界不是端点与端点相交，则会产生错误的图案。

（2）填充图案与边界的关系

关联填充图案：填充图案随着边界的变化而变化

无关联填充图案：填充图案不会随着边界的变化而变化

（3）填充图案是一个整体

填充图案是一个整体，如编辑修改填充图案，就必须先用【分解】图标  进行分解。

（4）图形填充的显示

在图形中填充图案后，有时在绘图区会不可见，这是因为填充图案的比例过大，或者填充图案的比例太小而显示为黑，这时修改图案的比例即可。

6.1.2 图案填充的命令执行方式

AutoCAD 2020 的图案填充主要有三种操作方式。

（1）选择【绘图】工具栏的【图案填充】图标，如图 6-1 所示。

图 6-1 【绘图】工具栏的填充图标

（2）使用菜单栏的【图案填充】→ 图案填充(H)...，如图 6-2 所示。

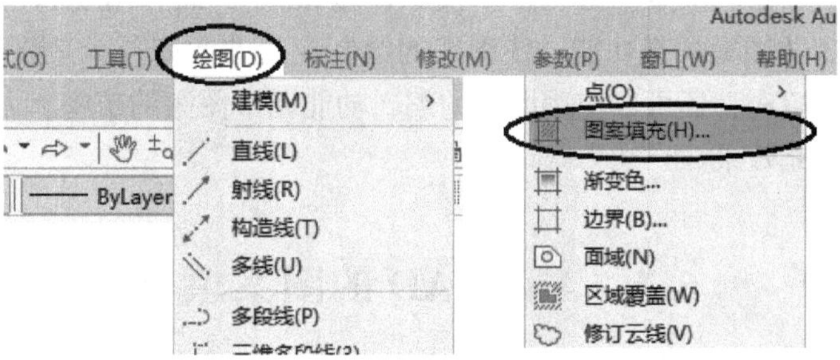

图 6-2 通过【图案填充】菜单

（3）在命令行输入简化命令【BH】命令，按空格键，确认执行当前命令。

6.1.3 图案填充对话框

单击【绘图】工具栏的【图案填充】图标，或使用菜单栏的【图案填充】命令；或输入简化命令【BH】，按空格键，这三种方式都可以打开【图案填充和渐变色】对话框，如图 6-3 所示。

【图案填充】对话框的主要选项说明如下：①类型：包含预定义、用户定义及自定义三种类型，预定义表示系统给出的填充图案，用户定义表示使用当前线性比较简单的填充图案；自定义表示学习者也可以根据实际需要，从其他定制的 . Pat 文件中选择一个图案。可以通过改变填充图案的比例和旋转角度来微调图案，一般使用预定义图案即可达到大部分的绘图需求；②图案：单击“图案填充图案”图标...，打开的列表中列出了中文版 AutoCAD 2020 提供的预设的图案、渐变色等，单击选择一个即可；③颜色：当前填充图案的颜色；④样

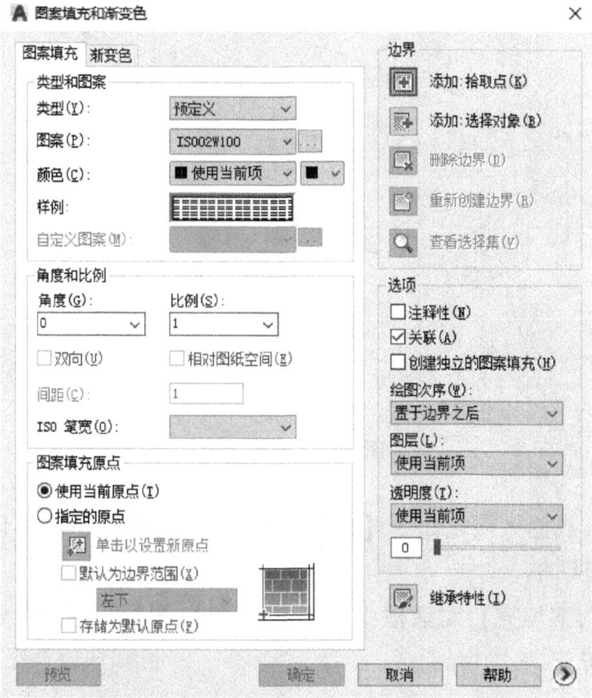

图 6-3　【图案填充和渐变色】对话框

例：显示所选图案的预览效果；⑤角度：图案的剖面线的角度；⑥比例因子：控制填充图案的疏密度，默认值为 1；⑦添加拾取点：根据围绕指定点所构成的封闭区域的现有图形来确定边界；⑧关联：关联填充图案，填充图案随着边界的变化而变化。

小提示

随着图形界限大小的变化，比例因子应作相应的改变，否则填充图案就会过密或过疏。数值大于“0”是放大，数值小于“0”是缩小。填充图案调整的疏密得当，图形才显得专业、美观。对于初次作图，比例因子的数值不好掌握，可多试几次，比例因子的取值应遵循“宁大勿小”的原则，以美观、合适为原则，

6.1.4　使用图案填充命令

（1）启动中文版 AutoCAD 2020 程序，在绘图区中绘制如图 6-4 所示的图形。

（2）单击【绘图】工具栏中的【图案填充】图标；或使用菜单栏的【图

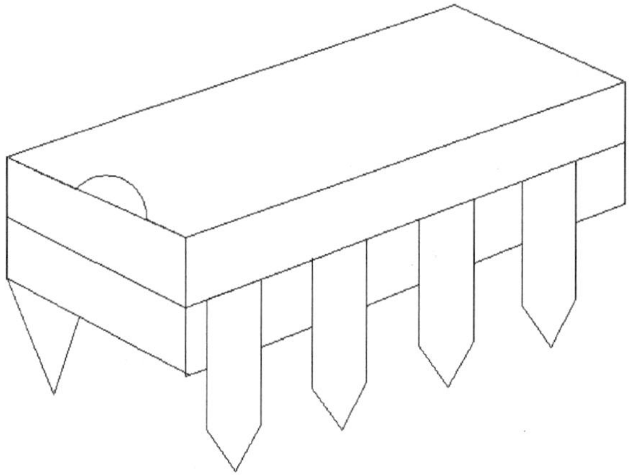

图 6-4　绘制图形

案填充】命令；或输入简化命令【BH】命令，按空格键，都可以打开【图案填充和渐变色】对话框。

（3）在【图案填充】对话框中点击【图案】图标，设置填充的图案样式，如图 6-5 所示。

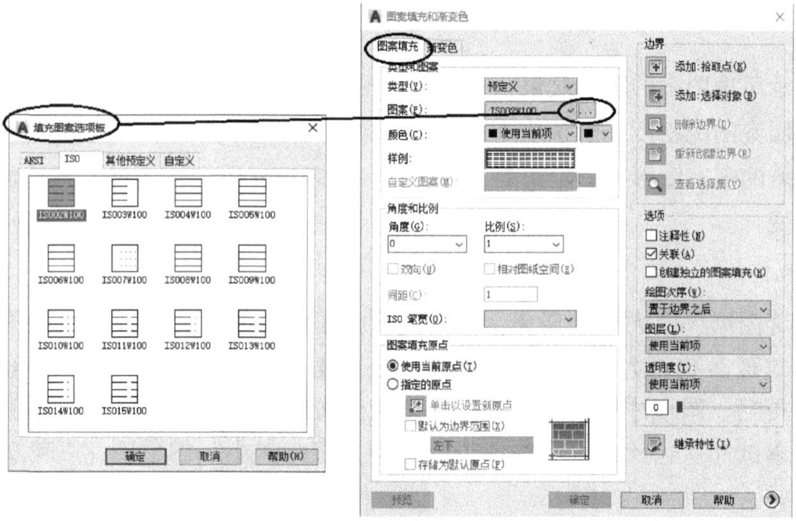

图 6-5　【图案填充】对话框

（4）点击【添加拾取点】，回到绘图区，在绘图区中选择需要填充图案的图形，即在需要填充图案的位置单击鼠标左键，拾取填充图案的原点，拾取后的图形边界呈虚线显示，如图 6-6 所示。

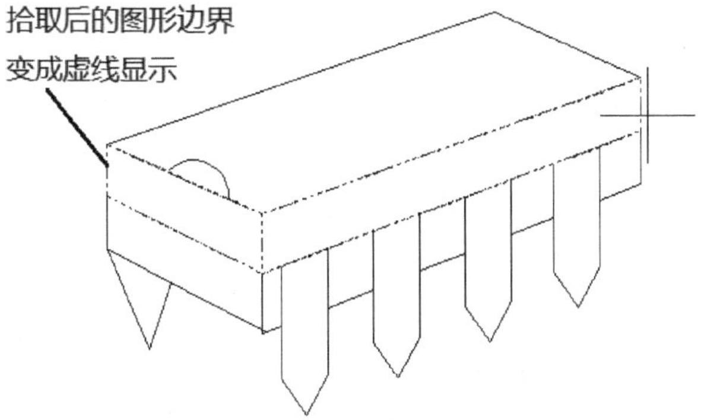

图 6-6　拾取图形

（5）按空格键，返回【图案填充】对话框，设置图案的角度为 45 度，点击【确定】图标，即可完成图案填充，如图 6-7 所示。

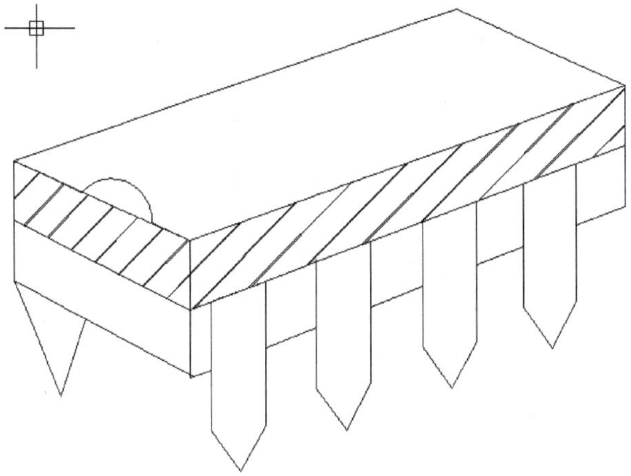

图 6-7　图形填充效果

6.1.5　填充图案的编辑

在填充图案后，一般情况下图案的角度及疏密都不完全符合绘图的要求，这时就需要对填充图案的属性进行编辑，填充图案的编辑步骤如下。

（1）在绘图区选择已经填充的图案，选中的填充图案呈虚线显示。

（2）单击菜单【修改】→【对象】→ 图案填充(H)...，打开【图案填充编辑】对话框，如图 6-8 所示。

图 6-8 【图案填充编辑】对话框

【图案填充编辑】对话框主要选项说明：①更改图案填充的样式：在图案参数栏中选择新的图案即可；②更改填充图案的角度与比例：可以更改填充图案的角度及比例因子，如图 6-9 所示，角度与比例不同，所产生的图案填充效果也不一样；③更改图案填充的原点：用于确定生成填充图案时的起始位置。因为某些填充图案（如砖块图案）需要与图案填充边界上的某一点对齐。如图 6-10 所示，填充图案时任意选择原点与指定原点的填充图案的效果；④图案填充透明度：可更改图案填充的透明度。

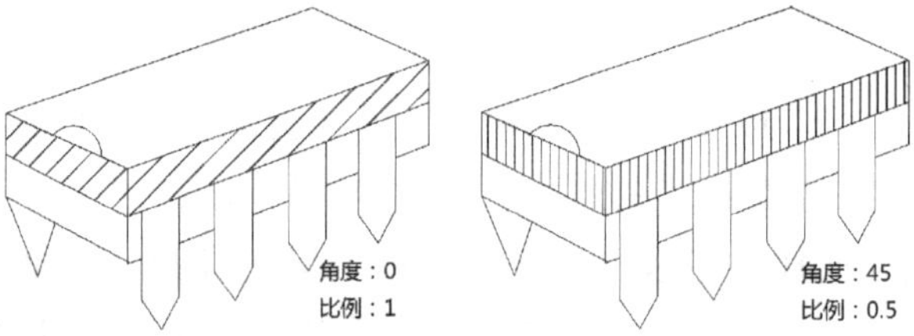

图 6-9 填充图案的角度及比例

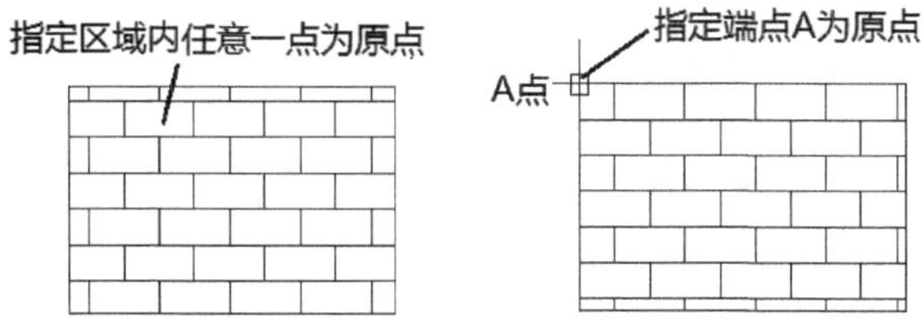

图 6-10　不同原点的填充图案效果

小提示

如果填充好的图案不符合绘图要求，也可以选中绘图区已经填充好的图案，按 Delete 键删除，然后再次选择【图案填充】图标，打开【图案填充和渐变色】对话框，重新设置图案的比例与角度，这种方式更加方便、快速，易于掌握。

6.2　AutoCAD 的渐变填充

渐变填充可以填充单一颜色，也可以填充双色。渐变填充有多种渐变模式，渐变填充的操作方式与与图案填充相似。

选择【绘图】工具栏的【渐变色】图标；或使用菜单栏的【绘图】→ 渐变色... ；或输入简化命令【BH】命令，然后按空格键，都可打开【图案填充和渐变色】对话框，如图 6-11 所示。

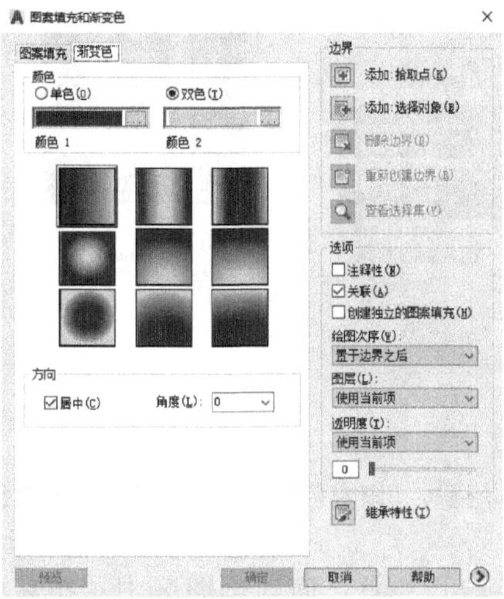

图 6-11　【图案填充和渐变色】对话框

6.2.1 使用渐变填充命令

（1）启动中文版 AutoCAD 2020 程序，在绘图区中绘制一个如图 6-12 所示的图形。

图 6-12 绘制图形

（2）单击【绘图】工具栏的【渐变色】图标；或使用菜单栏的【绘图】→ 渐变色... ；或在命令提示行中输入【BH】，按空格键；都可以打开【图案填充和渐变色】对话框。

（3）在【渐变色】选项板中设置渐变的颜色与渐变模式，如图 6-13 所示。

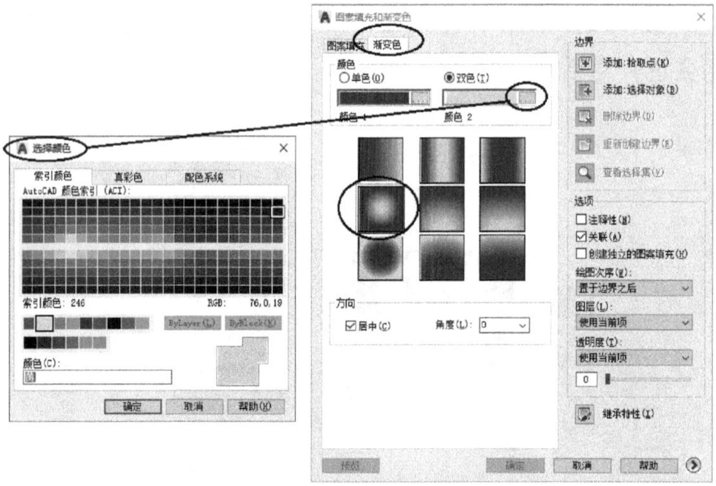

图 6-13 通过【渐变色】选项板设置渐变的颜色与模式

（4）点击【添加拾取点】，回到绘图区中，在需要填充的位置单击鼠标左键，拾取填充渐变色的原点，拾取后的图形边界呈虚线显示，如图 6-14 所示。

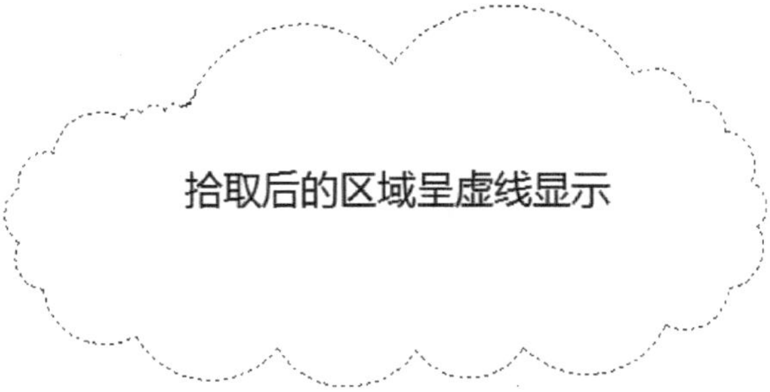

图 6-14 拾取填充渐变色的原点

（5）按空格键，返回【图案填充与渐变色】对话框，点击【确定】图标，即可完成渐变填充，填充效果如图 6-15 所示。

图 6-15 图形填充效果

6.2.2 渐变填充的编辑

在绘图区选择填充渐变色后，在绘图区选择填充的渐变色，单击菜单【修改】→【对象】→ 图案填充(H)... ，也可以打开【图案填充编辑器】对话框，在【渐变色】选项板中可修改渐变色的颜色、渐变模式、角度及透明度等。

6.3 本 章 小 结

本章重点讲述了中文版 AutoCAD 2020 的图案填充与渐变填充命令，图案填充与渐变填充的编辑技巧，填充图案的比例调节、角度调整等内容，学习者应反复练习才能熟练掌握，特别是图案填充的比例因子调整，需要一定的绘图经验。

第 7 章

尺寸标注

尺寸标注是工程制图中的一项极其重要的内容，详细、规范的尺寸标注是设计工程最后得以实现的必备元素。本章重点介绍尺寸标注的创建与编辑方法。通过本章的学习，了解尺寸标注的类型，掌握 AutoCAD 2020 尺寸标注的标注参考线、标注单位、箭头、标注文字等参数的设置技巧及编辑方法。

7.1 尺寸标注基础

7.1.1 尺寸标注的组成

AutoCAD 2020 中，一个完整的尺寸标注由尺寸线、尺寸界线、尺寸文字和尺寸箭头 4 部分组成，如图 7-1 所示。

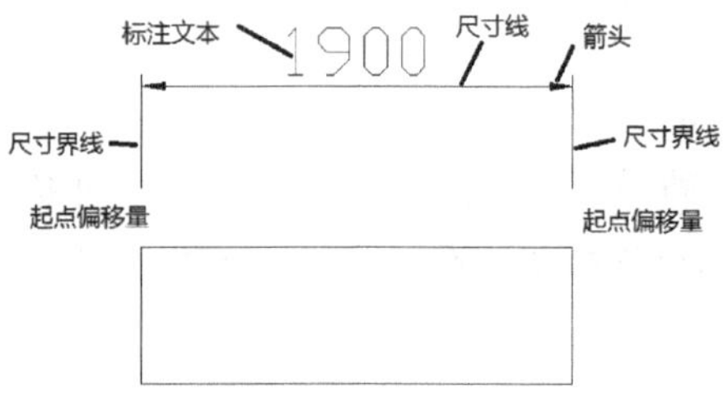

图 7-1 尺寸标注的组成

小提示

尺寸标注的箭头，可以用短画线、点或其他标记代替。在实际应用中，最好是将标注线、延伸线及标注文本的颜色设置为随层，线宽也设置为随层。

7.1.2　尺寸标注的类型

AutoCAD 可以对图形的长度、宽度、角度、半径、直径等进行尺寸标注，如图 7-2 所示。

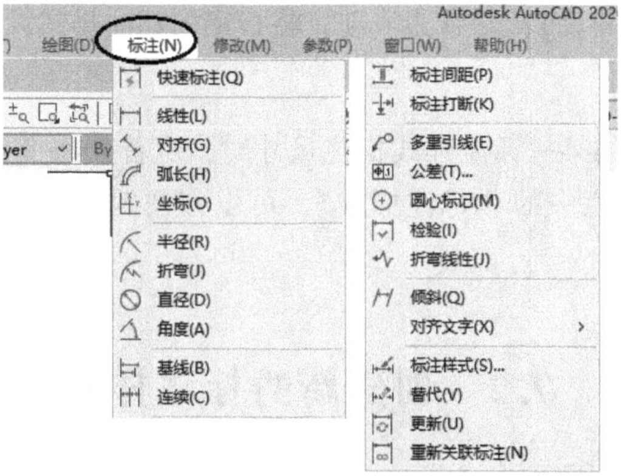

图 7-2　尺寸标注的类型

7.1.3　标注样式管理器

选择【样式】工具栏中的【标注样式】图标；或菜单栏中的【标注】→【标注样式】；或菜单栏中的【格式】→【标注样式】菜单；或输入简化命令【DI】，按空格键，都可打开【标注样式管理器】对话框，如图 7-3 所示。

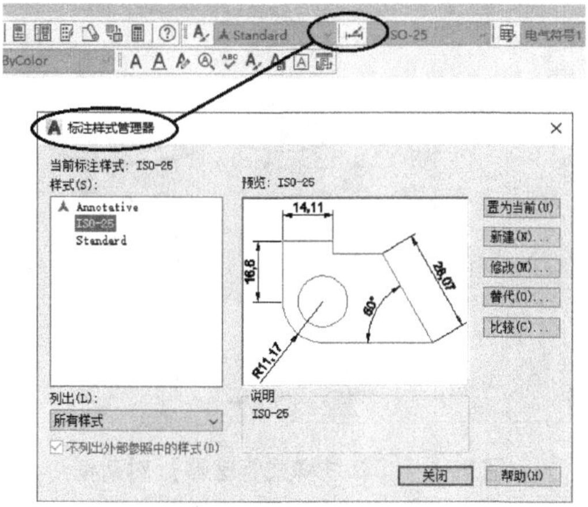

图 7-3　【标注样式管理器】对话框

【标注样式管理器】对话框主要选项说明：①样式：列出已有标注样式的名称。当前有 ISO-25、Annotative 和 Standard 等样式。“ Annotative”为注释性尺寸样式；②列出：确定要在“样式”列表框中列出哪些标注样式，有“所有样式”和“正在使用的样式”两种选择；③预览：预览在“样式”列表框中所选中的标注样式的标注效果。④说明：显示在“样式”列表框中所选定标注样式的说明（如果有的话）；⑤置为当前：将指定的标注样式设为当前样式。

小提示

当需要用已有的某一标注样式标注尺寸时，应首先将此样式设为当前样式。利用【样式】工具栏中的“标注样式”，可以方便地将某一标注样式设为当前样式。

7.2 创建新的标注样式

AutoCAD 2020 提供了三种标注样式，但并不能满足所有的图形标注需求，在建筑设计及室内设计等工程图标注中，为了满足标注需要，需要根据实际情况设置新的标注样式。

创建新的标注样式操作步骤如下。

(1) 选择菜单栏中【标注】→【标注样式】，打开【标注样式管理器】对话框，单击新建图标，打开【创建新标注样式】对话框，以 ISO-25 为基础，新建一个标注样式，将新的标注样式命名为“建筑标注”，如图 7-4 所示。

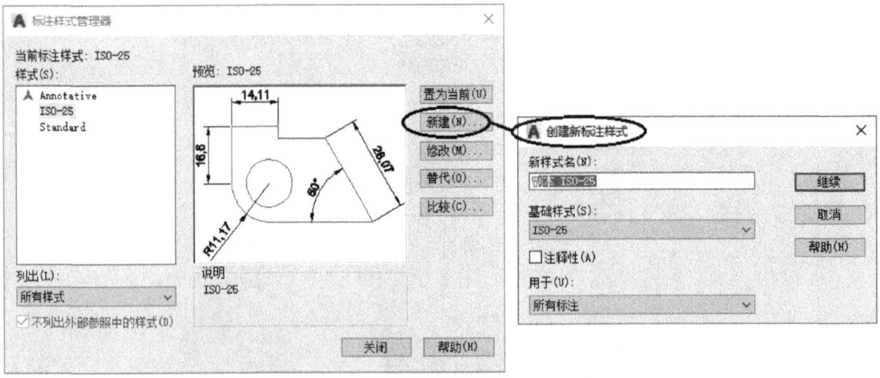

图 7-4 【标注样式管理器】对话框

（2）单击【继续】图标，出现【新建标注样式】对话框，如图 7-5 所示。

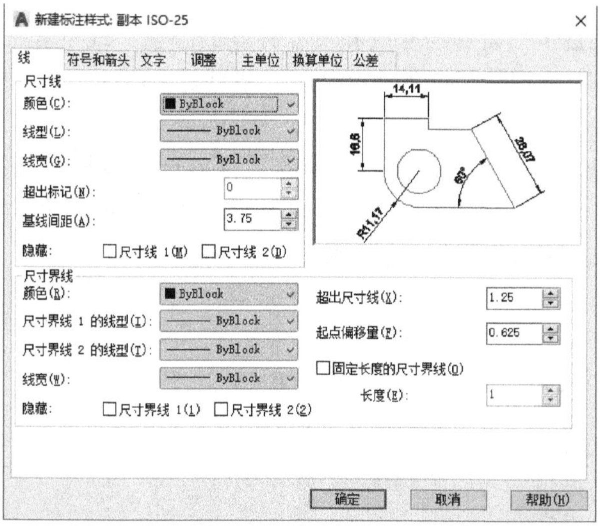

图 7-5　通过【新建标注样式】对话框创建新的标注样式

（3）在【新建标注样式】对话框中，就可以对标注的线、符号与箭头、文字、主单位等逐项设置，完成以上几个选项卡的设置后，单击【确定】图标，即可返回【标注样式管理器】，这时新创建的标注样式“建筑标注”已显示在【样式】列表框中，如图 7-6 所示。

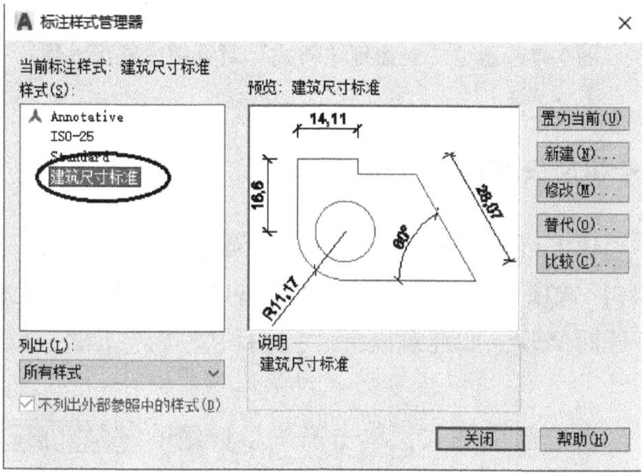

图 7-6　标注样式的新建

7.2.1 线的设置

尺寸线的设置包括设置尺寸线和尺寸界线的颜色、线型和线宽等基本属性。在实际工作中，尺寸线和尺寸界线的颜色、线型等一般由所在的图层决定，不需在此设定。

在【线】选项卡中，经常需要改动的是超出尺寸线与起点偏移量，超出尺寸线表示尺寸界线超出尺寸线的长度，起点偏移量是表示尺寸界线与图形间的距离，其余设置采用系统默认即可，如图 7-7 所示。

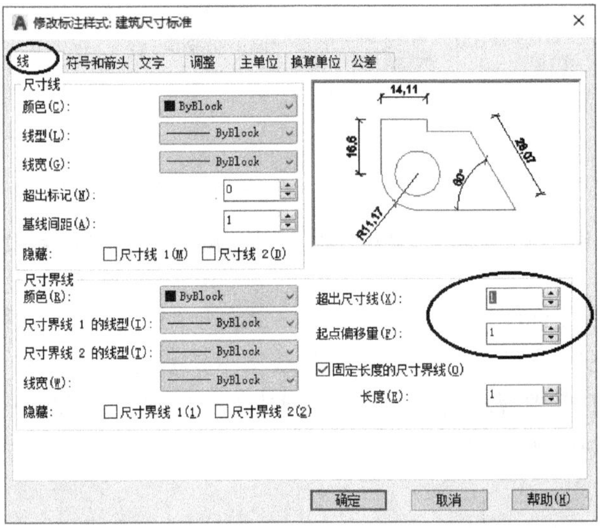

图 7-7 通过【新建标注样式】对话框设置尺寸线

7.2.2 符号和箭头的设置

符号和箭头选项卡可以设置标注的箭头、圆心标记等等。

【符号和箭头】选项卡一般用来修改箭头的样式及大小，是根据不同专业领域的常用标注符号而修改，如建筑设计、室内设计等施工图一般用“建筑标记”符号。

系统给出了许多的箭头格式，单击箭头参数组的 实心闭合 ，在下拉列表中找到所需箭头的样式即可，如图 7-8 所示。

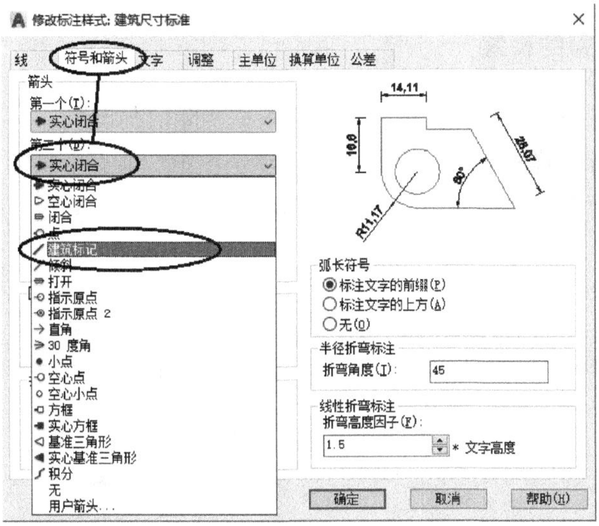

图 7-8　通过【新建标注样式】对话框设置符号和箭头

7.2.3　标注文字的设置

在文字样式选项卡中，按照实际需要设置样式，【文字】选项卡一般用来修改文字的高度、位置及从尺寸偏移量，其他采用默认即可，如图 7-9 所示。

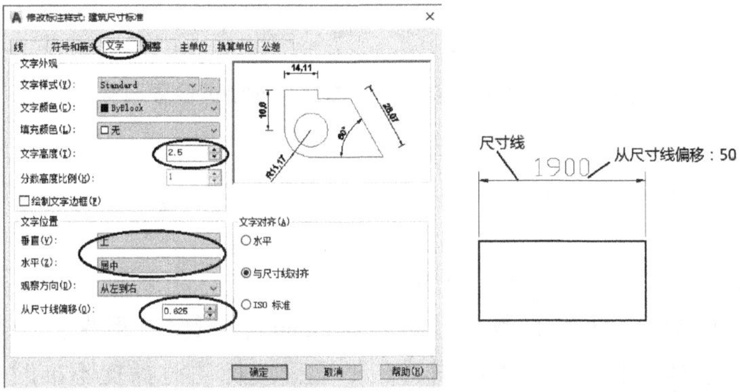

图 7-9　通过【新建标注样式】对话框设置标注文字

小提示

进行尺寸标注以后，有时看不到所标注的尺寸文本，这是因为尺寸标注的整体比例因子设置的太小。打开尺寸标注方式对话框，修改其数值即可。

7.2.4 调整的设置

标注样式一般情况下选择默认，也可根据实际情况设置。

在【修改标注样式】对话框的 7 个调整选项中，前五个只能分别使用，第六个可以分别与前五个组合使用，如图 7-10 所示。

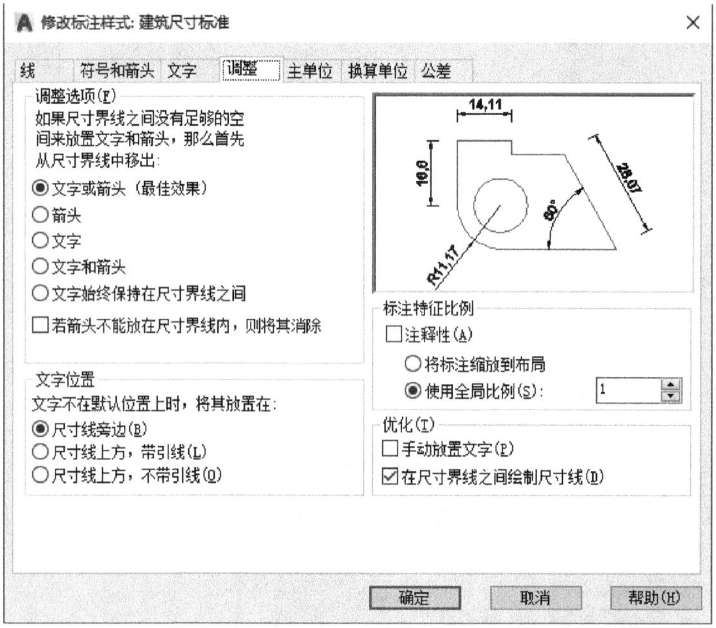

图 7-10 通过【新建标注样式】对话框设置调整

7.2.5 主单位的设置

用来设置标注单位的格式和精度。

对于机械制图，使用的是十进制（Decimal）。精度一般保留小数点后两位（即 0.00），这样，制图过程中如图绘制不准确或标注时捕捉不准时可以从标注的小数部分反映出来。

在建筑设计及室内装饰设计施工图中，“精度”设为 0 即可，小数点指的是小数点的样式。在中国，一般习惯用圆点“.”，如图 7-11 所示。

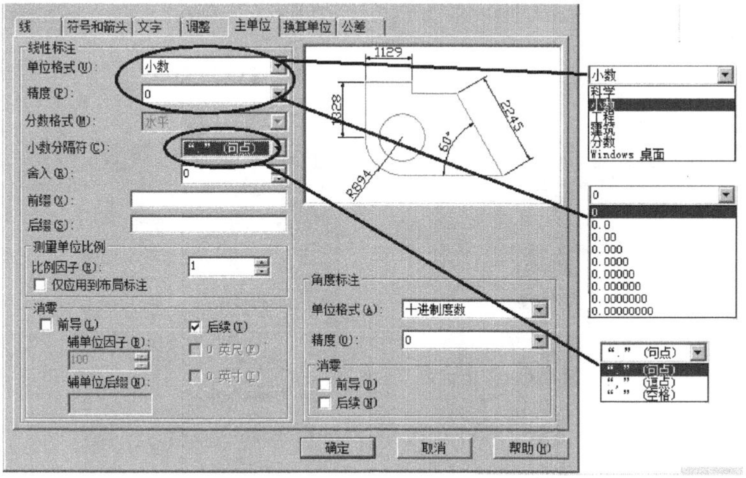

图 7-11　通过【新建标注样式】对话框设置主单位

小提示

【新建标注样式】对话框共有线、符号和箭头、文字、调整、主单位、换算单位及公差七个选项卡。其中，换算单位一般很少使用；公差一般不在此处直接设置，因为不同的尺寸公差值都不同，只能进行个别的调整，在此只设置一些通用的选项。一般情况选择默认即可。精度一般为小数点后两位，对于金属加工的精密件，公差可设置到小数点后的三位或四位。

7.3　常用的尺寸标注

7.3.1　线性标注

线性标注是指标注沿水平方向、垂直方向以及指定方向的尺寸标注。可以先打开【标注样式管理器】，选择一种标注样式，如当前样式已经是需要的，就不用选择。线性标注的绘制步骤如下。

（1）在使用线性标注之前，首先输入简化命令【OS】，开启 AutoCAD 2020“对象捕捉”，设置捕捉的特殊点，如端点、圆心、中点等。设置好捕捉点后使用 F3 键或点击  来控制对象捕捉的开启与关闭。

（2）单击菜单栏的【标注】→【线性标注】菜单；或单击【标注】工具栏的【线性】图标；如图 7-12 所示；或输入命令【Dimlinear】，按空格键，如图 7-13 所示。

图 7-12 【标注】工具栏的【线性】图标

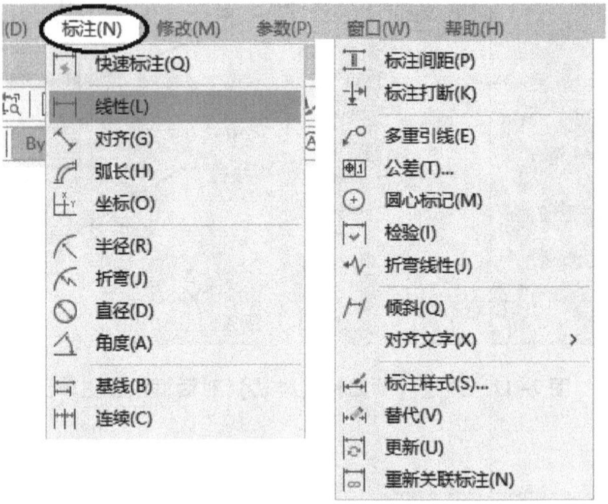

图 7-13 菜单栏的【线性标注】菜单命令

(3) 在绘图区内，在自动捕捉的辅助下，选择矩形的端点 1、2，完成矩形的水平尺寸标注；选择矩形的端点 3、4，即可完成矩形的垂直尺寸标注，如图 7-14 所示。

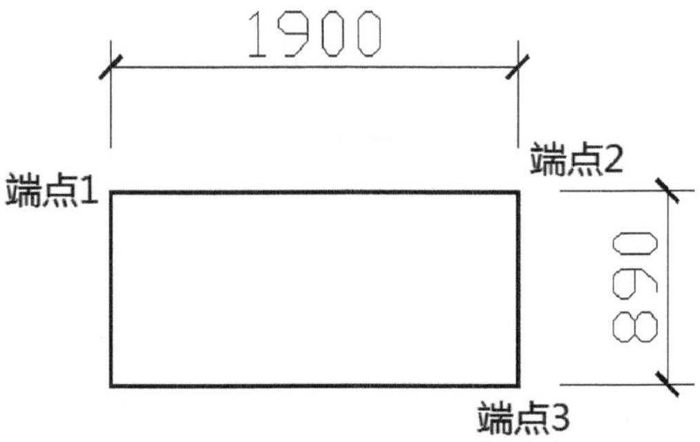

图 7-14 图形的线性标注效果

7.3.2 连续标注

连续标注是指相邻两条尺寸线共用一条尺寸界线的尺寸标注。执行连续线标注之前，必须先标出一个基本尺寸，作为连续标注的基准。尺寸标注可以根据命令行提示进行，在这里用光标控制的方式来讲解连续标注的使用技法。

（1）确定对象捕捉模式为开启状态。

（2）单击菜单栏的【标注】→【线性标注】，或点击工具栏【线性】图标，在绘图区的图形中选择点 A 与点 B，先标注出一个尺寸，作为连续标注的基准，如图 7-15 所示。

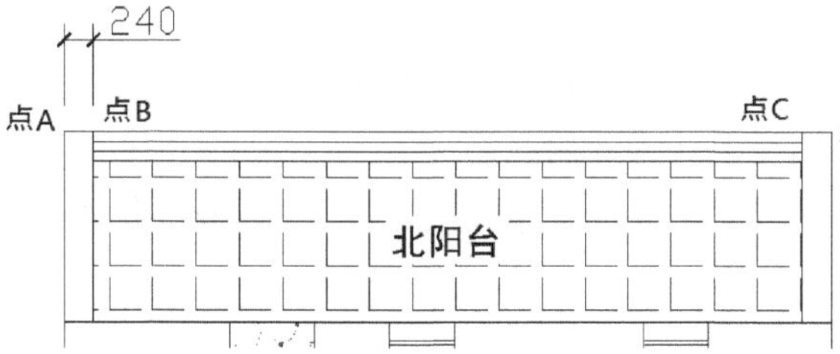

图 7-15　线性标注

（3）在菜单栏【标注】→ 连续(C)，或点击工具栏【连续标注】图标，在绘图区内点击点 C，完成第二个尺寸的标注，如图 7-16 所示。

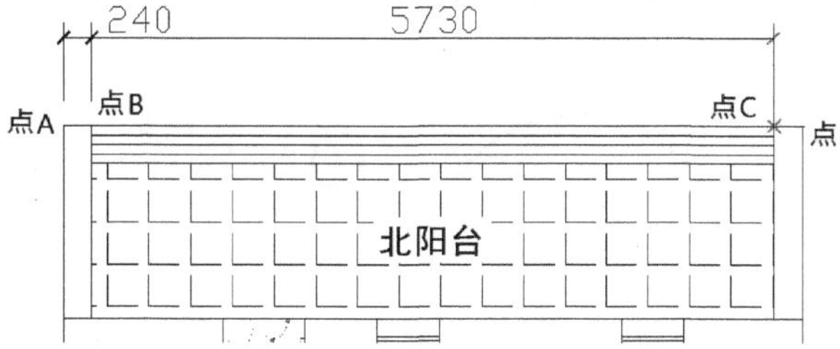

图 7-16　连续标注

（4）继续在绘图区点击点 D，完成第三个尺寸标注，结束后，按空格键，完成全部的尺寸标注，如图 7-17 所示。

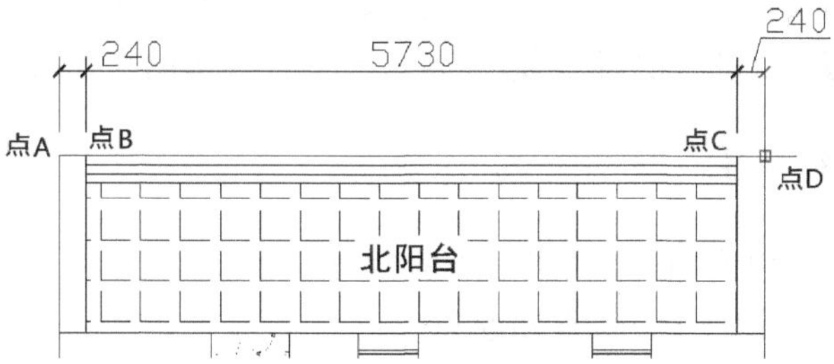

图 7-17　图形的连续标注效果

小提示

连续尺寸标注在实际设计绘图工作中非常实用，可以极大地提高尺寸标准的速度。

7.3.3 直径标注

用直径标注可以为圆或圆弧标注直径尺寸。

（1）确定对象捕捉模式为开启状态。

（2）选择菜单栏【标注】→

；或单击【标注】工具栏中的【直径】图标，如图 7-18 所示。

图 7-18 【标注】工具栏的【直径】图标

（3）在绘图区内，用光标选择圆上的任意一点点击，并移动到合适角度，按下第二点，释放鼠标，完成圆的直径标注，如图 7-19 所示。

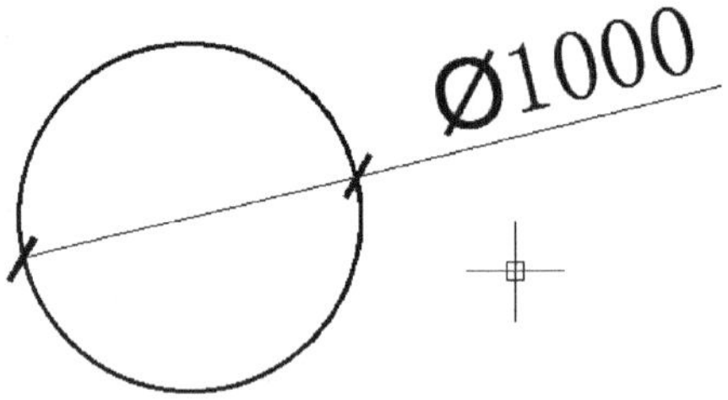

图 7-19 直径标注效果

小提示

通过“多行文字”或“文字”选项重新确定半径尺寸时，只有给输入的尺寸文字加上前缀“%%C”，才能使 AutoCAD 2020 标出的直径尺寸符号。

7.3.4 半径标注

用半径标注可以为圆或圆弧标注半径尺寸

（1）确定对象捕捉模式为开启状态。

（2）选择菜单栏【标注】→

；或单击【标注】工具栏中的【半径】图标，如图 7-20 所示。

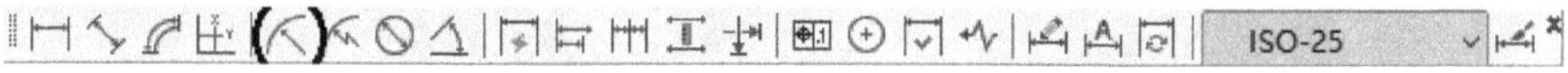

图 7-20　【标注】工具栏的【半径】图标

（3）在绘图区内，用光标选择圆上的任意一点点击，并移动到合适角度，按下第二点，释放鼠标，完成圆的半径标注，如图 7-21 所示。

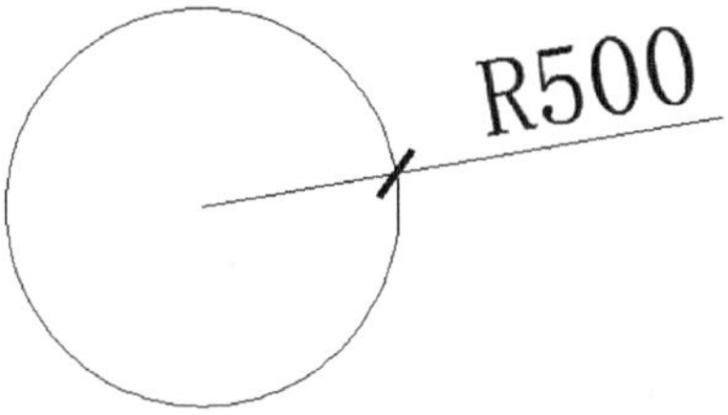

图 7-21　图形的半径标注效果

7.3.5　角度标注

用半径标注可以测量两条不平行直线之间的角度。

（1）确定对象捕捉模式为开启状态。

（2）选择菜单栏【标注】→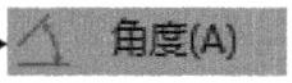

；或单击【标注】工具栏中的【直径】图标，如图 7-22 所示。

图 7-22　【标注】工具栏的【角度】图标

（3）在绘图区内，用光标在第一条直线上的任意一点点击，再用光标点击第二条直线上的任意一点，然后移动光标将标注移动到合适位置，按下鼠标，完成两直线之间的角度标注，如图 7-23 所示。

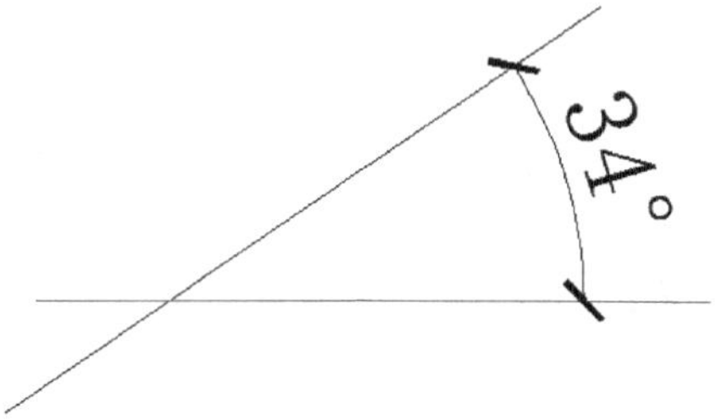

图 7-23　图形的角度标注效果

7.3.6 弧长标注

用弧长标注可以测量圆弧或多段线上圆弧的距离。

（1）确定对象捕捉模式为开启状态。

（2）选择菜单栏【标注】→ 弧长(H)；或单击【标注】工具栏中的【弧长】图标，如图 7-24 所示。

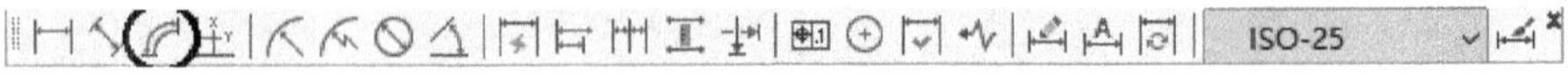

图 7-24 【标注】工具栏的【弧长】图标

（3）在绘图区内，用光标在弧线上的任意一点点击，出现标注，然后移动光标将标注移动到合适位置，按下鼠标，完成弧长的标注，如图 7-25 所示。

图 7-25 图形的弧长标注效果

7.3.7 对齐标注

对齐标注可以标注一条倾斜线段的实际长度。

（1）确定对象捕捉模式为开启状态。

（2）选择菜单栏【标注】→ 对齐(G)；或单击【标注】工具栏中的【对齐】图标，如图 7-26 所示。

图 7-26 【标注】工具栏的【对齐】图标

（3）在绘图区内，按 F3 键启动自动捕捉，依次选择菱形的点 A、点 B，完成菱形的尺寸标注，如图 7-27 所示。

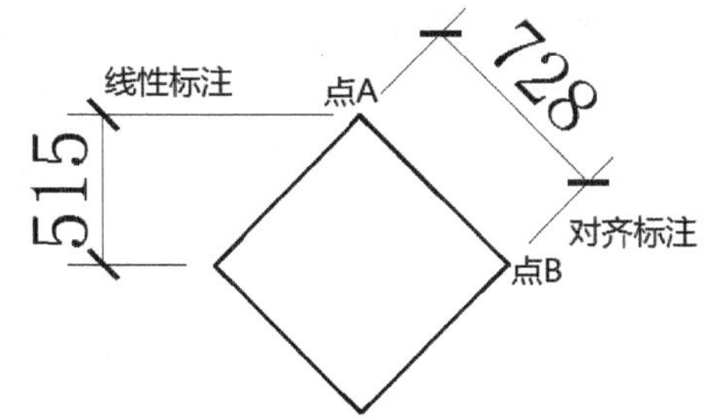

图 7-27　图形的对齐标注效果

7.4　编 辑 标 注

中文版 AutoCAD 2020 提供了两种尺寸标注编辑方式：编辑标注与编辑标注文字，如图 7-28 所示。

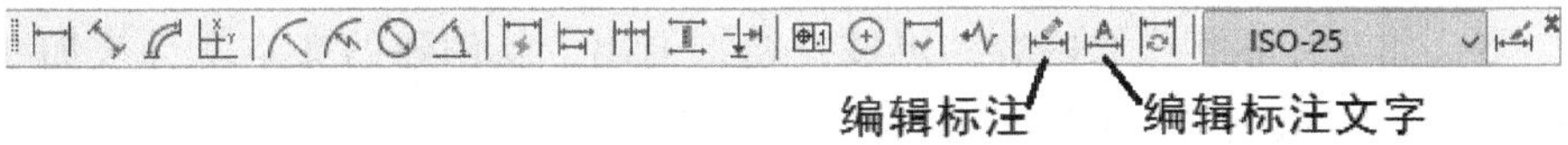

图 7-28　编辑标注与编辑标注文字

7.4.1　编辑标注的方式

在中文版 AutoCAD 2020 中，选择【标注】工具栏的【编辑标注】图标；或选择菜单栏【标注】→【倾斜】命令；或在命令提示行输入【DIMEDIT】命令，按空格键，都可以编辑标注。

7.4.2　编辑标注的功能

编辑标注命令的主要功能是：

（1）增加标注文字的内容。

（2）更改尺寸界线的倾斜角。

7.4.3　增加标注文字的内容

（1）选择【标注】工具栏的【编辑标注】图标，命令行提示：

DIMEDIT 输入标注编辑类型［默认（H）新建（N）旋转（R）倾斜（O）］<默认>：

（2）在此提示下，输入选项“N”，打开【文字格式】对话框，如图 7-29 所示。

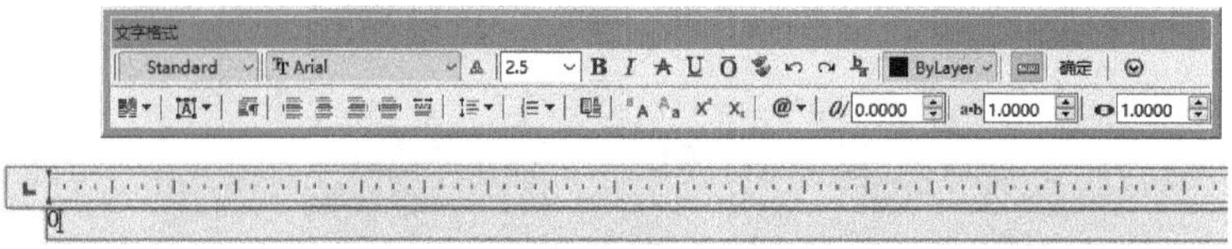

图 7-29　【文字格式】对话框

（3）在文本框中可以输入数值或文字。在文本框内输入新的文字“约”，然后单击【确定】图标，关闭【文字格式】对话框，命令行提示：DIMEDIT 选择图形：

（4）绘图区内的鼠标变成【□】的形状，点击选取需要修改的标注尺寸，标注尺寸变成虚线，命令行提示：DIMEDIT 选择图形：

（5）如没有继续选取内容，可按空格键退出，新创建的文本就会被加在原有标注文字的前面，如图 7-30 所示。

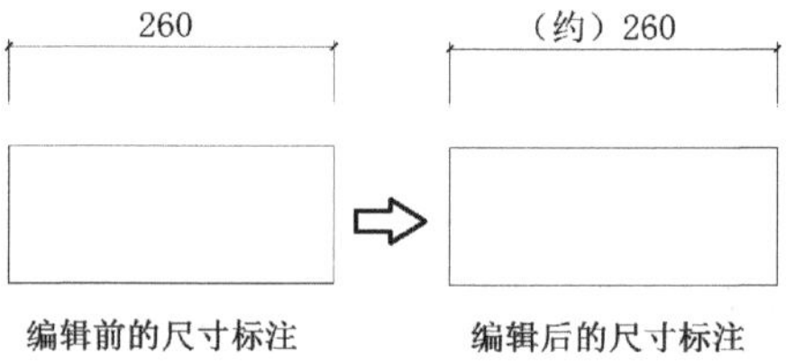

图 7-30　编辑前后的尺寸标注

7.4.4　更改标注文字的角度

（1）选择【标注】工具栏的【编辑标注】图标，命令行提示：

DIMEDIT 输入标注编辑类型［默认（H）新建（N）旋转（R）倾斜（O）］<默认>：

（2）在此提示下，输入选项“R”，命令行提示：DIMEDIT 指定标注文字的角度：

（3）在此提示下，输入标注文字旋转的角度“45”，命令行提示：DIMEDIT

选择图形：

（4）绘图区内的鼠标变成【□】的形状，点击选取需要修改的标注尺寸，标注尺寸变成虚线，命令行提示：DIMEDIT 选择图形：

（5）如没有继续选取内容，可按空格键退出，标注文本就会旋转 45 度，如图 7-31 所示。

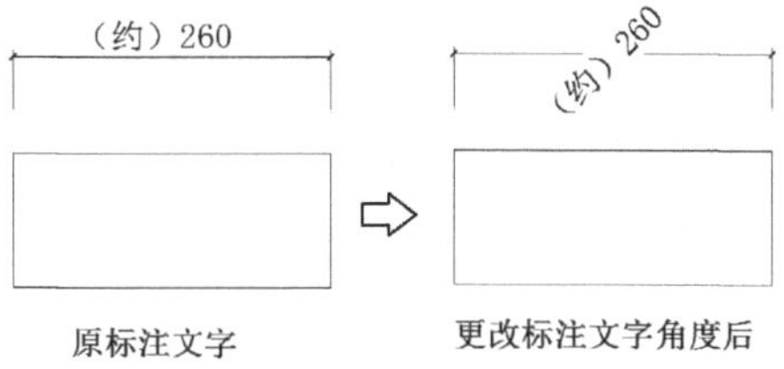

图 7-31 更改标注文字的角度

7.4.5 更改尺寸界线的倾斜角度

（1）选择【标注】工具栏的【编辑标注】图标，命令行提示：

DIMEDIT 输入标注编辑类型［默认（H）新建（N）旋转（R）倾斜（O）］<默认>：

（2）在此提示下，输入选项“O”，命令行提示：DIMEDIT 选择图形：

（3）绘图区内的鼠标变成【□】的形状，点击选取需要修改的标注尺寸，标注尺寸变成虚线，命令行提示：DIMEDIT 选择图形：

（4）如没有继续选取内容，可按空格键退出，命令行提示：

DIMEDIT 输入倾斜角度（按 ENTER 表示无）：

（5）在此提示下输入倾斜角度“60”，标注尺寸界线就会倾斜 60 度，如图 7-32 所示。

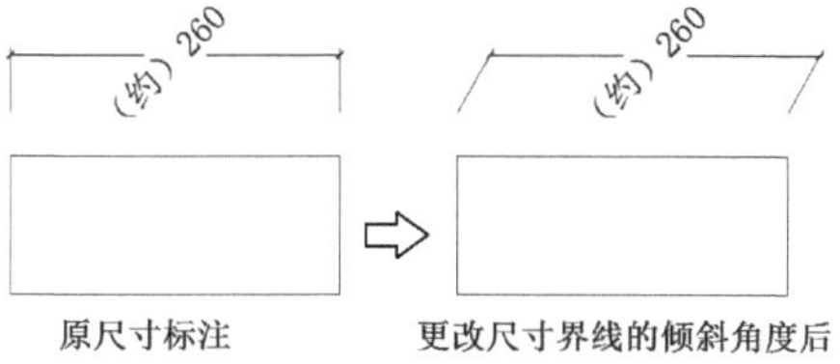

图 7-32 更改尺寸界线的倾斜角度

7.5 编辑标注文字

7.5.1 编辑标注的方式

在中文版 AutoCAD 2020 中，选择【标注】工具栏的【编辑标注文字】图标；或选择菜单栏【标注】→【对齐文字】命令；或在命令提示行输入【DIMTEDIT】命令，都可以对标注文字进行编辑。

7.5.2 编辑标注文字的功能

编辑标注文字命令的主要功能是：

（1）更改标注文字的对齐方式。

（2）更改标注文字的旋转角度。

（3）恢复标注文字的旋转角度。

7.5.3 更改标注文字的对齐方式

（1）选择【标注】工具栏的【编辑标注文字】图标，命令行提示：

DIMTEDIT 选择标注：

（2）绘图区内的鼠标变成【□】的形状，点击选取需要修改的标注文字，标注尺寸变成活动状态，命令行提示：

DIMEDIT 为标注文字指定新位置或［左对齐（L）右对齐（R）居中（C）默认（H）角度（A）］：

（3）在此提示下，输入选项左对齐“L”，标注文本即移动至尺寸界线的左方，执行相同操作，即可右对齐、居中放置标注文字，如图 7-33 所示标注文字的几种对齐方式。

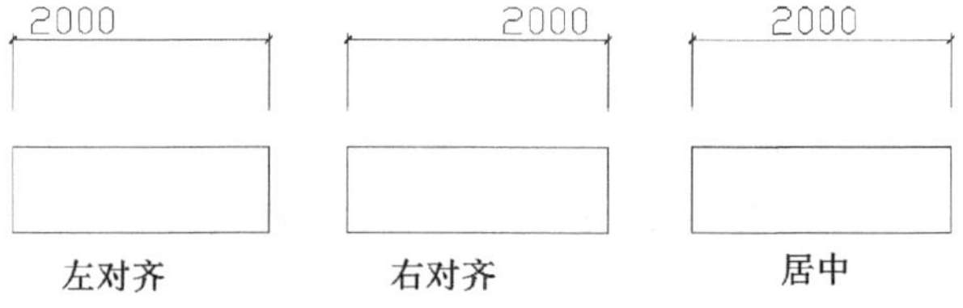

图 7-33 标注文字的几种对齐方式

7.5.4　更改标注文字的旋转角度

（1）选择【标注】工具栏的【编辑标注文字】图标，命令行提示：

DIMTEDIT 选择标注：

（2）绘图区内的鼠标变成【□】的形状，点击选取需要修改的标注文字，标注尺寸变成活动状态，命令行提示：

DIMEDIT 为标注文字指定新位置或［左对齐（L）右对齐（R）居中（C）默认（H）角度（A）］：

（3）在此提示下，输入选项角度“A”，命令行提示：DIMEDIT 指定标注文字的角度：

（4）在此提示下，输入标注文字角度“45”，标注文字即旋转 45 度，如图 7-34 所示。

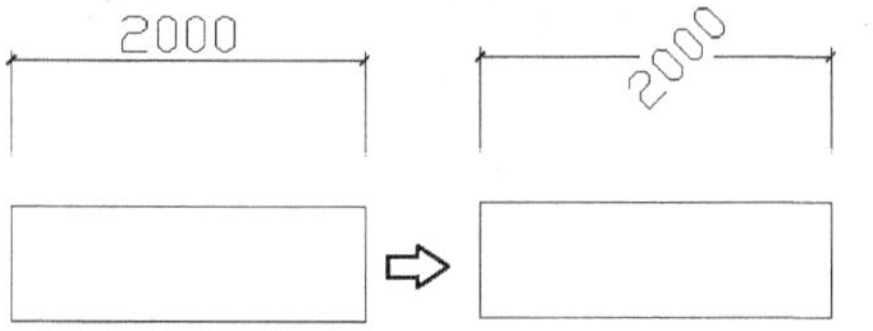

原尺寸标注　　更改标注文字角度后

图 7-34　更改标注文字的旋转角度

小提示

使用【标注】工具栏的【编辑标注文字】图标；或使用【编辑标注】图标，都可以旋转标注文字，学习者可在实际绘图中灵活选用。

7.5.5　恢复标注文字的旋转角度

（1）选择【标注】工具栏的【编辑标注文字】图标，命令行提示：

DIMTEDIT 选择标注：

（2）绘图区内的鼠标变成【□】的形状，点击选取需要修改的标注文字，标注尺寸变成活动状态，命令行提示：

DIMEDIT 为标注文字指定新位置或［左对齐（L）右对齐（R）居中（C）默认（H）角度（A）］：

（3）在此提示下，输入选项默认“H”，按空格键，标注文字从 45 度状态恢复到 0 度，如图 7-35 所示。

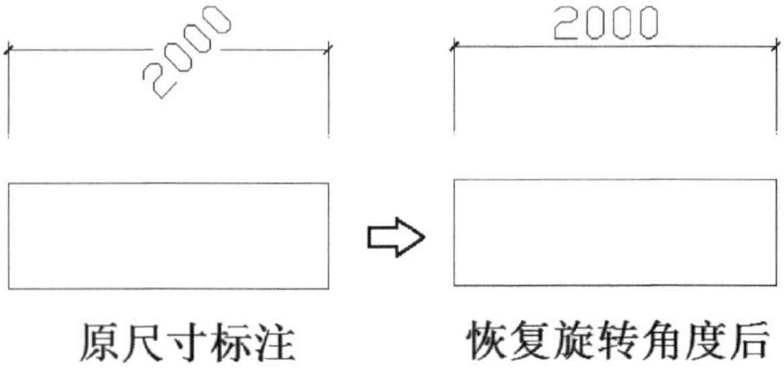

图 7-35　恢复文字的旋转角度

7.5.6　利用鼠标编辑标注文字的位置

在使用【编辑标注文字】命令时，鼠标与对象捕捉模式配合应用，可以极大地提高修改尺寸标注的速度。

如图 7-36 所示，已经为图形标注尺寸，但是效果不美观，达不到专业图形的绘制要求，在此需要对此尺寸标注进行修改与编辑。

（1）选择【绘图】工具栏的【移动】图标；或在命令行输入【M】，按空格键。

（2）在绘图区选中所有尺寸标注，按 F8 键开启正交模式，将尺寸标注向上移动到合适位置，如图 7-37 所示。

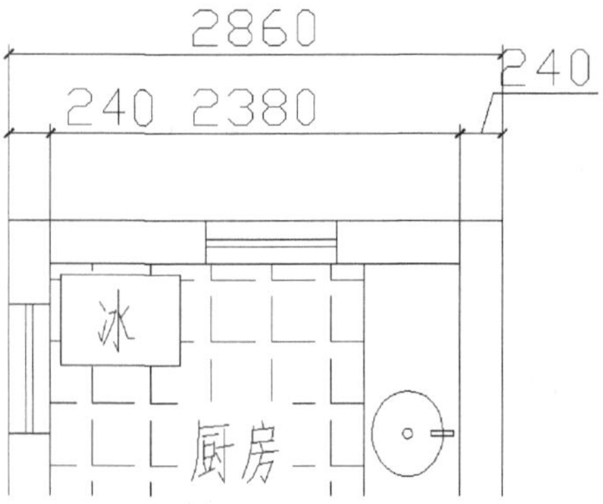

图 7-36　原始图形

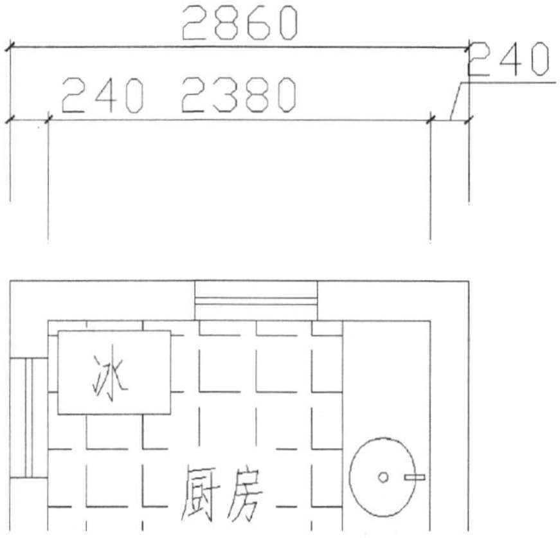

图 7-37　移动尺寸标注

（3）选择【标注】工具栏的【编辑标注文字】图标，命令行提示：DIMTEDIT 选择标注：

（4）绘图区内的鼠标变成【□】的形状，按 F3 键开启对象捕捉模式，在绘图区用鼠标捕捉选取需要修改的标注文字，标注尺寸变成活动状态。

（5）将选中的标注尺寸移动到合适位置即可，如图 7-38 所示。

（6）选择【绘图】工具栏的【直线】图标，在标注线上绘制一条参考线 LA，如图 7-39 所示。

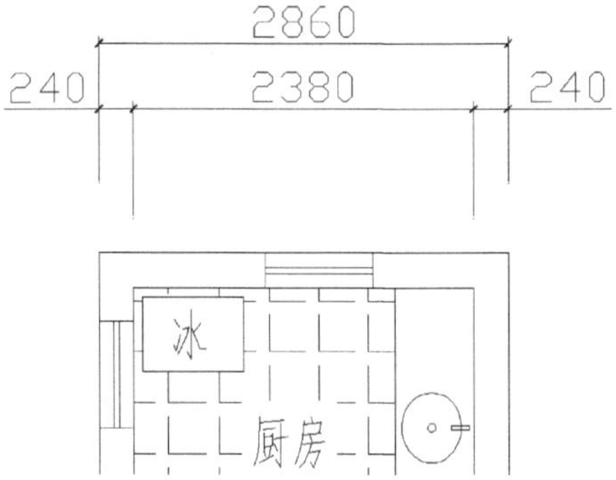

图 7-38　调整尺寸标注

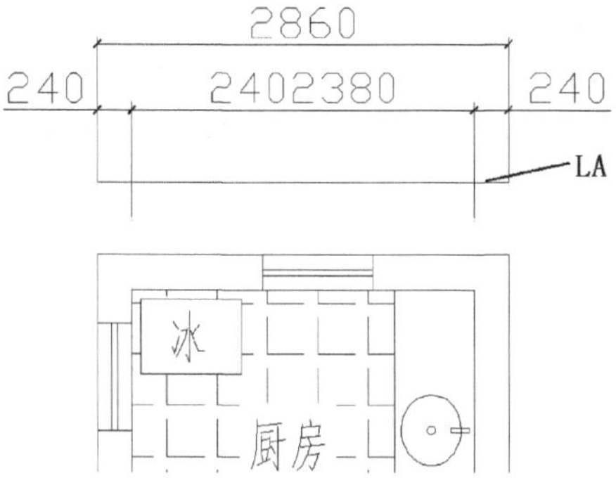

图 7-39　绘制参考线

（7）用光标点选一个尺寸标注，移动尺寸线上的夹点，达到修改尺寸线的目的，全部编辑后，删掉参考线 LA，最终效果如图 7-40 所示。

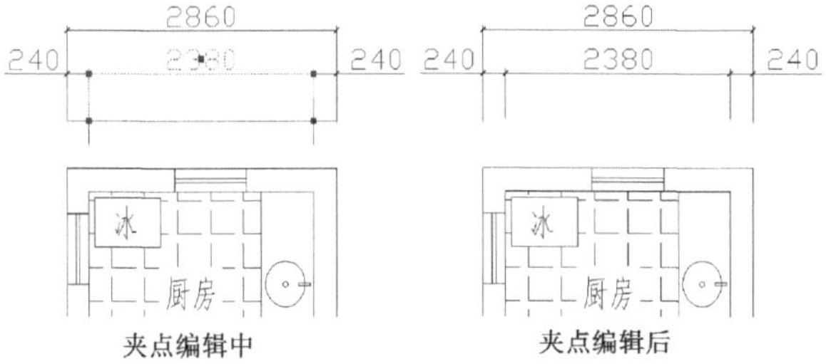

图 7-40　调整尺寸标注最终效果

小提示

使用【夹点编辑】尺寸标注的方式适用于标注简单的图形，对于复杂的图形标注，可以选择【绘图】工具栏的【分解】图标，将尺寸标注全部分解为独立的个体，然后再通过修剪、移动工具的综合应用，将标注尺寸修改的更加美观。

7.6 本章小结

本章重点讲述了 AutoCAD 2020 二维图形的尺寸标注与尺寸标注的编辑命令，详细介绍了标注尺寸、标注文字、标注符号与箭头及标注主单位的设置技法；线性标注、直径标注、半径标注、弧长标注、连续标注等标注方式与技法。在实际绘图设计工作中，二维图形的尺寸标注与尺寸标注的编辑技巧是必须要应用到的知识，在练习中应重点掌握。

第 8 章

图层、线型与颜色

AutoCAD 图层相当于绘图中使用的透明、重叠的图纸，与图形图像处理软件 PhotoShop 的图层类似。在绘制复杂的工程设计施工图时，利用图层来管理复杂图形，方便图形的操作与编辑，可极大地提高工作效率。本章重点讲述图层的创建及编辑命令，图形的线型及颜色的编辑方法。通过本章的学习，可以熟悉图层的使用，掌握图形的线型和颜色的编辑技巧。

8.1　AutoCAD 2020 图层

8.1.1　AutoCAD 2020 图层的基础

（1）图层的定义

AutoCAD 图层是管理图形的工具，相当于绘图中使用的透明图纸。将每个图层看作一张图纸，在每个图层上分别绘制墙线、电器、家具等图形，类型相似的图形放置在同一个图层中，最后全部的图层重叠在一起就构一个完整的图形。

（2）图层的功能

图层的主要功能是管理复杂的图形，方便图形的操作与编辑。在绘图中可以将图形、文字、标注等图形分别放置在不同的图层中，每个图层中的图形可以设置不同的线型、颜色及其他标准，还可以设置每个图层的可见性、冻结、锁定和是否打印等。

（3）图层的使用特点

①一个 AutoCAD 文件中，图层数量没有任何限制，但只能在当前图层上绘图。

②开始绘制 AutoCAD 图形时，系统自动创建一个名为“0”的默认图层，图层 0 不能删除或重命名。

③一般情况下，同一图层上的图形应具有相同颜色、线型和线宽，便于图形管理。

④各图层具有相同的坐标系、图形界限、显示缩放倍数，可以对位于不同图层上的图形同时进行各种编辑操作。

⑤对于简单的图形，一个图层就可以；但对于复杂文件，可多创建几个新图层。

8.1.2　新建与删除图层

当开始创建一个新文件时，AutoCAD 2020 自动创建一个名为“0”的默认图层，图层 0 不能重命名或删除。

如果绘制的图形非常复杂，就需要再新建立一些图层，便于图形的管理，AutoCAD 2020 创建图层需要在【图层特性管理器】对话框中进行。

（1）选择菜单栏的【格式】→ 图层(L)...，如图 8-1 所示；或选择【图层】工具栏的【图层特性管理器】图标，如图 8-2 所示；或输入【Layer】命令，按空格键，都可以打开【图层特性管理器】对话框，如图 8-3 所示。

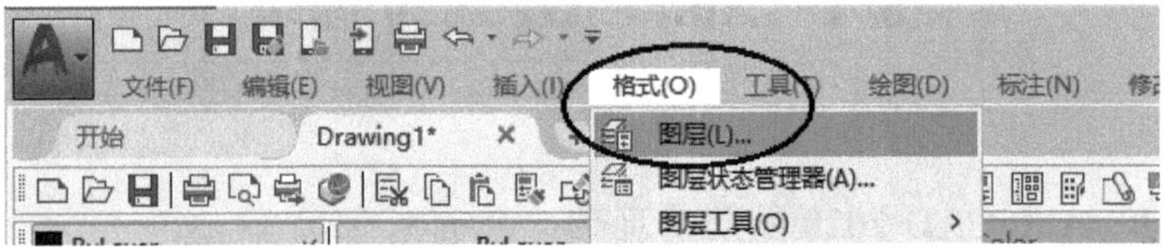

图 8-1　通过菜单栏打开【图层特性管理器】对话框

图 8-2　通过工具栏打开【图层特性管理器】对话框

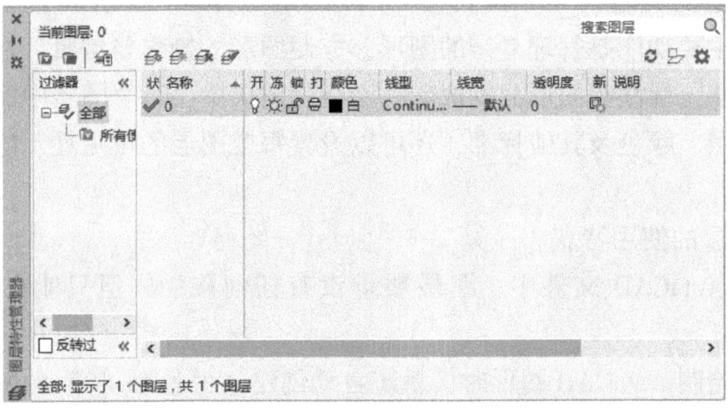

图 8-3　【图层特性管理器】对话框

（2）在【图层特性管理器】对话框中点击【新建图层】图标，下面列表中就会自动生成一个名为“图层 1”的新图层，这时一般直接输入一个新图层名即可，如图 8-4 所示。

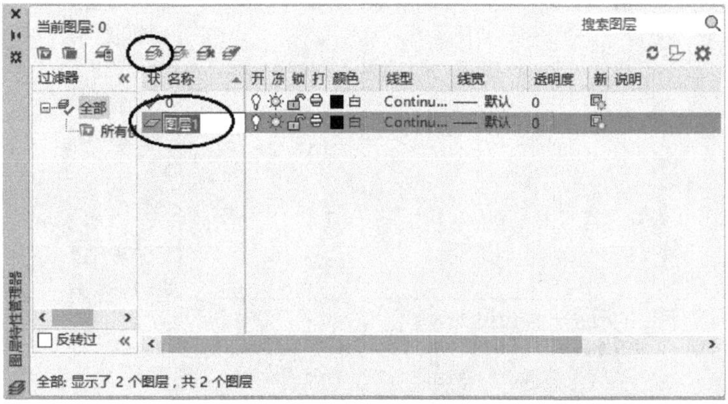

图 8-4　通过【图层特性管理器】对话框创建新图层

（3）在【图层特性管理器】对话框中，选择要删除的图层，点击【删除图层】图标，即可删除所选择图层。但系统默认的 0 层、当前层、包含图形的层不能被删除，如图 8-5 所示。

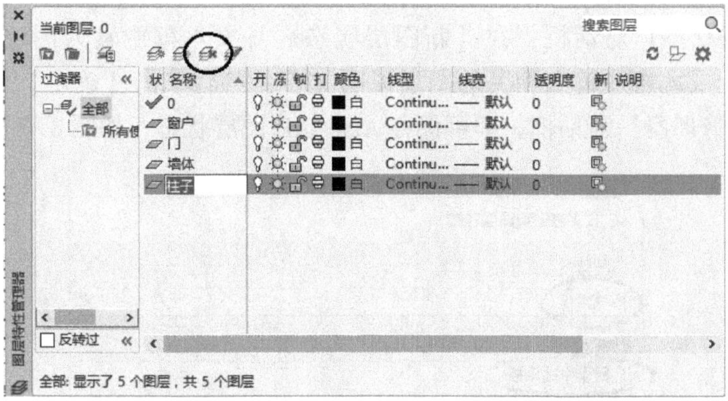

图 8-5　通过【图层特性管理器】对话框删除图层

8.1.3　保存与恢复图层状态

在【图层特性管理器】对话框中，单击【图层状态管理器】图标，打开

AutoCAD 2020【图层状态管理器】对话框，如图 8-6 所示。

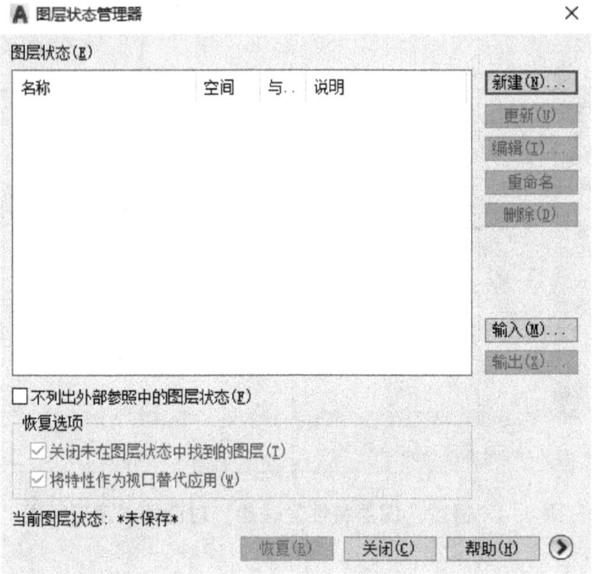

图 8-6　【图层状态管理器】对话框

（1）保存图层状态

单击【图层状态管理器】对话框中的【新建】图标 新建(N)...，弹出【要保存的新图层状态】对话框，在【新图层状态名】文本框中输入图层状态名称，在【说明】文本框中输入相关的图层说明文字，然后单击【确定】图标，返回【图层状态管理器】对话框，即可保存 AutoCAD 图层状态，如图 8-7 所示。

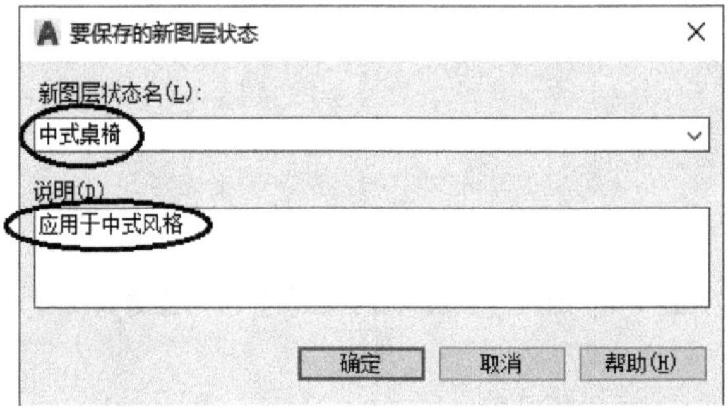

图 8-7　【要保存的新图层状态】对话框

（2）恢复图层状态

下次启动 AutoCAD 2020 后，继续恢复使用保存的图层状态，则在【图层状态管理器】对话框中单击【输出】图标，在打开的【输出图层状态】对话框中设置图层状态保存的目录及名称，保存即可。

在【图层状态管理器】对话框中选择需要恢复的图层状态，最后单击【恢复】即可恢复图层状态。

8.1.4　将图形图层设为当前图层

在 AutoCAD 2020 绘图时，新创建的图形被放置于当前图层上。但多个图层存在时，只能编辑当前图层，需要不断的更换当前图层提高工作效率。将图形图层设为当前层的方式如下。

（1）在 AutoCAD 2020 图层工具栏上，点击【图层】图标 ，打开图层名称下拉列表，此下拉列表列出了中文版 AutoCAD 2020 所有图层，使用鼠标左键单击选择需要设置为当前图层的名称即可。

（2）在绘图区中选择图层 1 的图形；单击【图层】工具栏上的【将图形的图层设为当前图层】图标 ，将图层 1 设为当前图层，就可对图层 1 的图形进行绘制与编辑等操作，如图 8-8 所示。

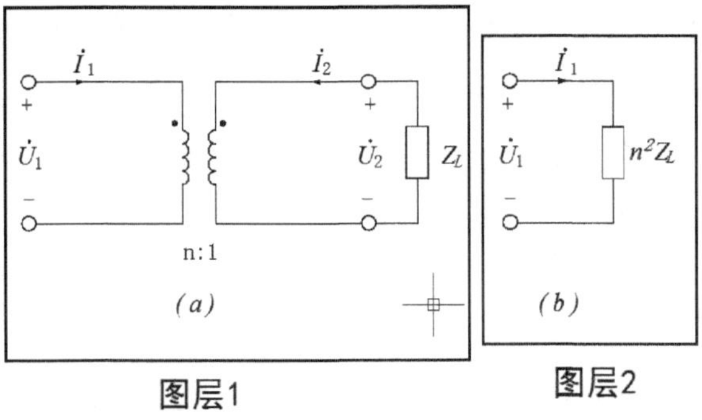

图 8-8　将图形图层设为当前层

8.1.5　更改图形的图层

如在错误的图层上创建了图形，可以通过选择目标图层上的图形来更改该图形所处的图层。选择要修改其图层的 AutoCAD 2020 图形，再选择图层工具栏上的【匹配】图标 ，然后选择目标图层上的图形；如修改图层 1 内的图形到图层 2 上，就单击图层 2 上的图形，即可把图层 1 上的图形修改到图层 2 上，如图 8-9 所示。

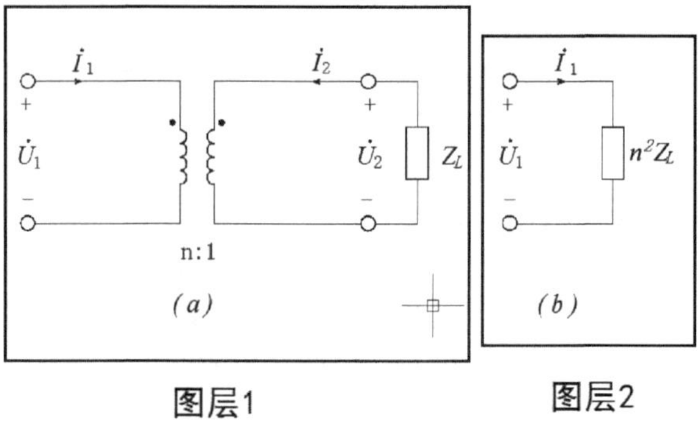

图 8-9　更改图形的图层

8.1.6　打开或关闭图层可见性

打开图层时，图层上的所有图形都显示在 AutoCAD 2020 视图中。关闭图层的显示性后，关闭的图层不在绘图区显示，也不能打印该图层上的任何图形。

在【图层特性管理器】对话框中点击图层右侧的黄色图标变为蓝色，或点击【图层】图标，打开图层名称下拉列表，在需要关闭的图层名称左侧点击黄色图标变为蓝色，则关闭该图层的可见性；在关闭的图层名称左侧点击蓝色图标变为黄色，则打开该图层的可见性，该图形的所有图形显示在绘图区中。

8.1.7　冻结或解冻图层

在绘制复杂的 AutoCAD 2020 图形时，在所有视口中冻结选定的图层，可以加快电脑的运行速度。冻结与关闭图层的区别是：冻结可以加快重新生成图形的计算时间。在图形简单的情况下，就不用冻结图层。

在【图层特性管理器】对话框中，点击图层右侧的图标变成冻结图标，或点击【图层】图标，打开图层名称下拉列表，在需要冻结的图层名称左侧点击图标变成冻结，即可将该图层冻结；再次点击图标变为解冻图标，即可将该图层解冻。图标控制在当前视口中冻结或解冻图形。

8.1.8　锁定或解锁图层

AutoCAD 2020 被锁定的图层中所有的图形仍然显示在视图中，可以打印，但无法修改图形。可以在被锁定的图层上绘制新的图形，也可以使用对象捕捉命令捕捉目标点。

在【图层特性管理器】对话框中点击图层右侧的图标变为锁定图标，或点击【图层】图标，打开图层名称下拉列表，在需要锁定的图层名称左侧点击图标变为锁定图标，即可锁定该图层；再次单击图标变为解锁图标，即可将该图层解锁。

8.1.9　修改图层透明度

控制所有图形在 AutoCAD 2020 选定图层上的可见性。在【图层特性管理器】对话框中，双击某一图层对应的透明度“0”，弹出【图层透明度】对话框，在透明度值中输入“透明度值”（0-90），值越大，图形越透明，输入后单击【确定】即可，如图 8-10 所示。

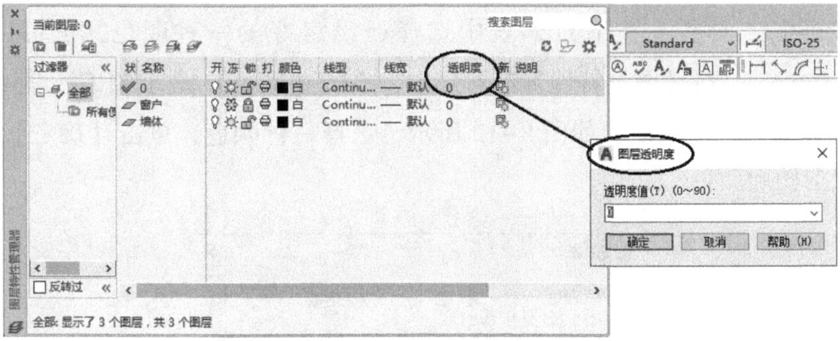

图 8-10　通过【图层透明度】对话框修改图层的透明度

8.2　特性工具栏

中文版 AutoCAD 2020 的【特性】工具栏，可以快速、方便地设置图层绘图颜色、线型以及线宽，如图 8-11 所示。

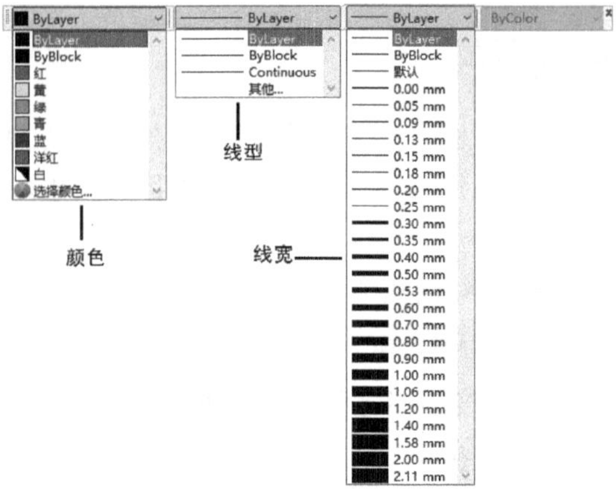

图 8-11　【特性】工具栏

8.3　AutoCAD 2020 图层的颜色

在 AutoCAD 2020 绘图区中，选择菜单栏【格式】→ 颜色(C)...；或选择【特性】工具栏，在下拉列表中选择已设定好的一种颜色，也可以点击 选择颜色...；在【图层特性管理器】中，点击【颜色】图标 ■ 白，都可以打开【选择颜色】对话框，如图 8-12 所示。选择一种颜色，单击【确定】，即可设定当前图层颜色。

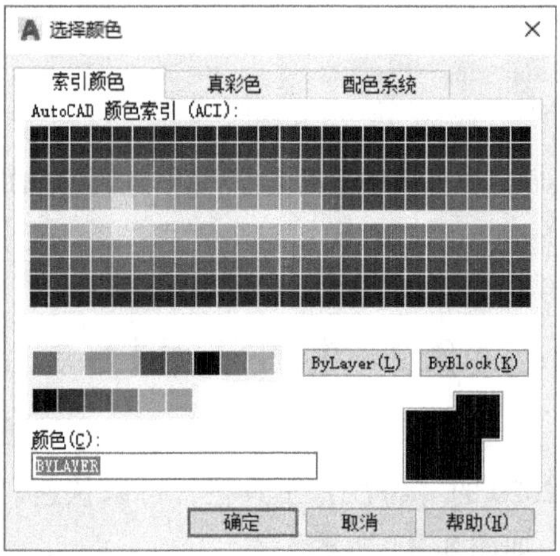

图 8-12　设置当前图层颜色

8.4　AutoCAD 2020 图层的线型

在各类工程制图中，不同的图形有时需要设定不同的线型，线型是由沿图形显示的线、点和间隔组成的图像。

AutoCAD 2020 有一个标准线型库，加载该文件之后，可以从中选择所需的线型。

8.4.1　更改图层的线型

（1）在 AutoCAD 2020 绘图区中，选择菜单栏【格式】→【线型】；或选择【特性】工具栏，在下拉列表中选择已设定好的一种线型，也可以点击 其他... ，如图 8－13 所示；或在【图层特性管理器】中，点击线型图标 Continu... ，如图 8－14 所示；都可以打开【线型管理器】对话框，如图 8－15 所示。

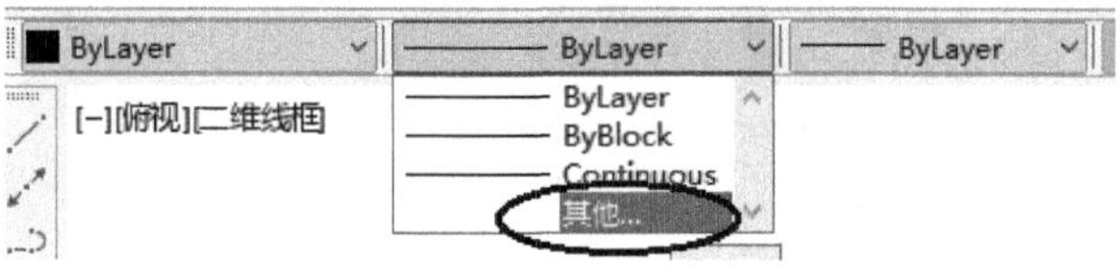

图 8-13　通过【特性】工具栏打开【线型管理器】对话框

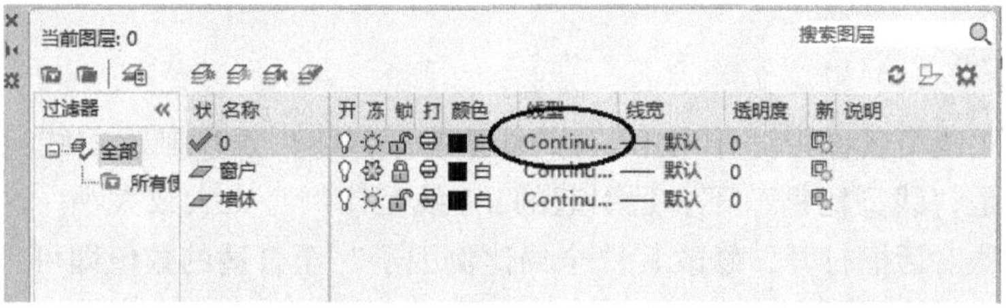

图 8-14　通过【图层特性管理器】打开【线型管理器】对话框

（2）在对话框中单击【加载】图标，打开的【加载或重塑线型】对话框，从中选择一种线型，点击【确定】图标。

（3）选择的线型将被添加到【选择线型】对话框中，在对话框中点击该线型名称，点击【确定】图标。

图 8-15　【线型管理器】对话框

（4）AutoCAD 2020 图层线型即被更改为所选线型，如图 8-16 所示。

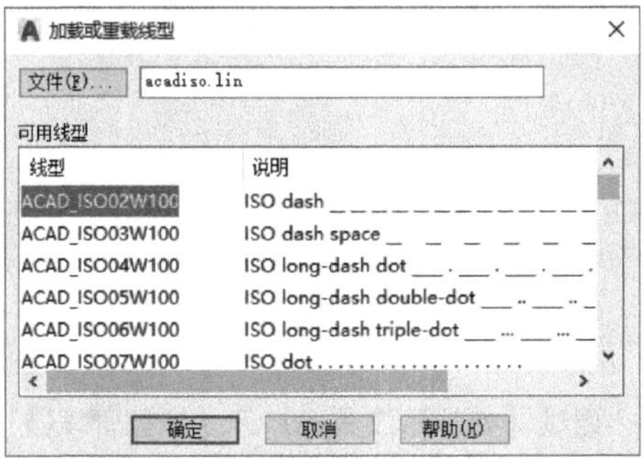

图 8-16　通过【线型管理器】对话框更改图层的线型

小提示

有时用线型名称为“HIDDEN”的线型画线段，但发现画出的线段看上去像实线，这是“线型比例”不合适引起的，“线型比例”太大或太小。这时可以将线型管理器对话框打开，修改其“全局比例因子”至合适的数值即可。

8.4.2　更改图层的线宽

图层的线宽，是指在某图层上绘图时，将绘图线宽设为随层（默认设置）时所绘出的图形的线条宽度（即默认线宽），不同的图层可以设成不同的线宽，也可以设成相同的线宽，图层线宽的设置常用的三种方式如下。

（1）选择【特性】工具栏，单击【特性】工具栏的 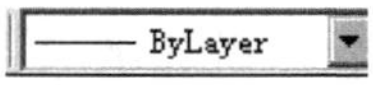

，弹出

线宽列表，AutoCAD 2020 有多种线宽，在下拉列表中选择一种线宽即可，如图 8-17 所示。

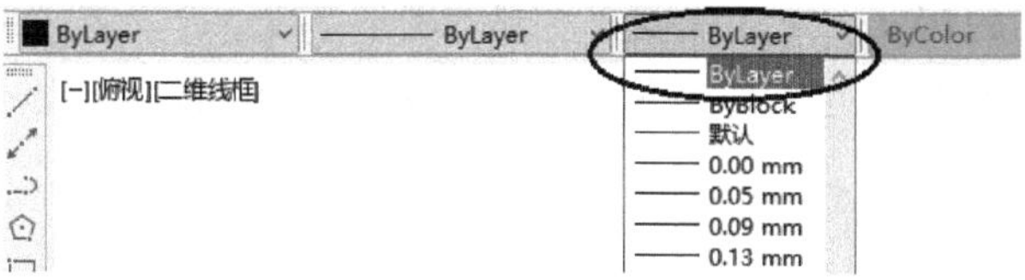

图 8-17　通过【特性】工具栏设置线宽

（2）选择菜单栏【格式】→ 线宽(W)...，打开【线宽设置】对话框，设置线宽，如图 8-18 所示。

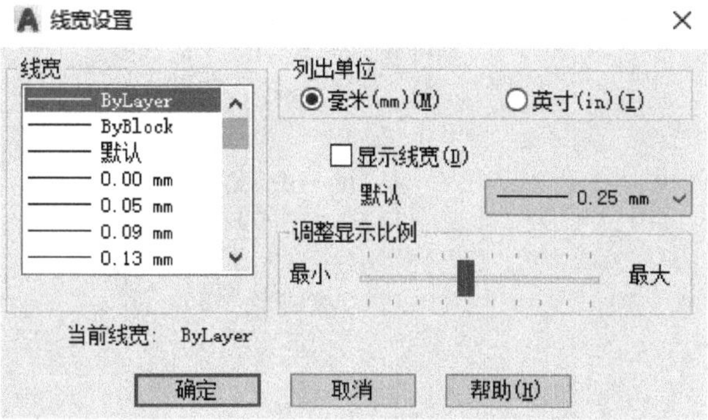

图 8-18　通过菜单栏打开【线宽设置】对话框设置线宽

（3）在【图层特性管理器】中，双击某一图层中的线宽下的 —— 默认 ；打开【线宽】对话框，自己设置线宽，如图 8-19 所示。

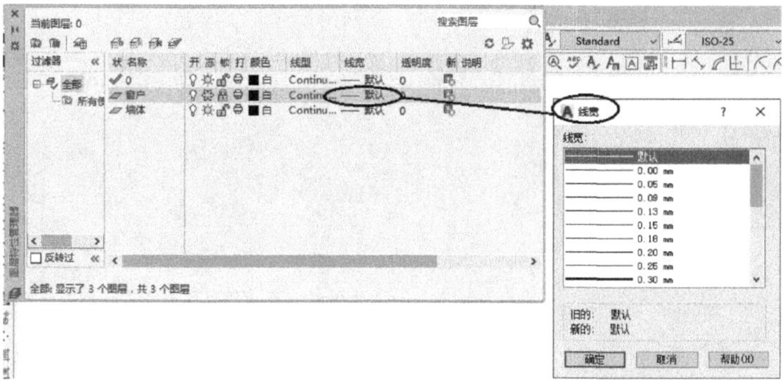

图 8-19　通过【图层特性管理器】设置线宽

小提示

在 AutoCAD 绘图时，使用不同的线宽，可以用粗线和细线清楚地展现出部件的截面、标高的深度、尺寸线以及不同的图形厚度。作为初学者，面对复杂图形，一定要通过图层指定线宽，不同的图形设置不同的线宽，以提高图纸质量和表达水平。

8.5 本章小结

本章重点讲述 AutoCAD 2020 的特性管理器的运用，图层的管理，图层颜色设置与调节；图形线型设置与调节，线宽编辑技巧等，在设计绘图中，应用图层可便于复杂图形的编辑。

第 9 章

图块与组

在使用 AutoCAD 2020 绘图过程中，经常会重复使用一些形状相同的图形。如果每次都重新绘制，会降低工作效率。图块的功能就是把需要重复利用的图形定义成一个整体的块，再次使用时就可以直接调用，这样既避免了重复性的工作，又极大地提高了绘图效率。

本章重点讲述 AutoCAD 图块的创建及编辑命令，组的创建与编辑技巧。通过本章学习，可以灵活地将图形定义成块并随时调用，或将图形组合在一起，便于图形的编辑。

9.1 AutoCAD 2020 图块的创建

AutoCAD 图块是多个图形的集合体，一般应用于绘制重复的图形。在图形绘制过程中，根据绘图需要将一组图形组合成块，就可以将其多次插入图形中任意指定的位置，在插入时还可设定不同的比例和旋转角度。

图块的创建方式有内部创建和外部创建两种方式。内部创建的图块只能在当前文件中使用，不能与其他文件共享。外部图块能与其他文件共享，作为一个外部文件存在，也可被其他文件引用。

9.1.1 创建内部图块

（1）打开 AutoCAD 2020 文件，在绘图区显示要创建块的图形，如图 9-1 所示。

（2）选择【绘图】工具栏的【创建块】图标，如图 9-2 所示；或输入简化命令【B】，按空格键；或单击菜单栏【绘图】→【块】→【创建】菜单，都可以打开【块定义】对话框，如图 9-3 所示。

【块定义】对话框主要选项说明：①【名称】文本框：用于指定块的名称；

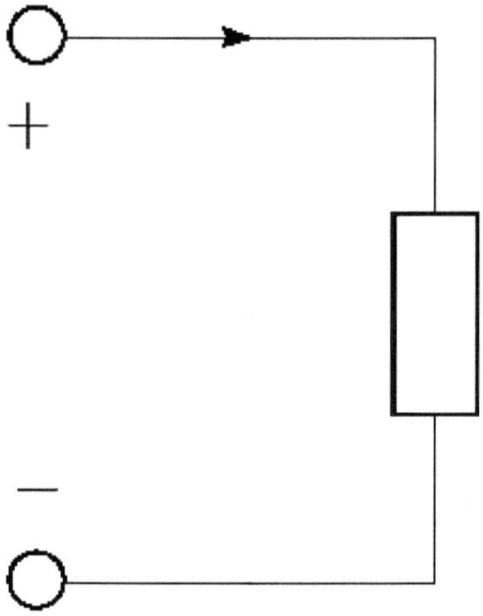

图 9-1　原始图形

图 9-2　通过【绘图】工具栏打开【块定义】对话框

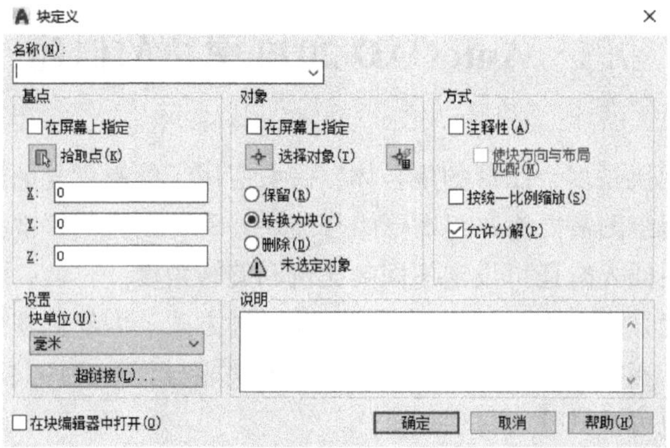

图 9-3　【块定义】对话框

②【基点】选项组：确定图块的插入基点位置。可以直接在 X、Y 和 Z 文本框中输入对应的坐标值；或单击拾取点图标，切换到绘图区指定基点；还可以勾选“在屏幕上指定”复选框，在绘图区指定基点。在实际工作中用单击拾取点图标的选择基点的方式比较方便快捷；③【图形】选项组：确定组成块的图形。勾选“在屏幕上指定”复选框，完成设置后，单击【确定】图标关闭对话框时，AutoCAD 2020 会提示选择组成块的图形。或单击选择图形图标，切换到绘图

区选择成组图形即可。或快速选择图标，确定选择图形的过滤条件，快速选择满足指定条件的图形，比较方便快捷；④保留：图形定义成块后，保留这些图形；⑤转换为块：图形定义成块后，将对应的图形转换成块；⑥删除：图形定义成块后，删除对应的图形；⑦【方式】选项组：指定块的设置；⑧【设置】选项组：指定块的插入单位和超链接。

（3）在【块定义】对话框的【名称】选项中，根据实际情况将图块命名，便于使用，其他选项一般选择默认即可，如图 9-4 所示。

图 9-4　通过【块定义】对话框设置图块的名称

（4）单击【对象】→ 选择对象(S)，临时返回到绘图区，选择组成图块的所有图形，选中图形呈虚线显示，如图 9-5 所示。

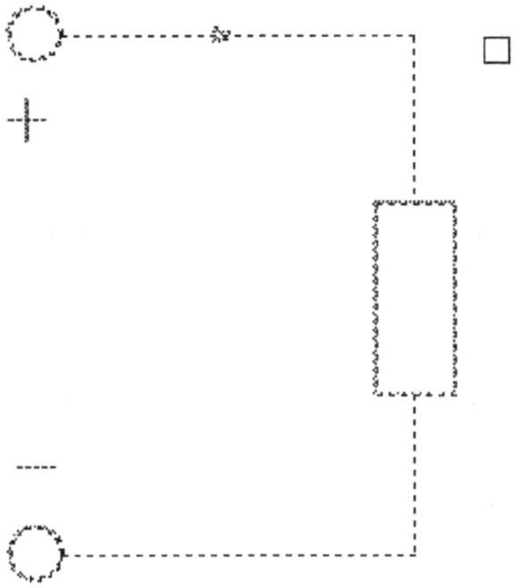

图 9-5　选中图形呈虚线显示

（5）按空格键返回【块定义】对话框，这时新创建的图块已经显示在【名称】选项后的预览框中，单击【确定】图标，即可完成图块的创建，如图 9-6 所示。

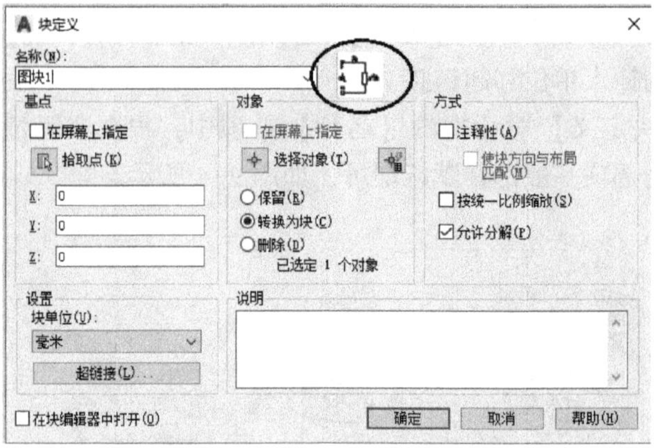

图 9-6 【块定义】的最终效果

9.1.2 创建外部图块

外部图块的创建方式有两种：一种是使用【输出】命令；一种是使用【写块】命令。

（1）使用【输出】命令创建外部

①打开 AutoCAD 2020 文件，在绘图区显示将要创建外部块的图形，如图 9-7 所示。

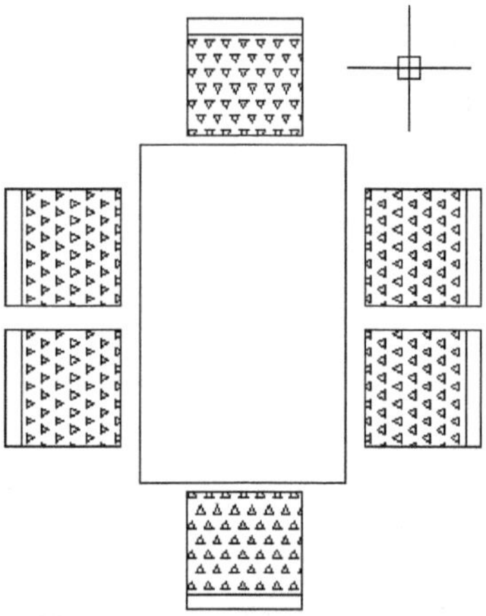

图 9-7 原始图形

②单击菜单栏【文件】→ 输出(E)... 命令，打开【输出数据】对话框。在对话框中设置图块的保存路径、图块的名称及图块的文件类型，然后单击【保存】图标，如图 9-8 所示。

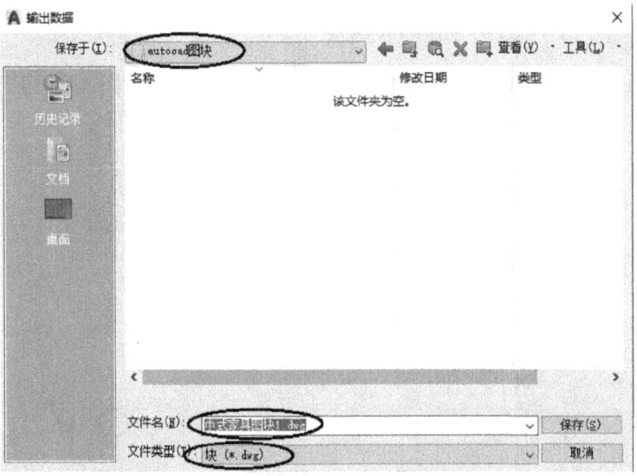

图 9-8　在【输出数据】对话框设置文件的名称及保存路径

③关闭【输出数据】对话框后，命令提示行提示：

EXPORT［块 * 输出文件（ * ）整个图形（ * ）］<定义新图形>:

④按空格键，命令行提示：EXPORT 指定插入基点：

⑤在图形中点击任意一点，命令行提示：EXPORT 选择图形：

⑥在绘图区用光标拖拽出一个矩形框，将需要组成块的图形全部选中，被选中图形呈虚线显示，如图 9-9 所示。

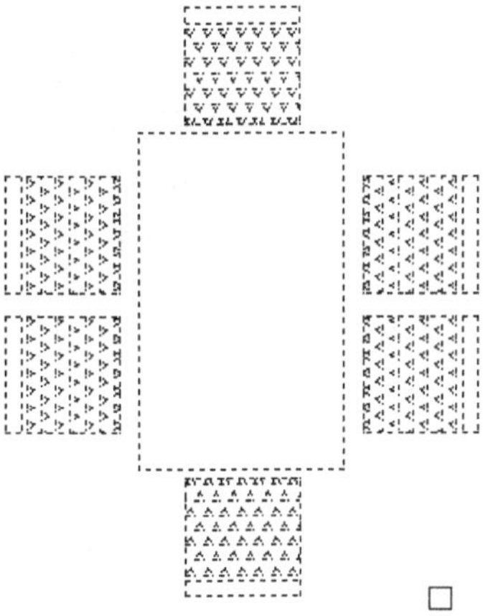

图 9-9　选中图形呈虚线显示

⑦按空格键，外部图块创建完成。

小提示

将图形定义为外部图块后，查看存储路径，就可以找到新定义的图块。用此种方法定义完外部块后，原来的图形消失。

（2）使用【写块】命令创建外部块

①打开 AutoCAD 2020 文件，在绘图区显示要创建外部块的图形，如图 9-10 所示。

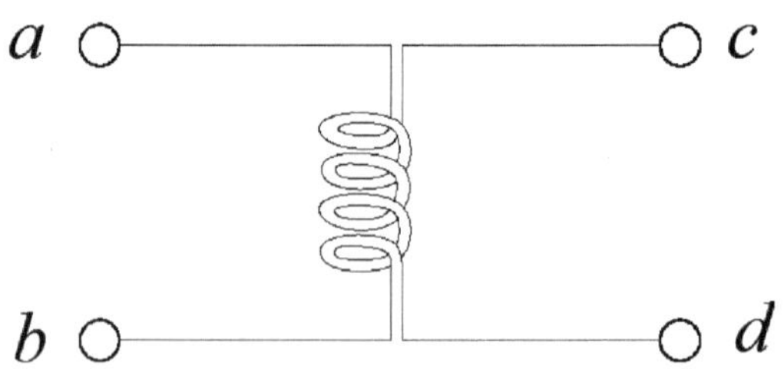

图 9-10　原始图形

②在命令提示行输入简化命令【W】，打开【写块】对话框。在对话框中设置图块的保存路径、图块的名称，然后单击图形参数的 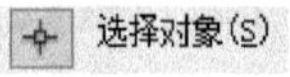

图标，如图 9-11 所示。

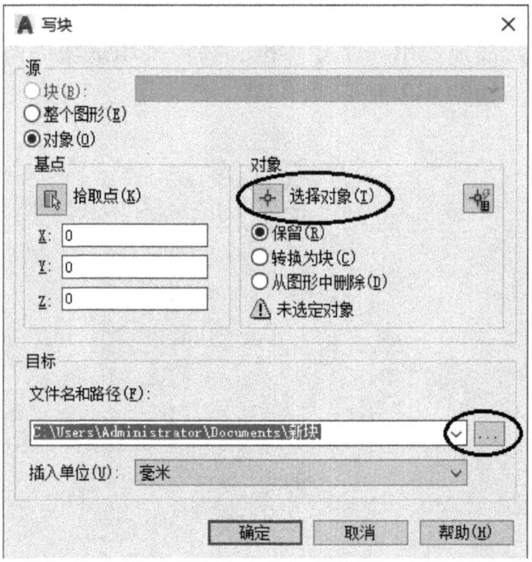

图 9-11　通过【写块】对话框设置图块的名称

【写块】对话框中主要选项的功能：①【源】选项组：确定组成块的图形来源。“块”表示将把以用【BLOCK】命令创建的块创建成外部块；“整个图形”表示将把当前图形创建成外部块；“图形”表示要将指定的图形创建成外部块；②【基点】选项组、【图形】选项组的内容与【块定义】对话框中的内容一致，再次就不再重复介绍了；③【目标】选项组：确定块的保存名称和保存位置。可以直接在对应的文本框中输入文件名或路径，也可以单击后面的 … 图标，从弹出的“浏览图形文件”对话框中指定保存位置与文件名。

③点击 选择对象(S) 后，返回绘图区，在绘图区用光标拖拽出一个矩形框，全部选中需要组成图块的图形，被选中图形呈虚线显示，如图 9-12 所示。

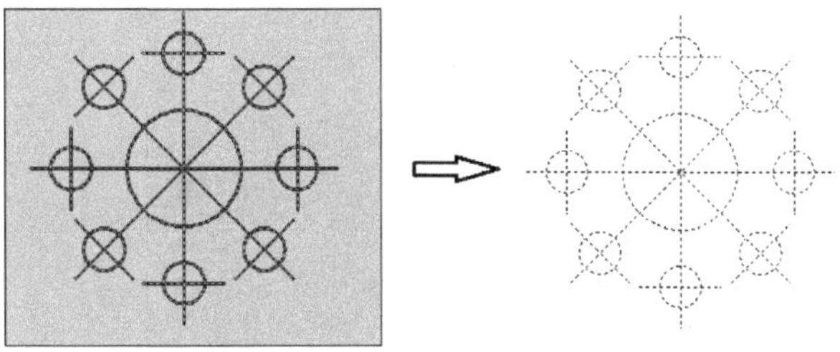

图 9-12　选中图形呈虚线显示

④按空格键，返回【写块】对话框。单击对话框【确定】图标，外部图块创建完成。

小提示

将图形定义为外部图块后，查看存储路径，可以找到新定义的图块。

9.2　在 AutoCAD 2020 图形中插入图块

在工程制图中，将元器件、家具或机械零件等图形创建了外部图块之后，在以后的绘图中就可以直接调用原来定义好的图块，提高绘图速度。

在绘图区插入图块的途径有多种，如选中插入图块后，直接拖到绘图窗口；或使用复制粘贴命令；或使用工具栏的插入块工具；等等，都可以将图块插入当前 AutoCAD 文件中，在这里只介绍简便、常用的几种插入块的方式。

9.2.1　使用“复制粘贴”命令插入图块

使用复制、粘贴命令插入块非常简单，易于操作。

（1）打开图块的存储路径，找到外部图块的图标。

（2）单击【图块】图标，按下组合键 Ctrl+C 完成图块的复制。

（3）在 AutoCAD 2020 绘图区内，按下组合键 Ctrl+V 粘贴图块，绘图区将会显示复制的图块，用鼠标在绘图区选择图块插入的基点插入位置点，然后按两下空格键，确定插入位置。

（4）单击鼠标确定图块的插入基点后，按空格键，结束图块的插入，外部图块即可插入 AutoCAD 2020 当前图形文件中。

9.2.2 使用“插入块”图标插入图块

（1）打开【绘图】工具栏的【插入块】图标，打开【插入】对话框，如图 9-13 所示。

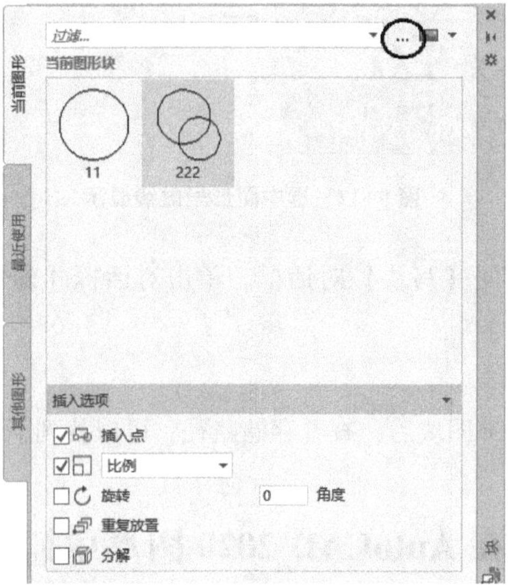

图 9-13 通过【插入】对话框插入图块

【插入】对话框中主要选项说明：①单击【浏览】图标 ··· ，在弹出的“选择图形文件”对话框中选择图形文件；②【插入点】选项组：确定块在图形中的插入位置，双击图标，显示 X、Y 和 Z 文本框，然后输入点的坐标；③【比例】选项组：确定块的插入比例，双击图标，显示 X、Y 和 Z 文本框中，输入然后块沿 3 个坐标轴方向的比例；④【旋转】选项组：确定块插入时的旋转角度，双击图标，显示角度文本框，输入角度值即可指定旋转角度；⑤【重复放置】

复选框：勾选后可以重复插入块；⑥【分解】复选框：将插入的块分解成组成块的各个基本图形。

（2）在【插入】对话框中选择要使用的图块，返回绘图区，在绘图区内选择插入的基点，即可完成图块的插入。

9.3　图块的编辑

在实际绘图工作中，有些图块的图形相似度很接近，存在细微差别，这时可以在原有图块的基础上，使用 AutoCAD 2020 提供的块编辑器对源图块进行修改，就不用再重新创建图块，图块的编辑方式如下。

（1）打开一个 AutoCAD 2020 图块文件，如图 9-14 所示。

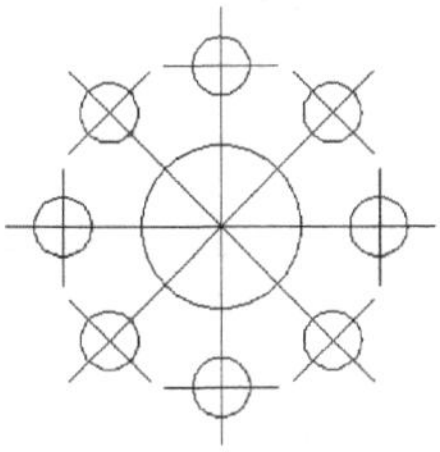

图 9-14　原始 AutoCAD 2020 图块

（2）单击菜单栏【工具】下的 块编辑器(B) 命令，选择【标准】工具栏【块编辑器】图标 ；或输入命令【Bedit】，按空格键；或在图块上快速双击，都可出现打开【编辑块定义】对话框，如图 9-15 所示。

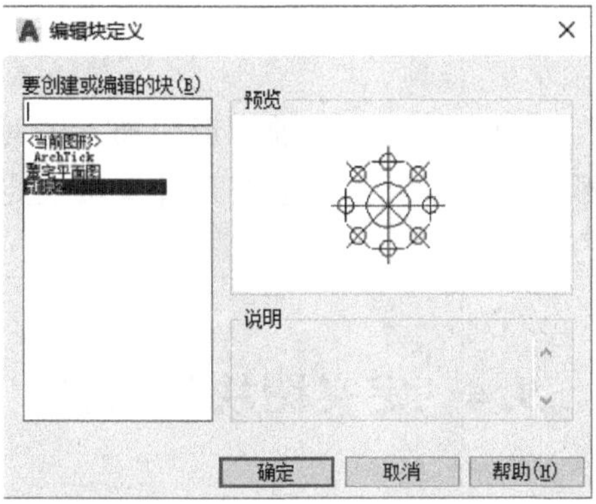

图 9-15　【编辑块定义】对话框

（3）点击【编辑块定义】对话框的确定图标，就打开 AutoCAD 2020【块编辑器】，进入编辑模式，在【块编辑器】中显示出要编辑的块，可以直接对图块进行形状、大小、绘制新图形等编辑，编辑后单击工具栏上的 关闭块编辑器(C) 图标，关闭【块编辑器】，如图 9-16 所示。

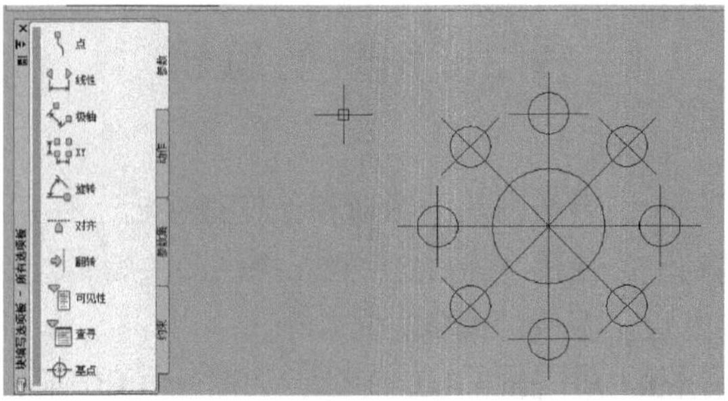

图 9-16　在【块编辑器】中编辑的块

（4）关闭【块编辑器】后，AutoCAD 2020 显示如图 9-17 所示的对话框，如果单击“将更改保存到当前图形”，则会关闭【块编辑器】，并确认对块定义的修改。

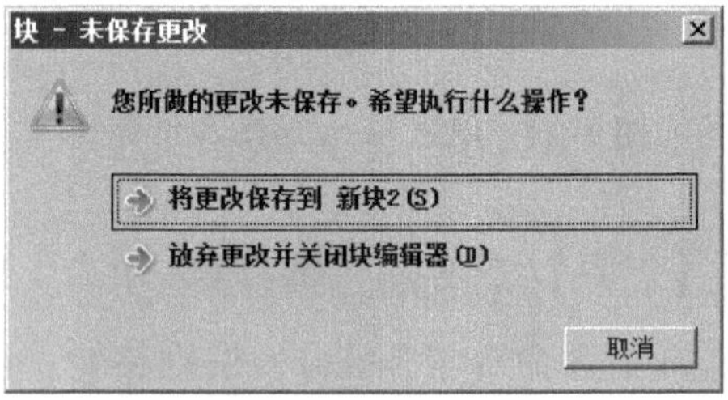

图 9-17　保存更改提示

小提示

利用【块编辑器】修改图块后，当前图形中插入的对应图块会自动相应的修改。如果在当前图形中双击某块，也会打开【编辑块定义】对话框，选择要编辑的图块进行相应的修改。

9.4　定义图块的属性

在某些情况下，定义图块的属性可以提高绘图的速度。

（1）在命令提示行输入【ATTDEF】命令，按空格键；或在菜单栏【绘图】→【块】→【定义属性】，如图 9-18 所示。都可打开【属性定义】对话框，如图 9-19 所示。

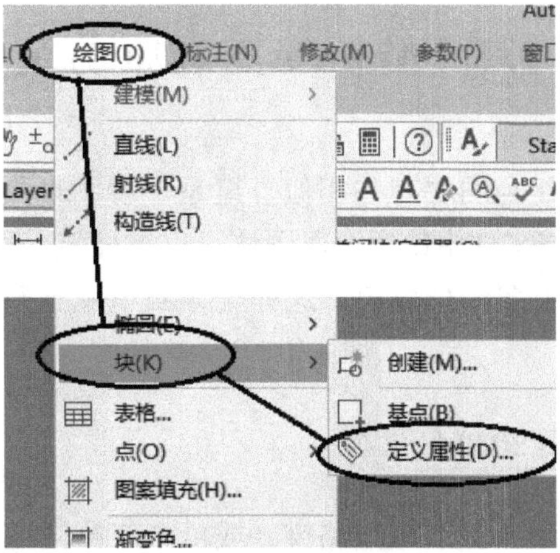

图 9-18　通过菜单栏打开【属性定义】对话框

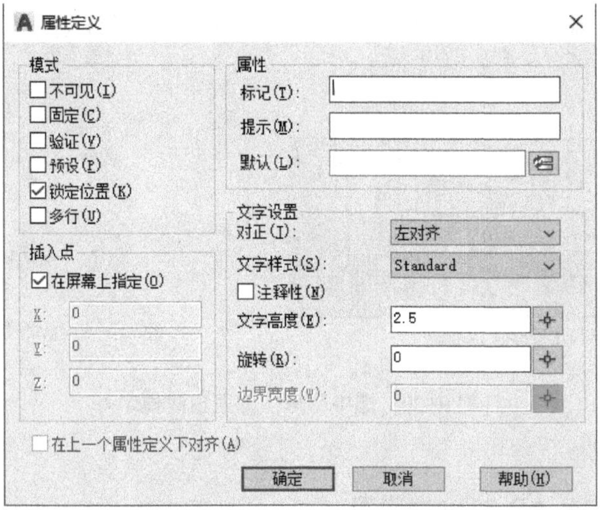

图 9-19　【属性定义】对话框

【属性定义】对话框的主要选项说明：①【模式】选项组：在图形中插入块时设置与块对应的属性值的模式；②【属性】选项组：确定插入图块的属性标记；③【插入点】选项组：控制属性文字排列的参考点。可以直接在 X、Y 和 Z 文本框中输入插入点的坐标，也可以选中“在屏幕上指定”在绘图区制定插入点；④【文字设置】选项组：控制属性文字的格式。

（2）设置好【属性定义】对话框中的相关参数后，单击【确定】图标即可，同一个块可以定义为多个属性。

9.5 AutoCAD 2020 的组

AutoCAD 2020 的组与图块有些相似。组是一种图形集合，图块是一个整体或文件。组只能在当前文件中使用，而图块可以被任意一个 AutoCAD 文件调用。实际工作一般不要将很多图形成组，这样会导致电脑运行速度减慢，影响绘图效率。

9.5.1 AutoCAD 2020 创建组

（1）输入简化命令【G】，按空格键；或单击菜单栏【工具】→ 组(G) 命令，命令行提示：GROUP G GROUP 选择图形或［名称（N）说明（D）］：

（2）在绘图区用光标拖拽出一个矩形，选择将要成组的图形，被选中后的图形全部呈虚线显示，按空格键，结束成组，选中图形被创建为组，如图 9-20 所示。

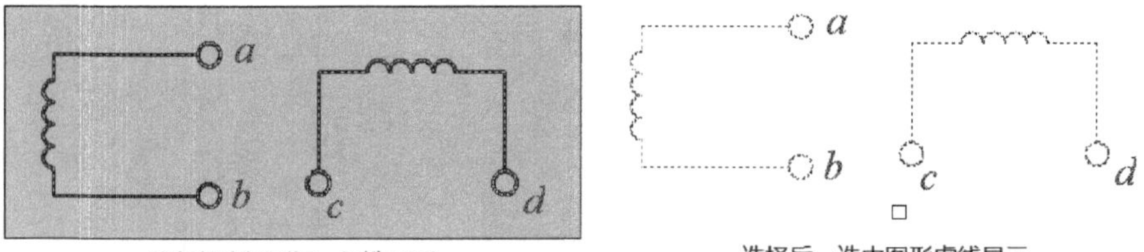

光标拉出矩形框，框选图形　　选择后，选中图形虚线显示

图 9-20　选中图形全部呈虚线显示

9.5.2 AutoCAD 2020 编辑组

在命令提示行输入命令【Classicgroup】，按空格键，打开【对象编组】对话框，在对话框中可以对已经存在的组进行重命名、删除、新建及添加等编辑操作，如图 9-21 所示。

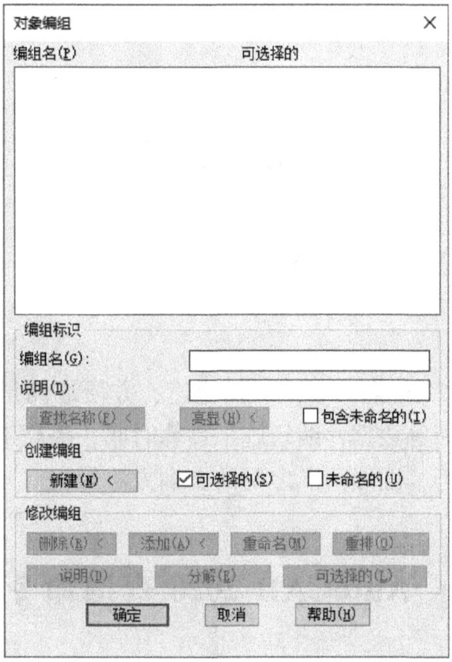

图 9-21　通过【对象编组】对话框编辑图形的组

9.6　本 章 小 结

本章重点讲述了 AutoCAD 2020 的图块与组的命令，详述了图块的创建与编辑技巧、图块的属性定义、组的创建与编辑技巧等，学习者在绘图中应熟练掌握，多加运用。

第 10 章

查询命令

使用 AutoCAD 2020 查询命令，可以快速、方便地测量出图形的面积、图形两点之间的距离及时间等数据，缩短施工预算时间，提高工作效率。本章重点介绍图形面积的查询技巧，图形两点之间的查询方法等。

10.1　AutoCAD 2020 查询命令基础

在 AutoCAD 2020 中使用查询命令可以快速方便地测量图形的面积、图形两点之间的距离及时间等数据。

选择【查询】工具栏的【查询】图标；或选择菜单【工具】→【查询】命令；或在命令提示行输入【Area】命令，按空格键，都可以打开查询工具，如图 10-1 所示。选择一种查询工具，选中所要测量的距离、面积区域或角度等，按空格键执行即可。

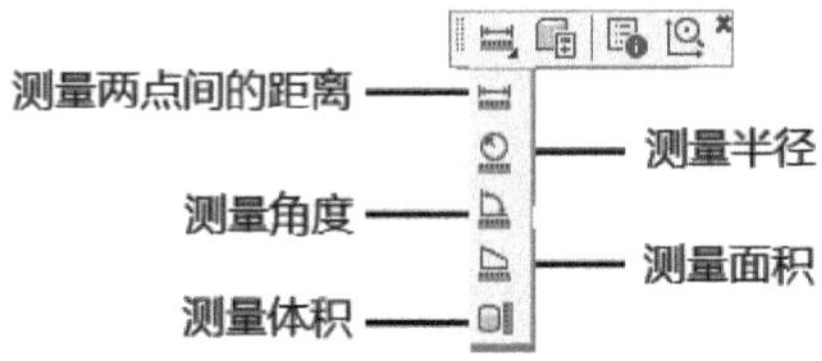

图 10-1　【查询】工具栏

10.2　查询两点之间的距离

使用 AutoCAD 2020 的查询命令，测量图形中 A 点到 B 点的距离，如图 10-2 所示。

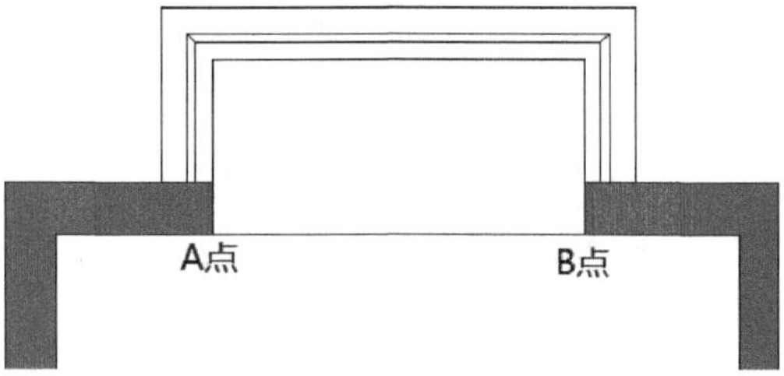

图 10-2　原始图形

（1）选择【查询】工具栏的【查询】图标；或打开菜单【工具】→【查询】→，命令提示行提示：MEASUREGEOM 指定第一点：

（2）按 F3 键开启对象捕捉，用光标单击 A 点，命令行提示：

MEASUREGEOM 指定第二个点或［多个点（M）］：

（3）用光标继续单击 B 点，命令行提示：

MEASUREGEOM 输入选项［距离（D）半径（R）角度（A）面积（AR）体积（V）退出（X）］<距离>：

（4）这时从命令行可以看出，A 点到 B 点的距离是 1720。

（5）查询结束后按下 ESC 键，退出查询命令即可。

10.3　查询图形的面积

对于矩形、三角形等简单图形，查询面积及周长时，只须执行命令或点击【查询面积】图标，在对象捕捉的辅助下，依次选取矩形或三角形各端点后，按空格键，AutoCAD 将自动计算图形的面积、周长，并将结果在命令行中显示出来。

（1）使用 AutoCAD 2020 的查询命令，测量家庭住宅南阳台的面积，如图 10-3 所示。

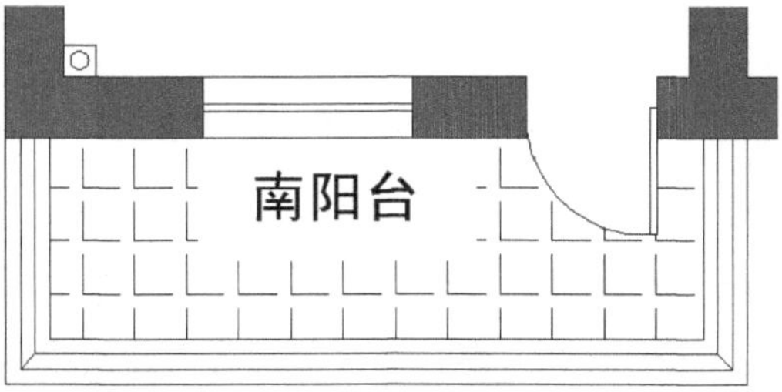

图 10-3　原始图形

（2）选择【查询】工具栏的【查询】图标；或打开菜单【工具】→【查询】→，命令提示行提示：MEASUREGEOM 指定第一个角点或［图形（O）增加面积（A）减少面积（S）退出（X）］<图形（O）>：

（3）在此提示下，按 F3 键开启对象捕捉功能，用光标依次单击 A、B、C、D、A 五点，选中区域呈现选中状态，如图 10-4 所示。

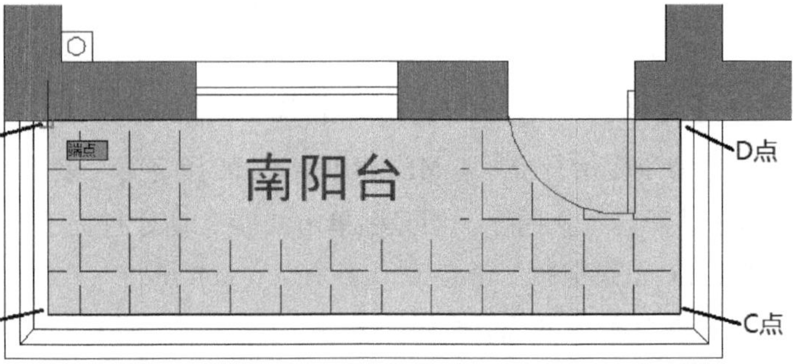

图 10-4　选择查询区域

（4）选中所有端点后，命令行提示：

MEASUREGEOM 指定下一个点或［圆弧（A）长度（L）放弃（U）总计（T）］<总计>：

（5）按空格键，命令行提示：

MEASUREGEOM 输入选项［距离（D）半径（R）角度（A）面积（AR）退出（X）］<面积>：

（6）这时从命令行中的信息可以看出，南阳台的面积及周长。

（7）查询结束后按下 ESC 键，退出查询命令即可。

小提示

在选择查询图形的范围时，有两种选择方式，可以一次选中所选范围的直线端点；另外是直接选择图形，如封闭的多段线，可以直接在多段线上点击即可。

10.4　本章小结

本章重点讲述了 AutoCAD 2020 的查询命令，在实际工作中常用的两点之间的距离查询、图形面积的查询等内容。本章节内容对建筑设计、展示设计及室内装饰设计中的施工预算有着重要的辅助作用，可极大地提高预算速度。

第 11 章
三视图的绘制

三视图是主视图、俯视图、左视图的总称，能够正确反映物体的长、宽、高尺寸。在工业设计、家具设计、服装设计及机械设计等设计专业领域中得到广泛的应用。在生活和生产实践中，经常需要运用三视图来描述物体的形状和大小。

本章重点内容是三视图的基础知识，三视图的绘制技法等。通过本章的学习，可以了解三视图的定义、熟悉三视图的原理、掌握三视图的绘制技法。

11.1 三视图基础知识

11.1.1 三视图的定义

三视图是主视图（正视图）、俯视图（顶视图）、左视图（侧视图）的总称，从物体的前面向后面投射所得的视图称主视图（正视图），从物体的上面向下面投射所得的视图称俯视图，物体的左面向右面投射所得的视图称左视图（侧视图）。三视图能够正确反映物体的长、宽、高尺寸。

11.1.2 三视图的原理

观测者从上面、左面、正面三个不同角度观察同一个空间几何体，将人的视线规定为平行投影线，然后正对着物体看过去，将所见物体的轮廓用正投影法绘制出来。

一个物体有六个视图，一个视图只能反映物体的一个方位的形状，不能完整反映物体的结构形状。三视图是从三个不同方向对同一个物体进行投射的结果，另外还有如剖面图、半剖面图等作为辅助，基本能完整地表达物体的结构。

11.1.3 三视图的规则

三视图规定左右为长，上下为高，前后为宽。

要求长对正、左平齐、宽相等。即主视图与俯视图长应对正，主视图与左视图高度保持平齐，左视图与俯视图宽度应相等。

11.1.4 三视图的位置

三视图的位置一般是固定的，主视图在图纸的左上方，左视图在主视图的右方，俯视图在主视图的下方，如图 11-1 所示三视图。

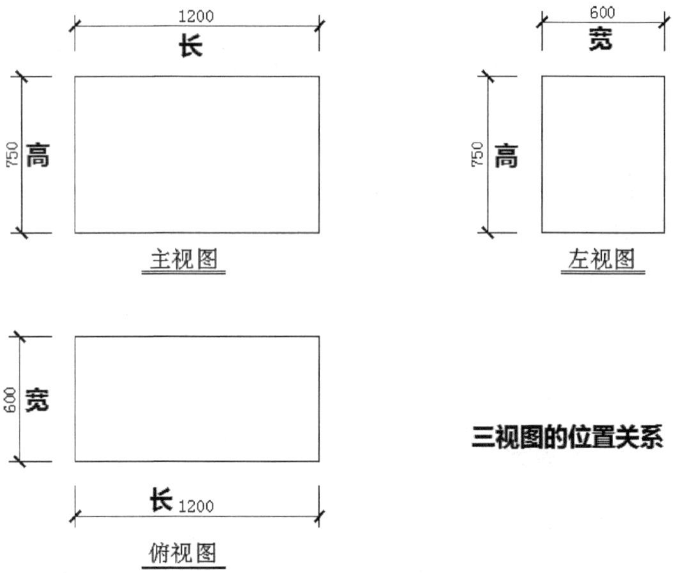

图 11-1 三视图的位置

若因特殊原因不按顺序放置，则必须标明三个视图名称。

11.2 三视图的画法

首先确定主视图，因为主视图是三视图中最主要的视图，在逐个画出形体的三视图。画形体的顺序：一般先实（实形体）后空（挖去的形体）；先大（大形体）后小（小形体）；先画轮廓，后画细节。画每个形体时，要三个视图联系起来画，并从反映形体特征的视图画起，再按投影规律画出其他两个视图。对称图形、半圆和大于半圆的圆弧要画出对称中心线，回转体一定要画出轴线。对称中心线和轴线用细点画线画出。

11.3　绘制三视图

打开中文版 AutoCAD 2020 应用程序，绘制如图 11-2 所示的展柜三视图。

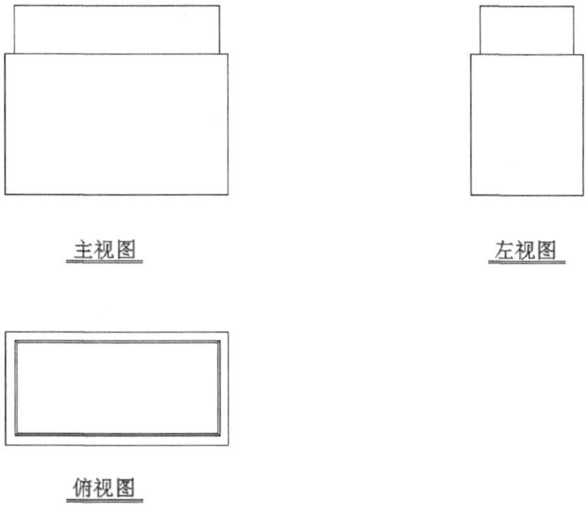

图 11-2　展柜三视图

11.3.1　绘制前视图

（1）选择【绘图】工具栏的【构造线】图标，或输入简化命令【XL】，然后空格。按下【F8】键，打开正交模式，在绘图区绘制出 L1、L2，如图 11-3 所示。

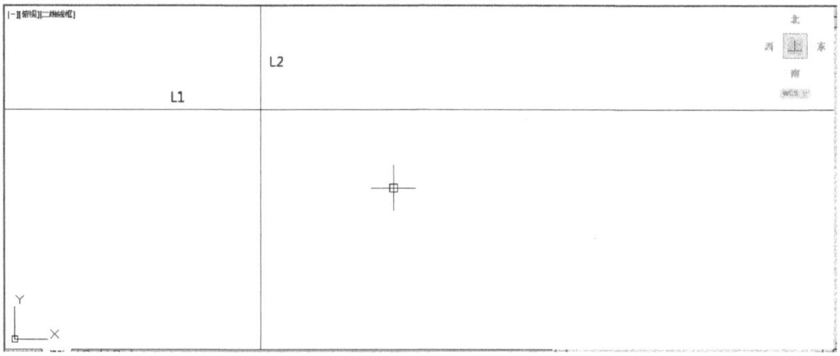

图 11-3　在绘图区绘制出 L1、L2

小提示

为了防止文件丢失，最好及时将文件保存，并且在制作的过程中，不断地使用组合键【CTRL+S】，随时存盘，将新文件命令为“展柜 . DWG”，并保存。

（2）选择【修改】工具栏的【偏移】图标⊆，或输入命令快捷键【O】，然后空格。命令行提示：⊆▾ OFFSET 指定偏移距离或 [通过(T) 删除(E) 图层(L)] <通过>:

（3）在命令行输入“1200”，空格，命令行提示：

⊆▾ OFFSET 选择要偏移的对象，或 [退出(E) 放弃(U)] <退出>:

（4）在此提示下，光标变成【□】的形状，将光标移动至要偏移的 L2 上，复制出 L3，如图 11-4 所示。

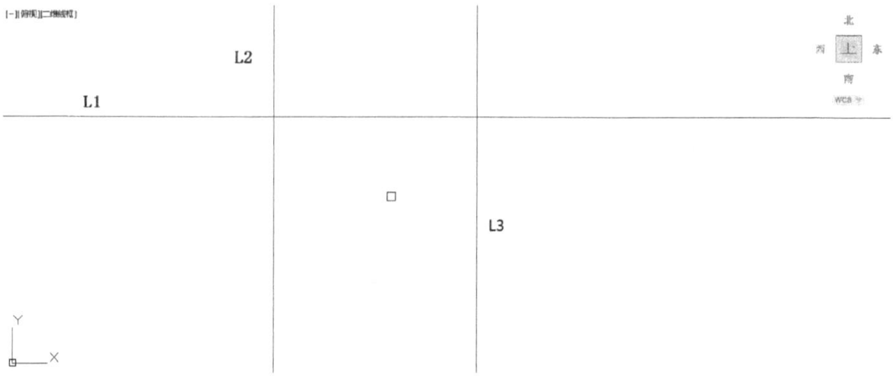

图 11-4　复制出 L3

（5）按下空格，继续执行偏移操作，在命令行输入“750”，将光标移动至要偏移的 L1 上，复制出 L4，如图 11-5 所示。

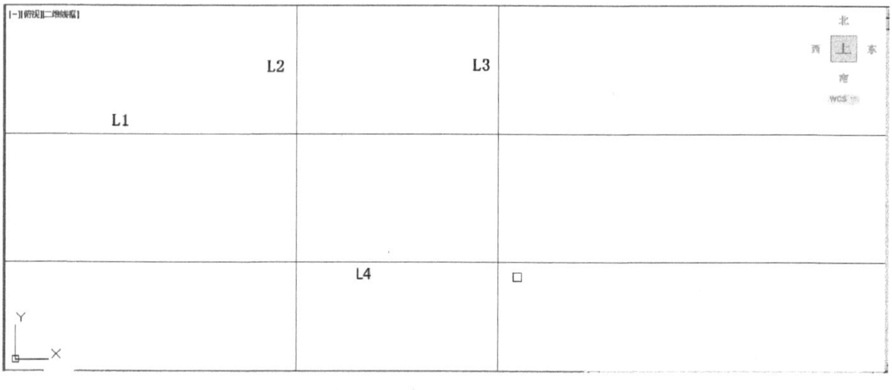

图 11-5　复制出 L4

（6）按下空格，继续执行偏移操作，在命令行输入“250”，将光标移动至要偏移的 L1 上，复制出 L5，如图 11-6 所示。

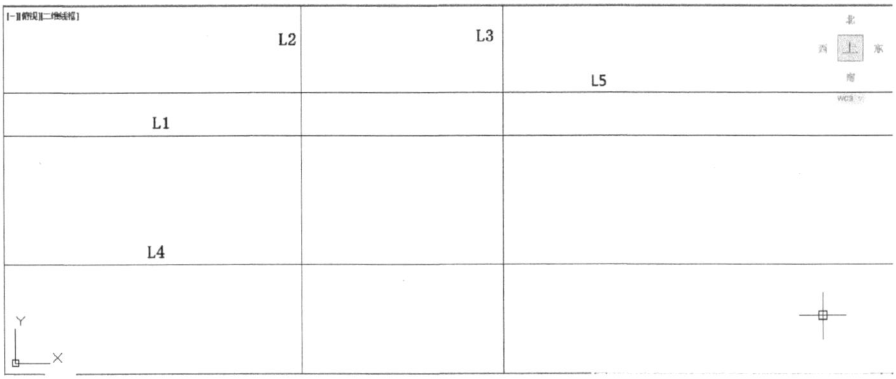

图 11-6　复制出 L5

（7）按下空格，继续执行偏移操作，在命令行输入“50”，将光标移动至要偏移的 L1 上，复制出 L6、L7，如图 11-7 所示。

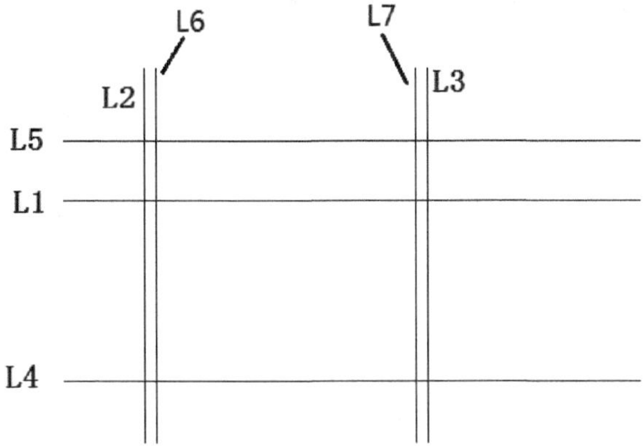

图 11-7　复制出 L6、L7

（8）选择【修改】工具栏的【修剪】图标；或输入命令快捷键【TR】，然后空格。命令行提示：TRIM 选择对象或 <全部选择>:

（9）在此提示下，使用鼠标在绘图区从右下到左上，或右上到左下移动拉出一个矩形选框，选中全部的构造线，呈虚线显示，如图 11-8 所示。

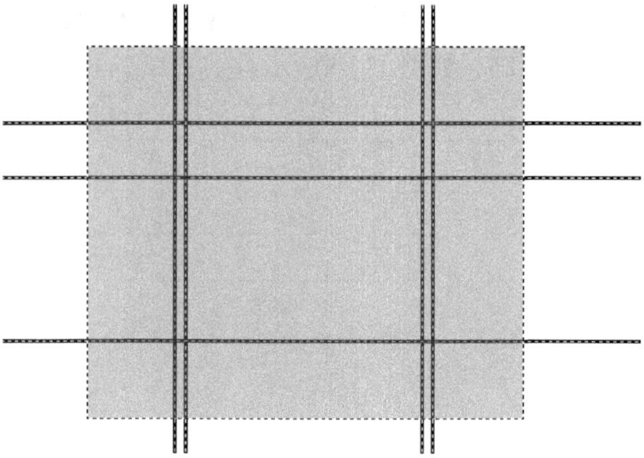

图 11-8　选中全部构造线

（10）命令行提示：TRIM 选择对象或 <全部选择>:

（11）执行空格，结束选取图形，命令行提示：

TRIM [栏选(F) 窗交(C) 投影(P) 边(E) 删除(R)]:

（12）在此提示下，依次点击需要修剪的线条，同时可用鼠标中键放大缩小视图，方便图形的选取，修剪后的图形如图 11-9 所示。

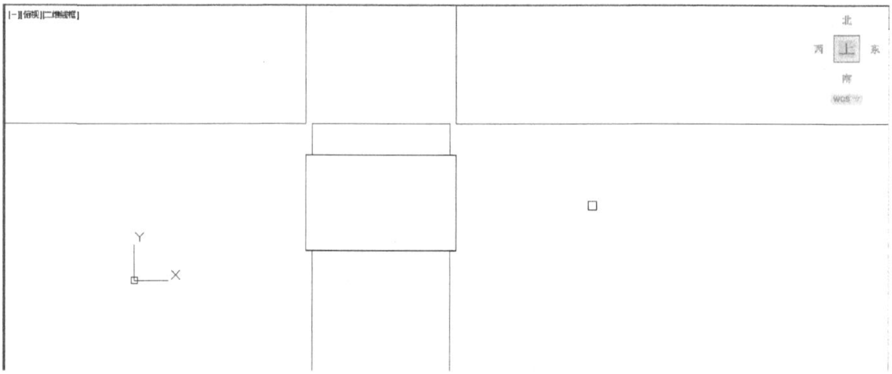

图 11-9　修剪后的图形

（13）选择多余的线条，按下【DELETE】键，删除多余线条，删除后的图形如图 11-10 所示。

图 11-10　删除多余线条后的图形

11.3.2　绘制顶视图

（1）使用鼠标中键缩小视图。

（2）选择【绘图】工具栏的【直线】图标，或输入简化命令【L】，然后空格；按下【F3】键，打开对象捕捉模式。

（3）使用直线工具，捕捉线段的端点，绘制直线 L8、L9，绘制任意直线 L10，（直线的长度以超过 600，适当即可），如图 11-11 所示。

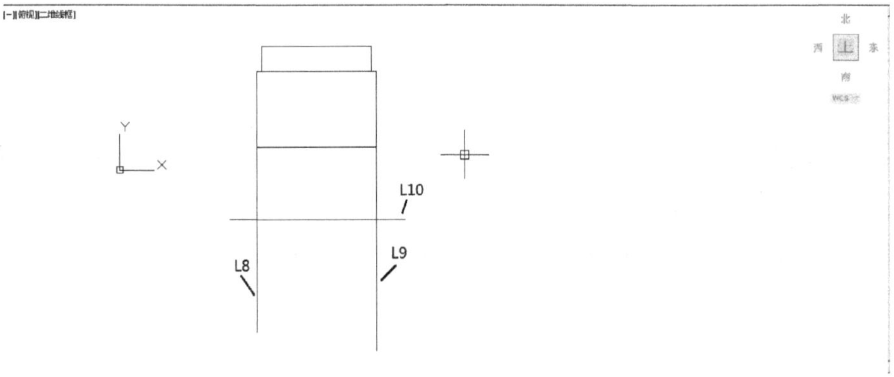

图 11-11　绘制直线 L8、L9、L10

（4）选择【修改】工具栏的【偏移】图标，在命令行输入偏移尺寸“600”，空格，选择 L10，复制出 L11，如图 11-12 所示。

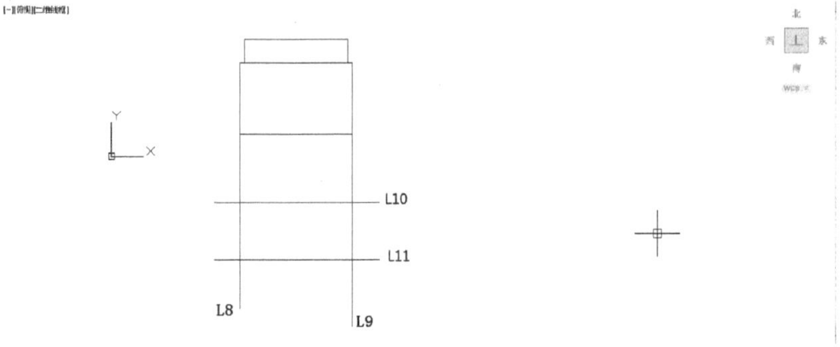

图 11-12 复制出 L11

（5）选择【绘图】工具栏的【矩形】图标，按下空格，点击 A 点、B 点，创建矩形 1，删掉 L8、L9、L10、L11，只保留矩形 1，最终效果如图 11-13 所示。

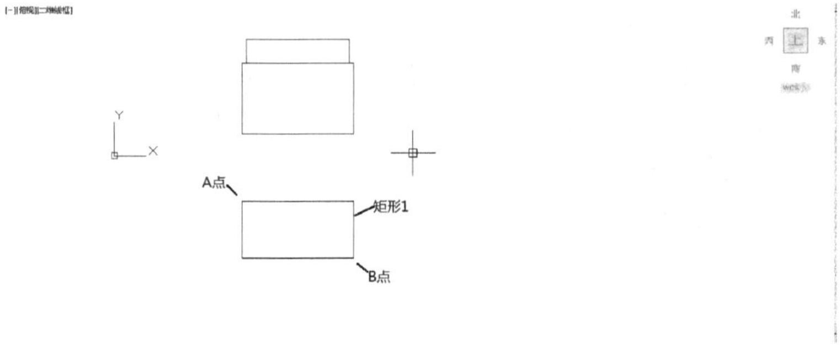

图 11-13 创建矩形并编辑后效果

（6）执行偏移操作，在命令行输入“50”，复制出矩形 2；再次执行偏移操作，在命令行输入“8”，复制出矩形 3；并使用直线工具，连接矩形 2、矩形 3 的点，创建出展柜的顶视图，最终效果如图 11-14 所示。

图 11-14 展柜顶视图效果

11.3.3　绘制侧视图

（1）使用鼠标中键缩小视图。

（2）选择【绘图】工具栏的【直线】图标⁄，或输入简化命令【L】，然后空格；在对象捕捉模式的辅助下，使用直线工具，捕捉线段的端点，绘制出三条直线 LA、LB、LC，如图 11-15 所示。

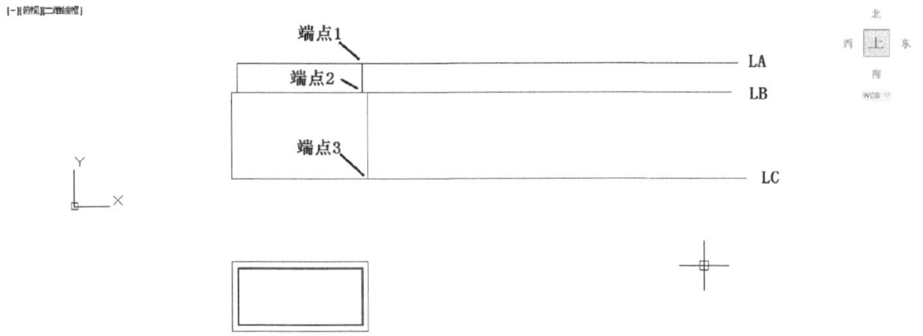

图 11-15　绘制直线 LA、LB、LC

（3）绘制任意直线 L12，（直线的长度以超过 600，适当即可），如图 11-16 所示。

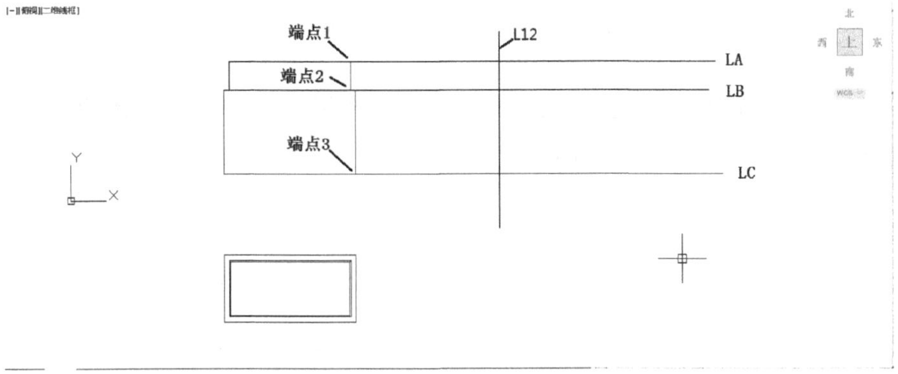

图 11-16　绘制任意直线 L12

（4）选择【修改】工具栏的【偏移】图标，在命令行输入偏移尺寸“600”，空格，选择 L12，复制出 L13；再次执行偏移命令，在命令行输入偏移尺寸“8”，空格，选择 L12，复制出 L14，选择 L13，复制出 L15，最终效果如图 11-17 所示。

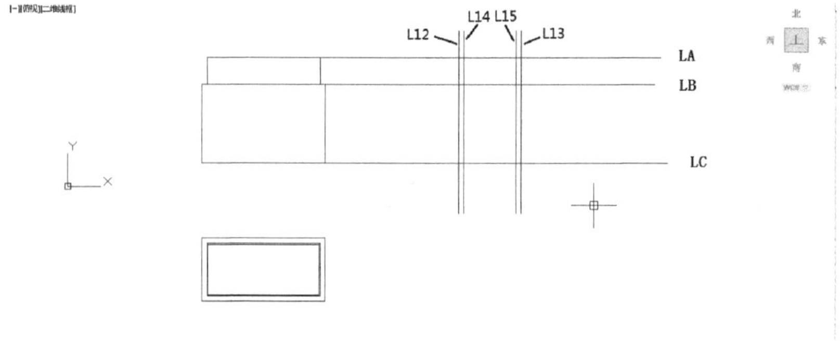

图 11-17　复制出 L13、L14、L15

（5）选择【修改】工具栏的【修剪】图标，修剪图形并删掉多余线条，最终效果如图 11-18 所示。

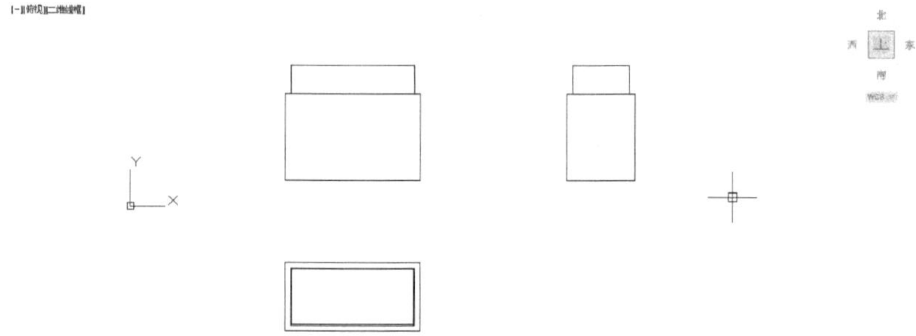

图 11-18　修剪并删掉多余线条后效果

（6）选择【绘图】工具栏的【多行文字】图标 A ，在三个视图的下方分别标注视图名称，展柜的三视图 xiao’ guo 最终效果如图 11-19 所示。

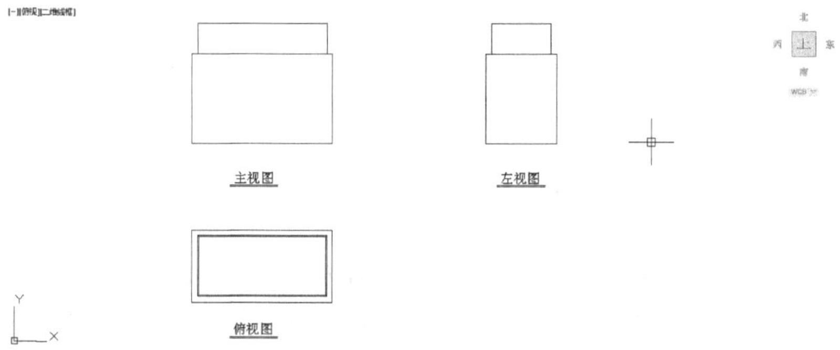

图 11-19　展柜三视图效果

11.4　本 章 小 结

本章主要内容是中文版 AutoCAD 2020 的绘图命令与图形修改命令的实际应用。通过制作展示设计的展柜三视图，详细介绍了三视图中主视图、俯视图及左视图的绘制技巧，三视图的基本理论知识与三视图的位置规则等。

第 12 章

轴测图的绘制

轴测图属于单面平行投影，能同时反映物体的正面、侧面和水平面的形状，立体感较强。在工程设计和工业生产中常把轴测图作为辅助图样。本章重点内容是轴测图的基础知识及绘制技法。通过本章的学习，可以掌握三维视图的转换方式、三维面的绘制及图形消隐命令，熟悉轴测图的绘制过程与绘制技法。

12.1　轴测图基础知识

用平行投影法将物体连同确定该物体的直角坐标系一起，沿不平行于任一坐标平面的方向投射到一个投影面上所得到的图形，称作轴测图。

轴测图根据投射线方向和轴测投影面的位置不同可分为正轴测图与斜轴测图两大类。

12.2　轴测图与三视图的区别

三视图是将人的视线规定为平行投影线，然后正对着物体看过去，将所见物体的轮廓用正投影法绘制出来，三视图能看到物体的六个面，基本能完整地表达物体的结构，但立体感不强。轴测图是将物体连同确定物体位置的坐标系，沿不平行于任一坐标面的方向，用平行投影法投射到单一投影面上所得到的图形，能同时反映物体长、宽、高三个方向的尺寸，富有立体感，工程领域常作为辅助性图样。如图 12-1 所示的展柜三视图与轴测图对比。

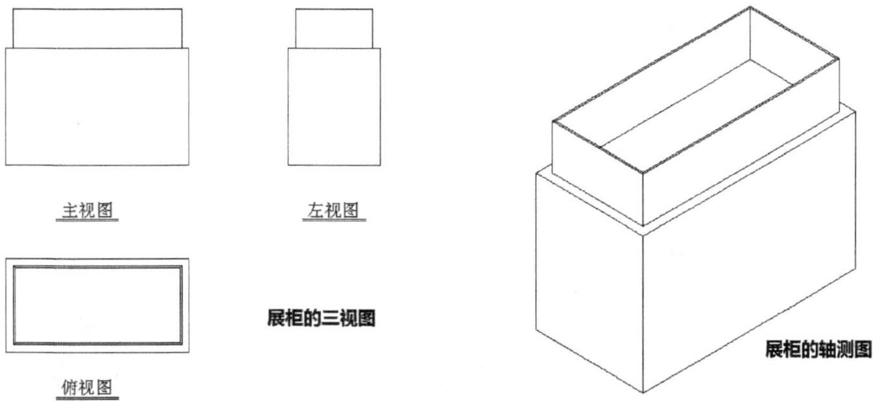

图 12-1　展柜的三视图与轴测图对比

12.3　轴测图的绘制

本章以图 12-1 所示的展柜轴测图为例，介绍轴测图的绘制方法。

12.3.1　二维图形的绘制

（1）选择【绘图】工具栏的【构造线】图标；或输入简化命令【XL】，按空格键，按 F8 键开启正交模式，在绘图区绘制出参考线 L1、L2，如图 12-2 所示。

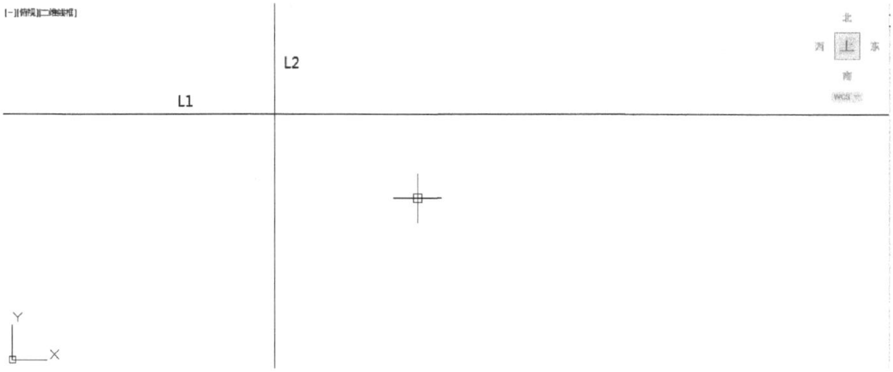

图 12-2　绘制参考线

(2) 将新文件命令为“展柜等轴侧 . DWG”，并保存。为了防止文件丢失，在制作的过程中，经常使用组合键 CTRL+S，将新绘制的图形及时存储。

(3) 选择【修改】工具栏的【偏移】图标 ；或输入简化命令【O】，按空格键，命令行提示：OFFSET 指定偏移距离或［通过（T）删除（E）图层（L）］<通过>：

(4) 在命令行输入“1200”，按空格键，命令行提示：

OFFSET 选择要偏移的图形或［退出（E）放弃（U）］<退出>：

(5) 在此提示下，光标变成【□】的形状，将光标移动至要偏移的参考线 L2 上，复制出 L3。连续两次按空格键，继续执行偏移操作，在命令行输入“750”，复制出 L4，如图 12-3 所示。

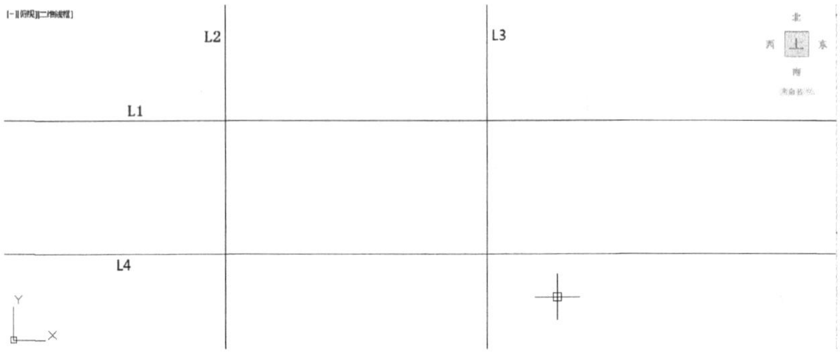

图 12-3 复制参考线

(6) 连续两次按空格键，继续执行偏移操作，在命令行输入“50”，复制出 L5、L6、L7、L8，如图 12-4 所示。

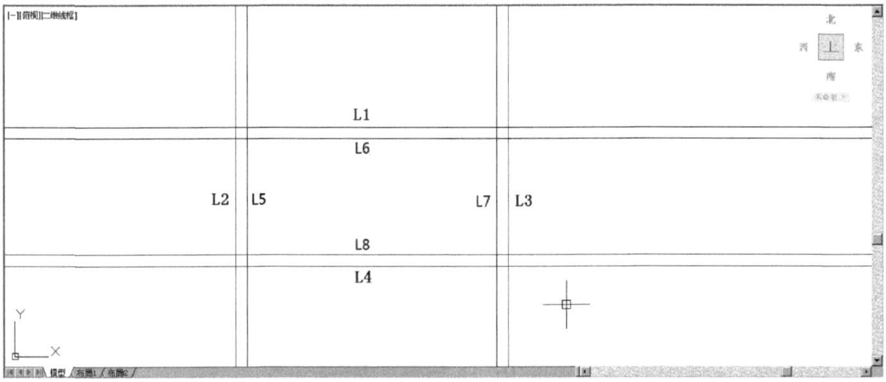

图 12-4 复制参考线

小提示

在进行后续绘图时，为了让几条参考线与新创建的矩形有一个良好的区分，在此可以选择样式工具栏的线型，将参考线修改为虚线。如果图形非常简单，极易辨别，也可以不用区分线型，使用一种线型即可。

（7）选择菜单【格式】→【线型】命令，打开【线型管理器】，将 L1、L12、L3、L4、L5、L6、L7、L8 的线型更改为“ACAD_ IS002W100”，便于良好的区分。

（8）按 F3 键开启对象捕捉。在【绘图】工具栏选择【矩形】图标▭，命令行提示：

RECTANG 指定第一个角点或：[倒角（C）标高（E）圆角（F）厚度（T）宽度（W）]：

（9）在命令行输入“T”，按空格键，命令行提示：RECTANG 指定矩形的厚度<50. 0000>：

（10）在此提示下输入矩形的厚度值“750”，按空格键。

（11）在绘图区内，用鼠标自动捕捉参考图形端点 A、B，创建矩形 1，如图 12-5 所示。

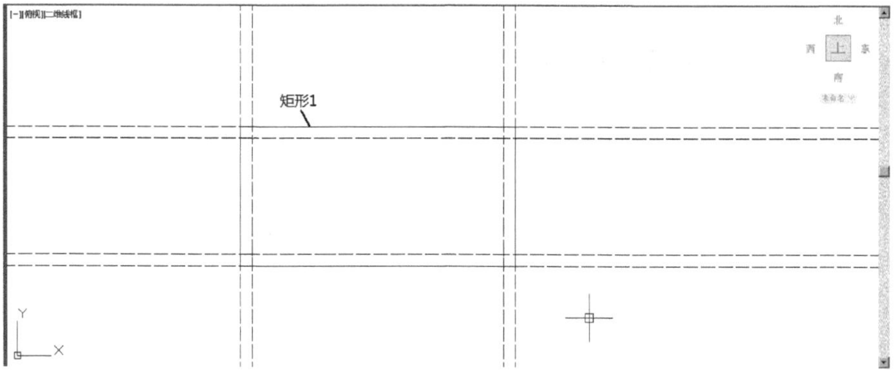

图 12-5　创建矩形 1

（12）继续执行矩形创建命令，在命令行输入“T”，按空格键，命令行提示：

RECTANG 指定矩形的厚度<750. 0000>：

（13）根据提示输入矩形的厚度值“250”，按空格键，命令行提示：

RECTANG 指定第一个角点或：[倒角（C）标高（E）圆角（F）厚度（T）宽度（W）]：

（14）根据提示输入“W”，按空格键，命令行提示：

RECTANG 指定矩形的线宽<0.0000>：

（15）根据提示输入矩形的宽度值“8”，按空格键。

（16）在命令行提示下，在绘图区用鼠标确定矩形的第一点、第二点，即可创建出一个厚度 250、宽度 8 的矩形，如图 12-6 所示。

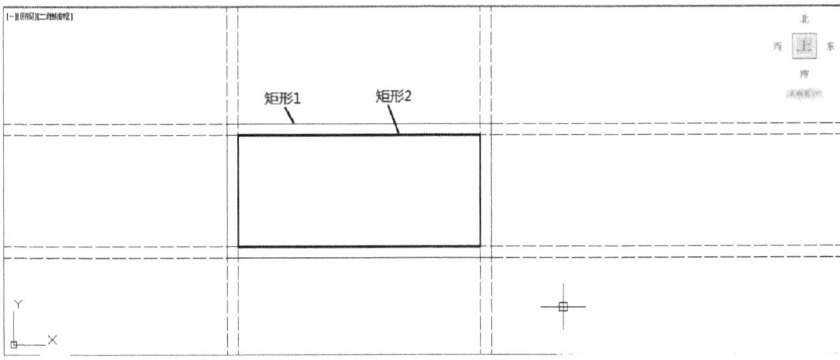

图 12-6　创建矩形 2

（17）选择全部参考线，并使用 DELETE 键删除参考线，完成展柜的二维图形的绘制。

12.3.2　转换为三维视图

（1）选择菜单【视图】→【三维视图】→【西南等轴侧】，即可将【视图】修改为【三维视图】，效果如图 12-7 所示。

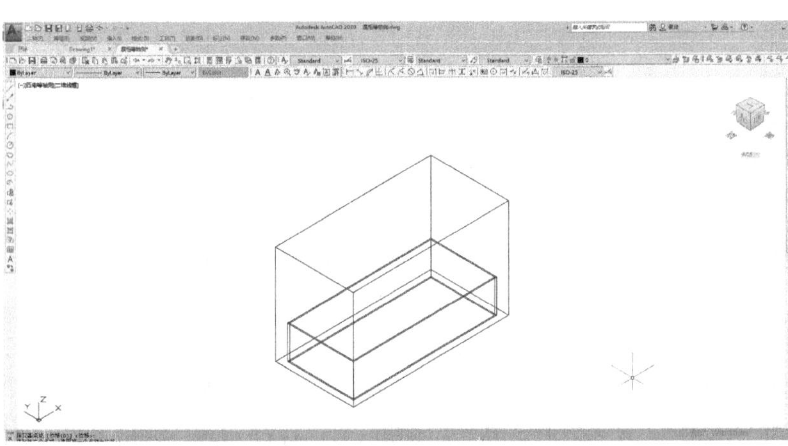

图 12-7　三维视图

（2）选择【移动】图标✥，命令行提示：MOVE 选择图形：

（3）在对象捕捉的辅助下，使用光标选择矩形 2，按空格键，命令行提示：MOVE 指定基点或［位移（D）］<位移>：

（4）选中矩形 2 的端点 A，如图 12-8 所示。

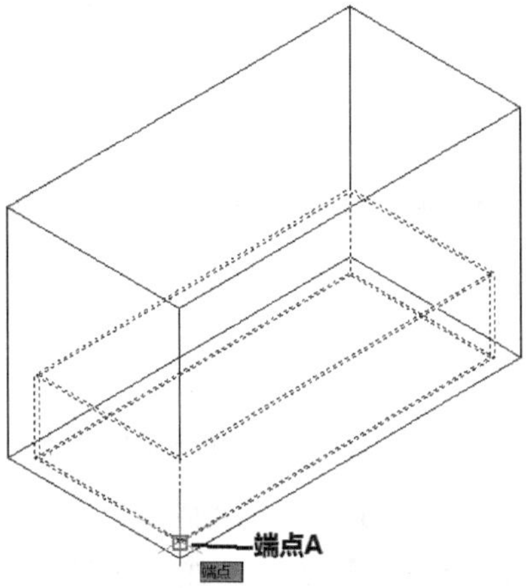

图 12-8　选择矩形的端点

（5）命令行提示：MOVE 指定第二个点或<使用第一个点作为位移>：

（6）在此提示下，将选中图形向上方移动，确定移动的方向，如图 12-9 所示。

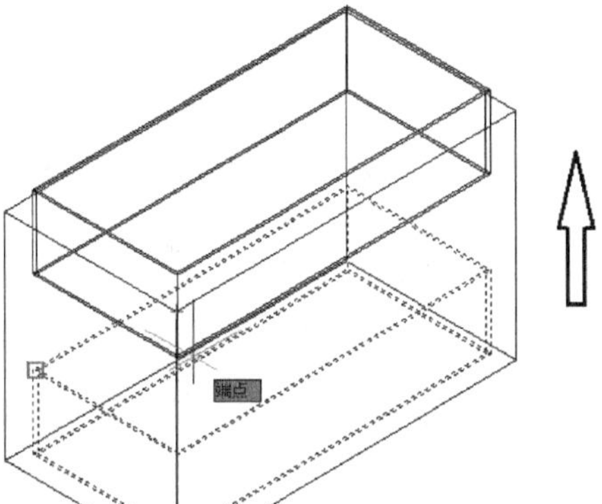

图 12-9　向上移动矩形

（7）在命令行输入“750”，按空格键，即可将矩形 2 移动到矩形 1 的上方，最终效果如图 12-10 所示。

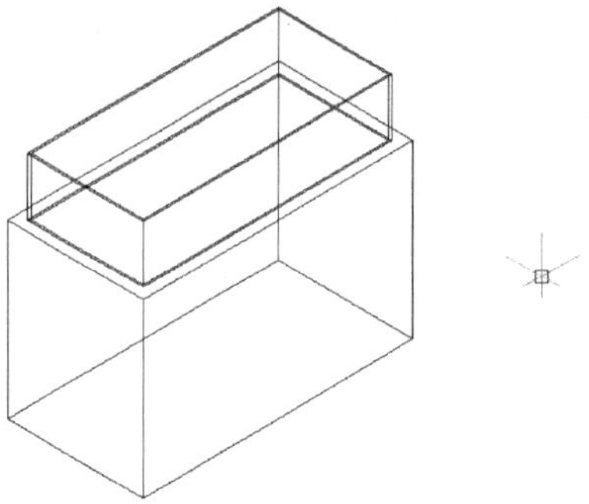

图 12-10 展柜二维图形转换为三维图形的效果

12.3.3 创建三维面

从图 12-10 中可以看出，展柜的上下两个部位是相通的，使用【3DFACE】命令，在矩形 1 的上部、矩形 2 的底部各绘制一个三维面，挡住不必要的线条。

（1）在命令行输入【3DFACE】命令，按空格键，命令行提示：

3DFACE 指定第一点或［不可见（I）］：

（2）在此提示下，用光标拾取矩形 1 的四个端点，分别依次点击矩形 1 的四个端点 1、2、3、4，按空格键退出，结束选取，即生成一个三维面，如图 12-11 所示。

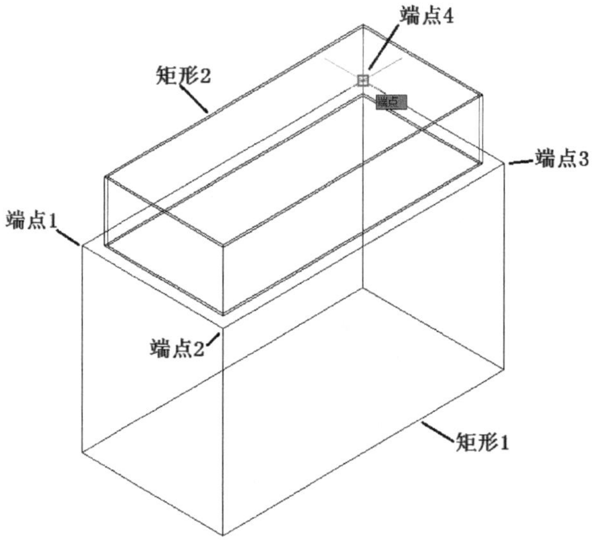

图 12-11 生成三维面

（3）按空格键，执行【3DFACE】命令，用光标拾取矩形 2 的四个端点，分别依次点击矩形 2 的四个端点 5、6、7、8，按空格键退出，结束选取，即生成另一个三维面，如图 12-12 所示。

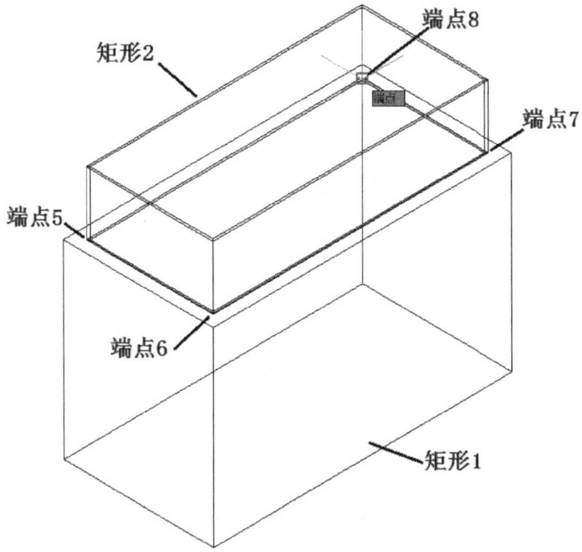

图 12-12　生成三维面

12.3.4　消隐图形

（1）在命令行输入【hide】消隐命令，按空格键；或选择菜单栏【视图】→ 

菜单，命令行提示如图 12-13 所示。

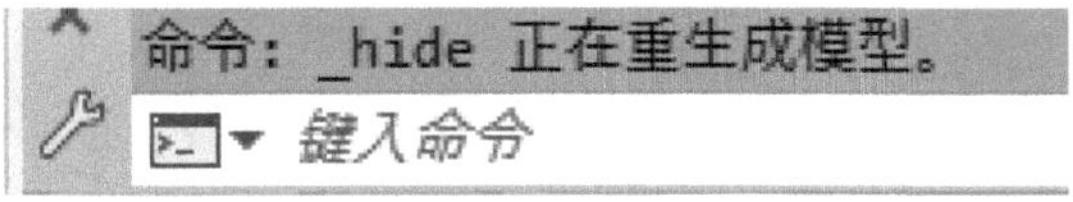

图 12-13　消隐命令提示行提示

（2）在此提示下，系统开始处理图形，处理完后系统会自动删除多余的线段，最终效果如图 12-14 所示。

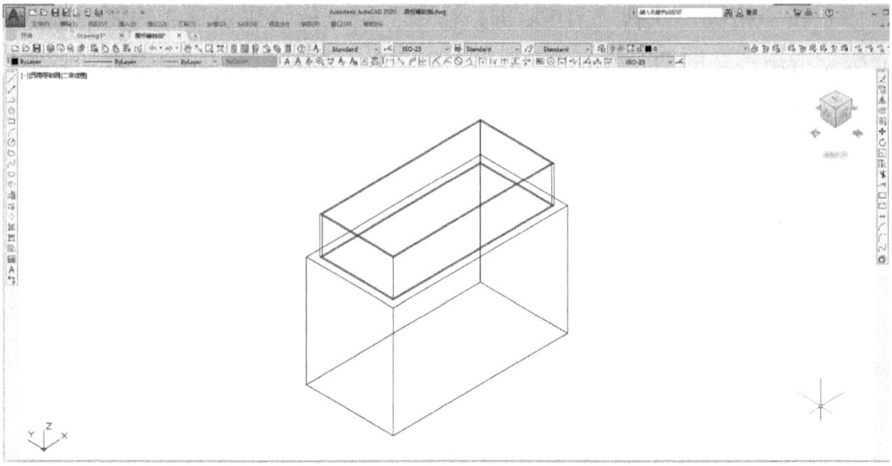

图 12-14　消隐后的图形

小提示

在图形比较复杂的情况下，当执行【hide】消隐命令后，命令行显示：hide 正在重生成模型，这时 AutoCAD 2020 没有提示项，绘图区出现空白，说明图形正在生成，需要一定的时间，必须耐心等待。重生成模型的时间长短与图形的复杂程度及电脑配置有关。

12.4　本章小结

本章主要内容是应用中文版 AutoCAD 2020 软件绘制轴测图的技法，主要讲述了轴测图的基础知识、三维视图的转换方式、三维面的绘制及消隐等，详细介绍了绘制展柜轴测图的方法与技巧。

第 13 章

电器元件和电路图的绘制

本章内容主要是面对电子工程、电力工程、建筑电气及工业电气等工程项目。重点讲述了几种常用的电器元件的绘制与编辑技法。在学习了前几章节AutoCAD基础操作命令与编辑命令的基础上，通过本章的学习，可以使用AutoCAD绘制出常用的电气元件及电路图。

13.1 无源器件的绘制

常用的电器元件又称为典型的电器元件，电阻、电容与电感是常用的三大电器元件。

13.1.1 电阻器的绘制

（1）打开中文版 AutoCAD 程序，选择【绘图】工具栏【矩形】图标，命令行提示：RECTANG 指定第一个角点或［倒角（C）标高（E）圆角（F）厚度（T）宽度（W）］：

（2）在绘图区内任意点击一点，作为矩形的第一点，命令行提示：

RECTANG 指定另一个角点或［面积（A）尺寸（D）旋转（R）］：

（3）在命令行输入“D”，按空格键，命令行提示：RECTANG 指定矩形的长度<0.0000>：

（4）在命令行输入矩形长度“60”，按空格键，命令行提示：

RECTANG 指定矩形的宽度<0.0000>：

（5）在命令行输入矩形宽度“20”，点击鼠标，选择矩形第二点的位置，结束矩形的绘制，如图 13-1 所示。

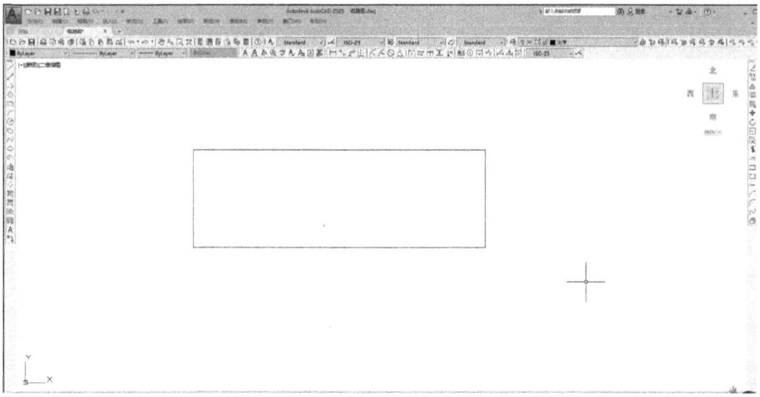

图 13-1　绘制矩形

小提示

在开始绘制图形时，应该及时将文件存储，在制作过程中经常使用组合键 CTRL+S，将文件及时存盘，防止因各种软件或硬件故障，导致文件丢失。在电气工程制作中，许多电气原件的尺寸比例可以按照美观的原则进行设置，而不像建筑设计、展示设计及室内装饰设计等施工图，需要输入精确的图形尺寸。

（6）将文件保存，命名为“电阻器 . DWG”。

（7）右击状态栏的【对象捕捉】图标，点击图标对象捕捉设置...，或输入简化命令【OS】，按空格键，打开【草图设置】对话框，勾选中点，按 F3 键开启对象捕捉模式，设置后在绘图时光标会自动捕捉直线的中点，如图 13-2 所示。

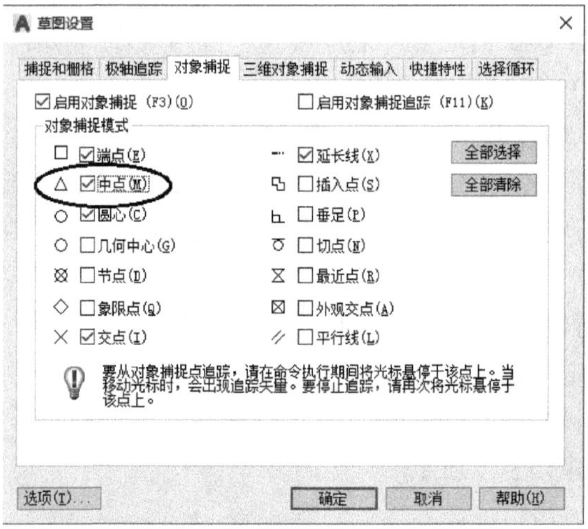

图 13-2　通过【草图设置】对话框设置对象捕捉模式

（8）选择【绘图】工具栏的【直线】图标，或输入简化命令【L】，按空格键，按 F8 键开启正交模式，用光标捕捉矩形的中点，如图 13-3 所示。

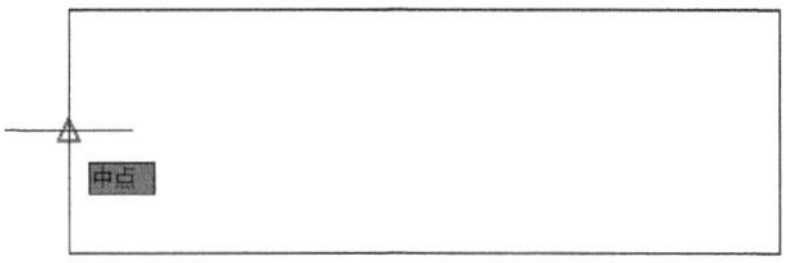

图 13-3　捕捉矩形的中点

（9）向左移动光标，在适合位置单击，创建一条直线，按空格键，继续执行【直线】命令，使用同样的步骤，选择矩形边的中点后向右移动光标，创建出另一条直线，完成电阻器的绘制，最终效果如图 13-4 所示。

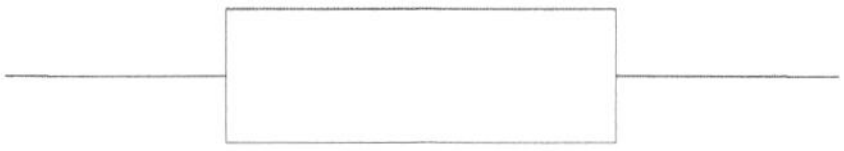

图 13-4　电阻图形的绘制效果

（10）选择【绘图】工具栏的【创建块】图标，打开【块定义】对话框，将绘制的电阻器图形创建成名为【电阻】的图块。

13.1.2　滑动触点电位器的绘制

（1）打开文件“电阻器 . DWG”，将文件另存为“滑动触点电位器 . DWG”。

（2）选择【绘图】工具栏的【直线】图标，或输入简化命令【L】，按空格键，按 F8 键开启正交模式，用光标捕捉矩形的中点，如图 13-5 所示。

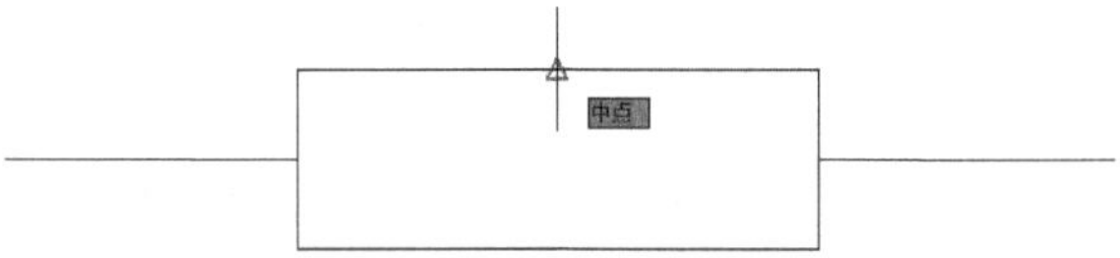

图 13-5　捕捉矩形的中点

（3）向上移动光标，在适合位置单击，创建直线 LA，再次向右移动光标，在适合位置单击，创建另一条直线 LB，按空格键，结束直线的绘制，如图 13-6 所示。

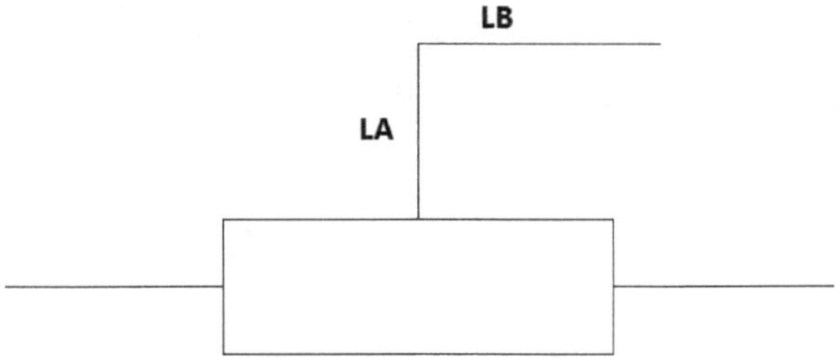

图 13-6　绘制直线

(4) 选择【绘图】工具栏的【多段线】图标 ；或输入简化命令【PL】，按空格键，命令行提示：PLINE 指定起点：

(5) 点击矩形的中点 A 点，命令行提示：PLINE 指定下一个点或［圆弧（A）半宽（H）长度（L）放弃（U）宽度（W）］：

(6) 输入“W”，按空格键，命令行提示：PLINE 指定起点宽度<0.0000>：

(7) 按空格键，命令行提示：PLINE 指定端点宽度<0.0000>：

(8) 输入端点的宽度数值为“4”，按空格键，命令行提示：PLINE 指定下一个点或［圆弧（A）半宽（H）长度（L）放弃（U）宽度（W）］：

(9) 捕捉直线 LA 的中点，按空格键，完成箭头的创建，并保存文件，最终效果如图 13-7 所示。

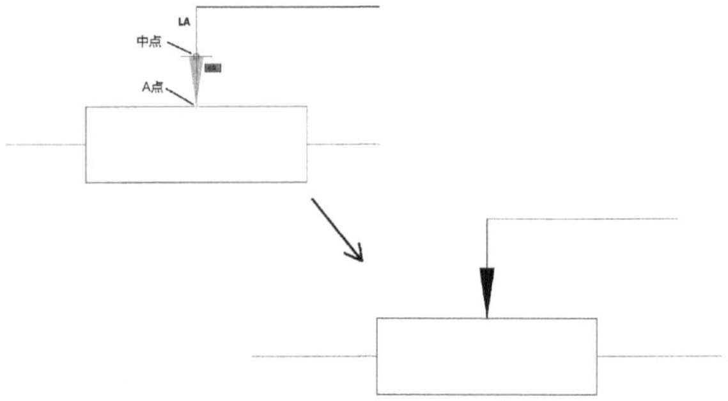

图 13-7　滑动触点电位器图形的绘制效果

(10) 选择【绘图】工具栏的【创建块】图标 ，打开【块定义】对话框，将绘制的滑动触点电位器图形创建成名为【滑动触点电位器】的图块。

13.1.3　电容的绘制

(1) 选择【绘图】工具栏的【矩形】图标 ，在绘图区内绘制一个长度为

10、宽度为 20 的矩形，将文件保存，命名为“电容 . DWG”。

（2）选择【直线】图标 ；或输入简化命令【L】，按空格键，按 F8 键开启正交模式，按 F3 键开启自动捕捉。

（3）用光标捕捉矩形的中点 A，向左移动光标，在适合位置单击，创建直线 L1；用光标捕捉矩形的中点 B，向右移动光标，在适合位置单击创建直线 L2，如图 13-8 所示。

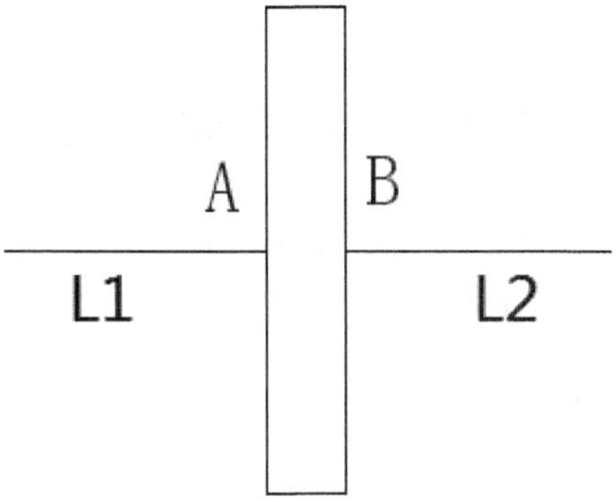

图 13-8　绘制图形

（4）选择【修改】工具栏的【分解】图标 ，将矩形全部选中，按空格键，将矩形分解为 4 条直线 L3、L4、L5、L6，如图 13-9 所示。

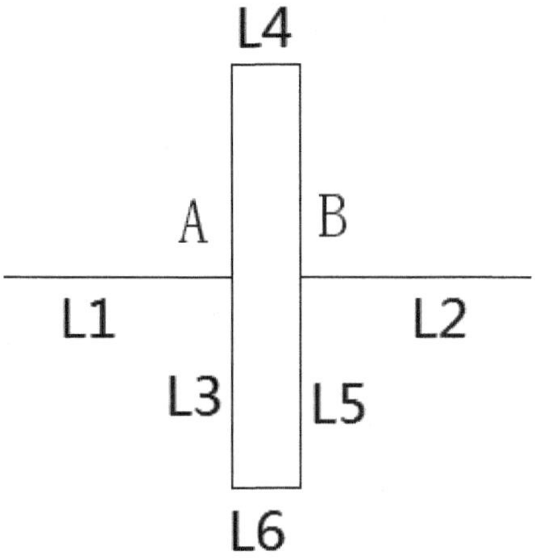

图 13-9　分解图形

（5）选择直线 L4、L6，使用 Delete 键删除直线 L4、L6，并保存文件，最终效果如图 13-10 所示。

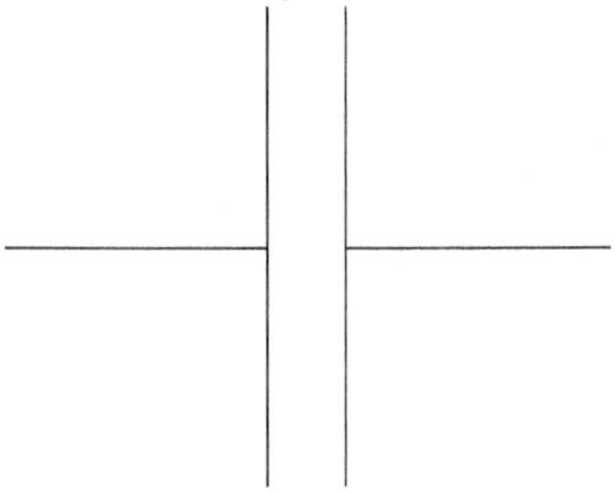

图 13-10　电容图形的绘制效果

（6）选择【绘图】工具栏的【创建块】图标，打开【块定义】对话框，将绘制的电容图形创建成名为【电容】的图块。

13.1.4　电感的绘制

（1）选择【绘图】工具栏的【圆形】图标；或输入简化命令【C】，按空格键，在绘图区内绘制一个半径为 100 的圆形，将文件保存，并命名为“电感 . DWG”。

（2）选择【绘图】工具栏的【构造线】图标，或输入简化命令【XL】，按空格键，按 F8 键开启正交模式，按 F3 键开启自动捕捉，用光标捕捉圆形的圆心，创建参考线 LA，如图 13-11 所示。

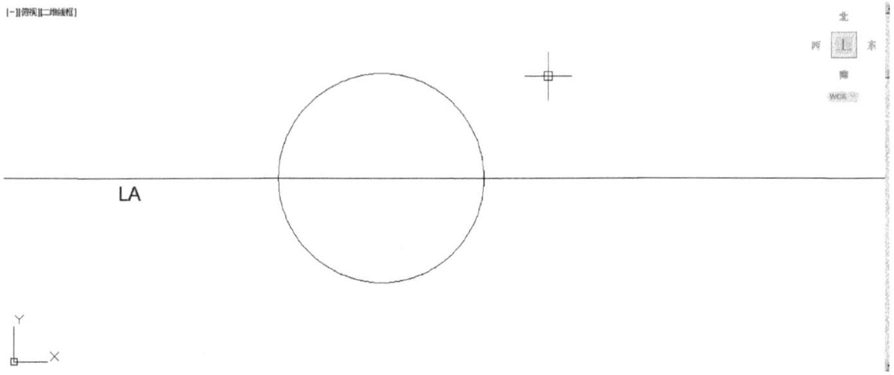

图 13-11　绘制图形

（3）选择【修改】工具栏的【修剪】图标；或输入简化命令【TR】，按空格键，修剪掉圆形的另一半，得到一段圆弧，如图 13-12 所示。

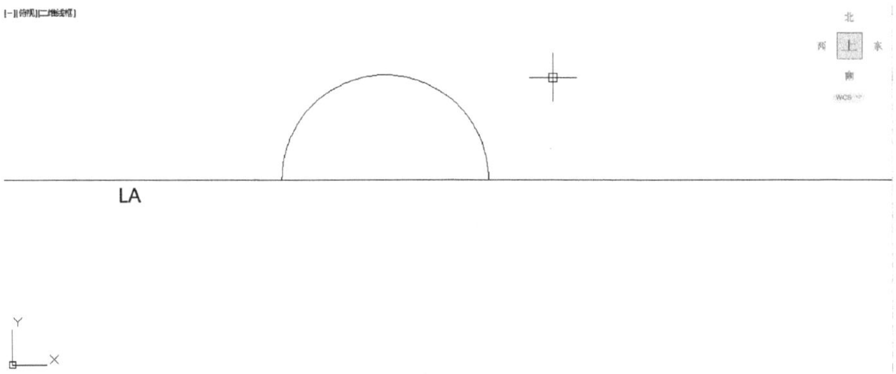

图 13-12　修剪图形

小提示

圆弧的创建有多种方式，但这种创建方式比较简单，易于掌握。学习者可以根据自己的使用习惯选择。

（4）删除参考线 LA，在命令提示行输入命令【ARRAYCLASSIC】，打开【阵列】对话框，选择【矩形阵列】模式，设置行为 1，列为 4，列偏移量为 200，如图 13-13 所示。

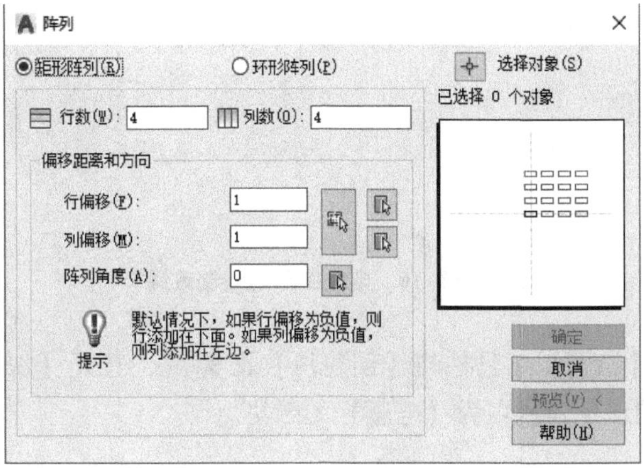

图 13-13　【阵列】对话框

（5）单击 选择对象(S)，返回绘图区，选择圆弧，按空格键，返回【阵列】对话框，单击【确定】图标，即可复制出几个圆弧，如图 13-14 所示。

图 13-14　复制图形

（6）选择【绘图】工具栏的【直线】图标；或输入简化命令【L】，按空格键，用光标分别捕捉圆弧的端点 A、B，向下绘制长度均为 300 的直线 L2、L3，如图 13-15 所示。

图 13-15　绘制直线

（7）最终效果如图 13-16 所示。

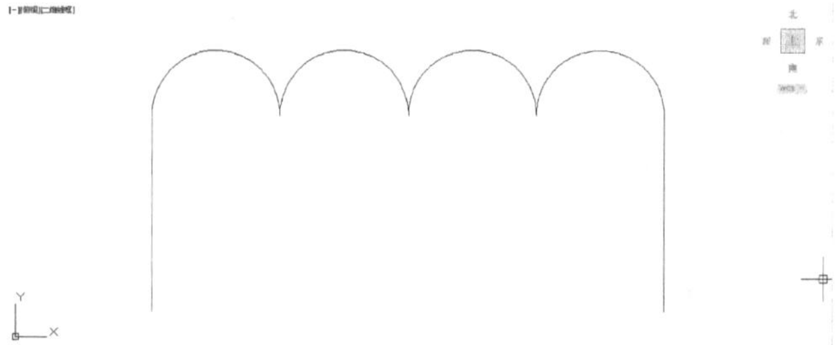

图 13-16　电感图形的绘制效果

（8）选择【绘图】工具栏的【创建块】图标，打开【块定义】对话框，将绘制的电感图形创建成名为【电感】的图块。

13.2　半导体器件的绘制

常用的半导体有二极管和三极管两种，三极管分为 PNP 和 NPN 两种。

13.2.1　二极管的绘制

（1）选择【绘图】工具栏的【多边形】图标；或输入简化命令【POL】，按空格键，命令行提示：POLYGON_ polygon 输入侧面数<4>：

（2）输入正多边形的边数“3”，按空格键，命令行提示：POLYGON 指定正多边形的中心点或［边（E）］：

（3）在绘图区任意位置单击光标，确定第一点，按空格键，命令行提示：POLYGON 输入选项［内接于圆（I）外切于圆（C）］<I>：

（4）按空格键，选择默认选项内接于圆，命令行提示：POLYGON 指定圆的半径：

（5）输入半径“60”，按空格键，结束三角形的绘制，如图 13-17 所示。

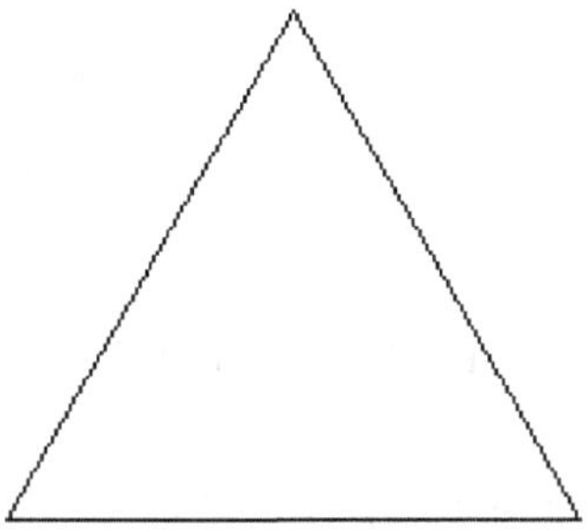

图 13-17　绘制图形

（6）选择【绘图】工具栏的【直线】图标；或输入简化命令【L】，按空格键，按 F8 键开启正交模式；按 F3 键开启自动捕捉，用光标捕捉三角形的端点 A，向上创建直线 L1，向下创建直线 L2，向左创建长度为直线 L1，向下创建直线 L2，最终效果如图 13-18 所示。

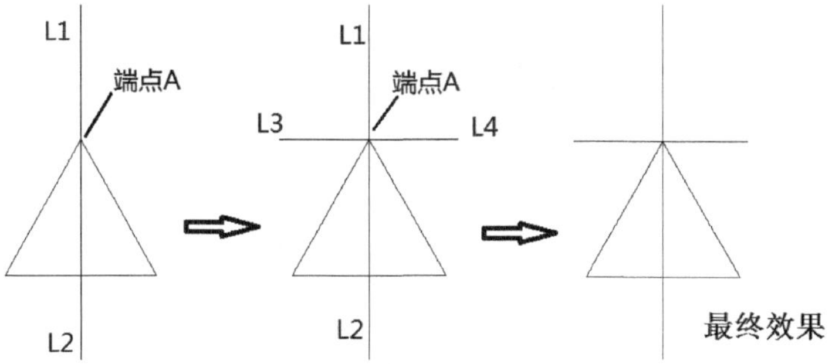

图 13-18　二极管图形的绘制效果

（7）选择【绘图】工具栏的【创建块】图标，打开【块定义】对话框，将绘制的二极管图形创建成名为【二极管】的图块。

13.2.2　三极管的绘制

（1）选择【绘图】工具栏的【多边形】图标；或输入简化命令【POL】，按空格键，绘制一个半径为100的正三角形，将文件保存，命名为“三极管.DWG”，如图13-19所示。

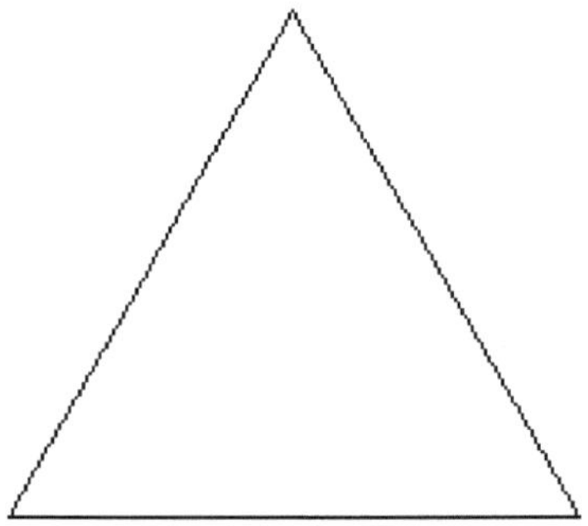

图13-19　绘制图形

（2）选择【修改】工具栏的【旋转】图标；或输入简化命令【RO】，按空格键，将三角形旋转90度。

（3）选择【修改】工具栏的【分解】图标，将三角形分解。

（4）选择【修改】工具栏的【偏移】图标；或输入简化命令【O】，按空格键，将直线L1向左偏移100，复制出直线L2，如图13-20所示。

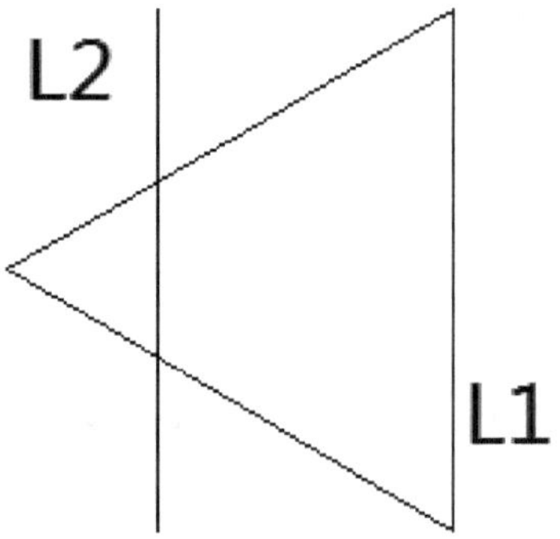

图13-20　绘制直线

（5）选择【修改】工具栏的【修剪】图标；或输入简化命令【TR】，按空格键，修剪掉直线 L2 左边的部分，使用 DELETE 键删除直线 L1，如图 13-21 所示。

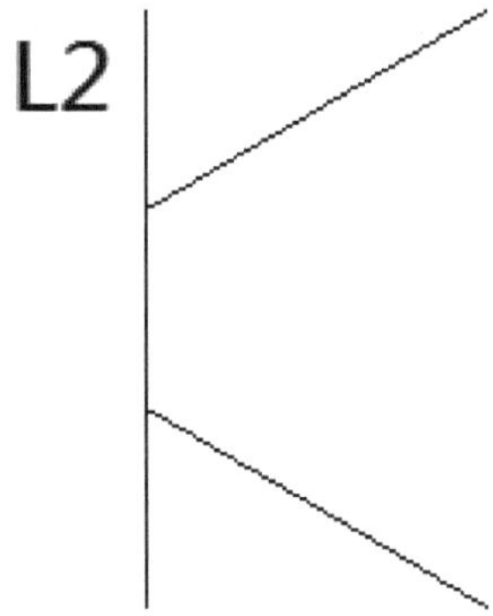

图 13-21　修剪图形

（6）选择【绘图】工具栏的【直线】图标；或输入简化命令【L】，按空格键，按 F8 键开启正交模式，按 F3 键开启自动捕捉，用光标捕捉端点 A，向上创建长度为 90 的直线 L3，用光标捕捉端点 B，向下创建长度为 90 的直线 L4，用光标捕捉直线 L2 的中点 C，向左创建长度为 120 的直线 L5，如图 13-22 所示。

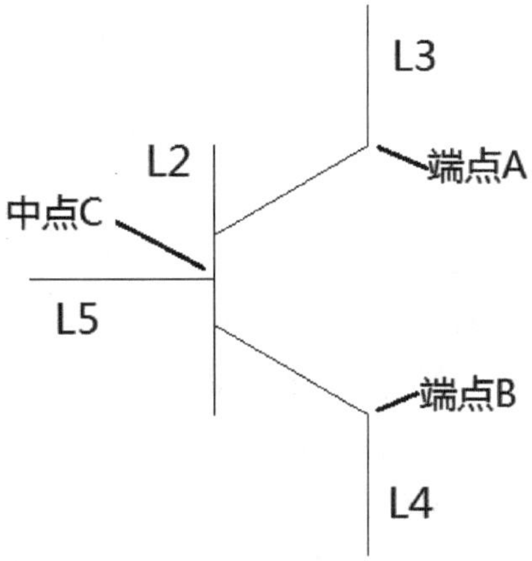

图 13-22　绘制直线

（7）选择【绘图】工具栏的【多段线】图标；或输入简化命令【PL】，按空格键，命令行提示：PLINE 指定起点：

（8）点击直线 L4 的端点 B，命令行提示：PLINE 指定下一个点或［圆弧

（A）半宽（H）长度（L）放弃（U）宽度（W）]：

（9）输入“W”，按空格键，命令行提示：PLINE 指定起点宽度<0.0000>：

（10）按空格键，命令行提示：PLINE 指定端点宽度<0.0000>：

（11）输入数值“20”，按空格键，命令行提示：PLINE 指定下一个点或[圆弧（A）半宽（H）长度（L）放弃（U）宽度（W）]：

（12）捕捉直线 L6 的中点，按空格键，完成箭头的创建，保存文件，最终效果如图 13-23 所示。

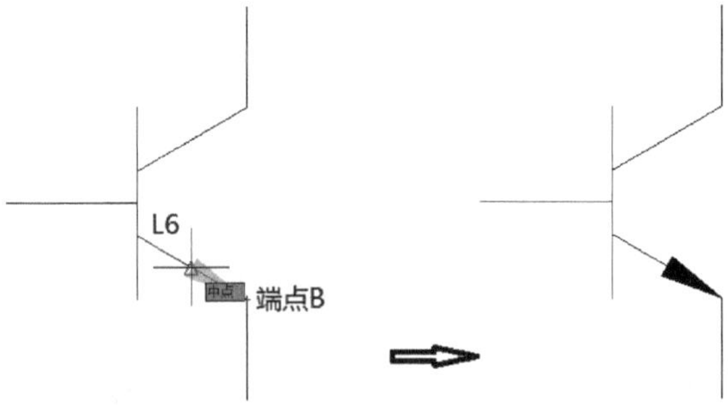

图 13-23　三极管图形的绘制效果

（13）选择【绘图】工具栏的【创建块】图标，打开【块定义】对话框，将绘制的三极管图形创建成名为【三极管】的图块。

13.3　开关的绘制

常用的开关一般分为单极开关和多级开关。单极开关的绘制与多级开关的绘制方法类似，在此仅详述多级开关的绘制步骤。

（1）选择【绘图】工具栏的【直线】图标；或输入简化命令【L】，按空格键，按 F8 键开启正交模式，在绘图区绘制一个条长度合适的直线 L1，将文件保存，命名为“多级开关 . DWG”。

（2）继续使用【直线】图标创建线段 L2，如图 13-24 所示。

（3）选择【修改】工具栏的【复制】图标；或输入简化命令【CO】，按空格键，将线段 L2 向下复制出直线 L3。

（4）按 F8 键关闭正交模式，使用【直线】图标创建斜线段 L4，如图 13-25所示。

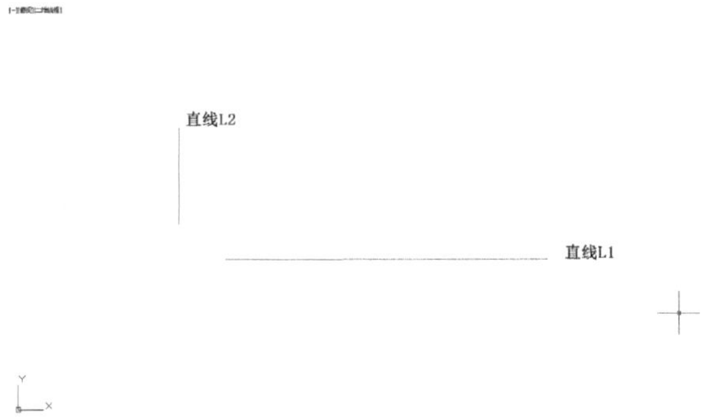

图 13-24　绘制图形

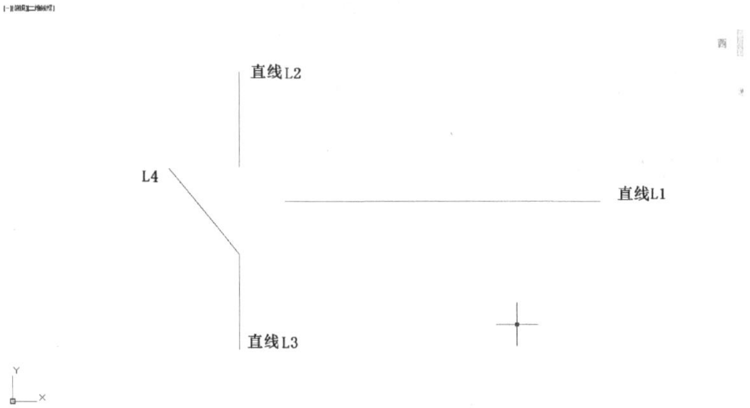

图 13-25　绘制直线

（5）按 F3 键开启自动捕捉，选择【修改】工具栏的【移动】图标；或输入简化命令【M】，按空格键，在绘图区选中 L2、L3 和 L4，命令行提示：MOVE 选择图形：

（6）按空格键，命令行提示：MOVE 指定基点或［位移（D）］<位移>：

（7）在绘图区选择线段 L4 的中点作为移动基点，命令行提示：

MOVE 指定第二个点或<使用第一个点作为位移>：

（8）在此提示下，将线段 L2、L3 和 L4 以线段 L4 的中点作为移动基点，移动到直线 L1 的端点上，效果如图 13-26 所示。

（9）选择【修改】工具栏的【复制】图标；或输入简化命令【CO】，按空格键，命令行提示：COPY 选择图形：

（10）在此提示下，将线段 L2、L3 和 L4 全部选中，按空格键，命令行提示：COPY 指定基点或［位移（D）模式（O）］<位移>：

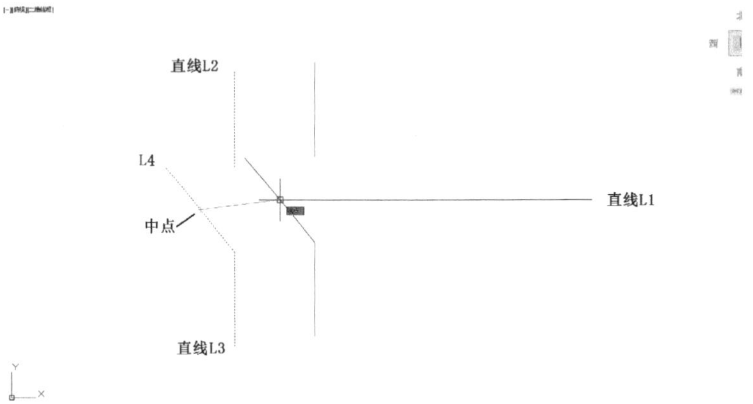

图 13-26 移动图形

（11）选择斜线段 L4 的中点为复制的基点，并分别复制到直线 L1 的中点和另一端点上，即可完成图形的绘制，将直线 L1 的线型修改为【ACAD_IS002W100】，如图 13-27 所示。

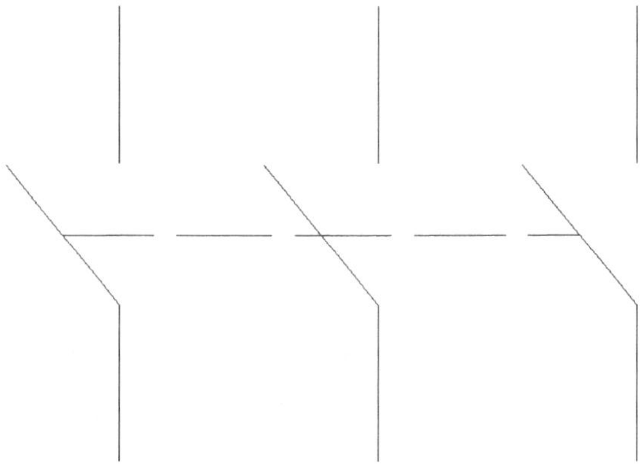

图 13-27 多级开关图形的绘制效果

（12）选择【绘图】工具栏的【创建块】图标，打开【块定义】对话框，将绘制的多级开关图形创建成名为【多级开关】的图块。

13.4 信号器件的绘制

常用的信号器件包括各种信号灯、电铃和蜂鸣器等，如图 13-28 所示，本节主要以信号灯为例来讲述绘制方法。

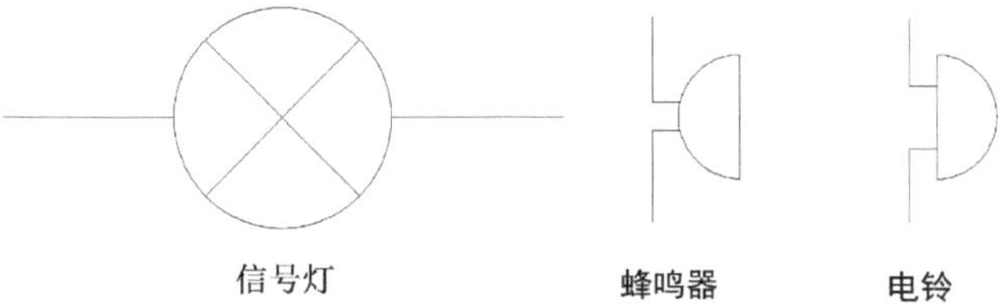

图 13-28　常用的信号器件

（1）选择【绘图】工具栏的【圆】图标，或输入简化命令【C】，按空格键，命令行提示：CIRCLE 指定圆的圆心或［三点（3P）两点（2P）切点、切点、半径（T）］：

（2）此提示下，在绘图区任意位置点击鼠标，指定圆心的位置，命令行提示：CIRCLE 指定圆的半径或［直径（D）］<384.1664>：

（3）利用鼠标在合适位置点击，或在命令行输入数值，确定圆的直径，即可创建出一个圆将文件保存，命名为“信号灯 . DWG”。

（4）选择【绘图】工具栏的【直线】图标；或输入简化命令【L】，按空格键，按 F8 键开启正交模式，在命令行输入【OS】，打开【草图设置】对话框，勾选圆心、端点及中点，按 F3 键开启自动捕捉，用光标捕捉圆形的圆心 A，向左移动光标，在适合位置单击，创建直线 L1，如图 13-29 所示。

（5）在绘图区点选直线 L1，利用图形夹点的操作方法，选择直线 L1 的夹点 A，将 A 点移动到直线 L1 与圆的交点 B，按 ESC 键退出夹点的编辑状态，效果如图 13-30 所示。

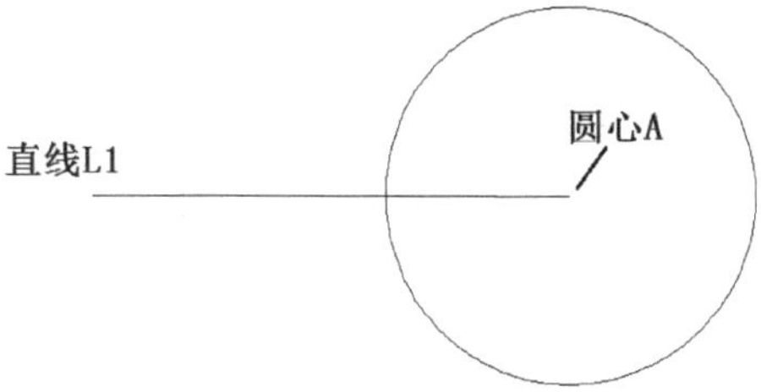

图 13-29　绘制图形

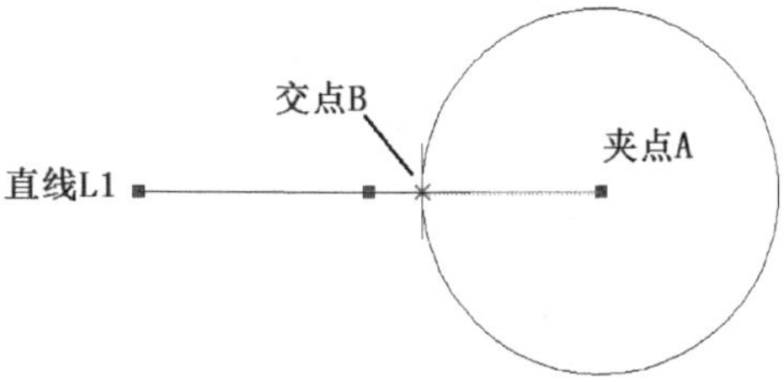

图 13-30　编辑图形夹点

（6）选择【修改】工具栏的【镜像】图标；或输入简化命令【MI】，按空格键，命令行提示：MIRROR 选择图形：

（7）选择需要镜像的直线 L1，命令行提示：MIRROR 选择图形：

（8）按空格键，结束选取，命令行提示：MIRROR 选择图形：指定镜像线的第一点：

（9）在绘图区点击圆心 A，作为镜像线的第一点，命令行提示：MIRROR 选择图形：指定镜像线的第一点：<对象捕捉 开> 指定镜像线的第二点：

（10）在绘图区向下移动鼠标，在合适位置点击，确定镜像线的第二点 C，如图 13-31 所示。

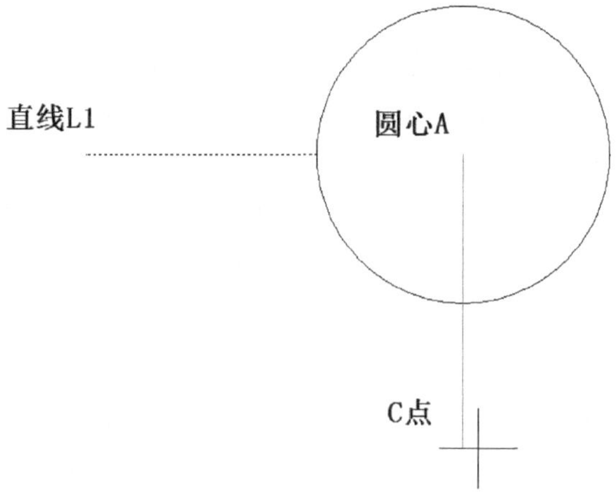

图 13-31　确定镜像线

（11）命令行提示：MIRROR 要删除源图形吗？［是（Y）否（N）］<N>：

（12）按空格键，执行默认选项“否（N）”，复制出直线 L2，如图 13-32 所示。

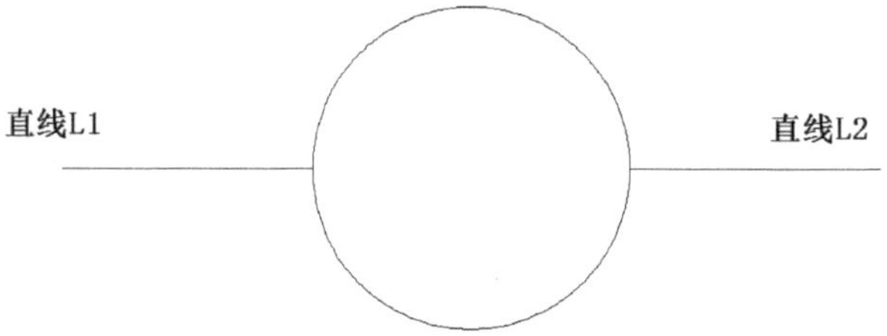

图 13-32　镜像图形

（13）选择【绘图】工具栏的【直线】图标 ；或输入简化命令【L】，按空格键，按 F8 键开启正交模式，按 F3 键开启自动捕捉，用光标捕捉圆心 A，向左创建直线 L3，与直线 L1 的端点 D 相交，如图 13-33 所示。

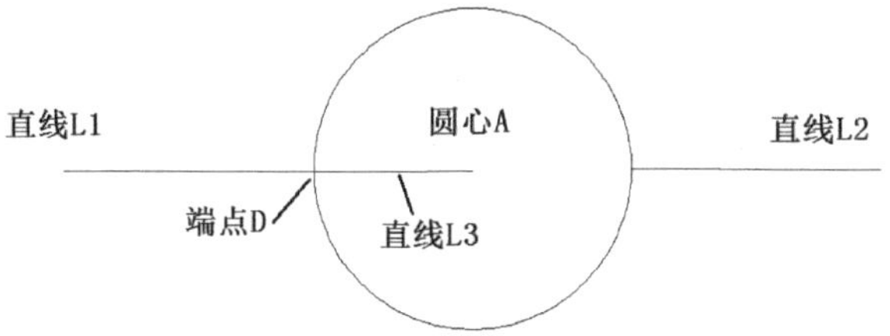

图 13-33　绘制直线

（14）选择【修改】工具栏的【旋转】图标；或输入简化命令【RO】，按空格键，选择直线 L3，以圆心 A 为旋转基点，将直线 L3 旋转 45 度，如图 13-34 所示。

图 13-34　旋转直线

（15）选择【修改】工具栏【阵列】下的【环形阵列】图标，按空格键，命令行提示：ARRAYPOLAR 选择图形：

（16）在此提示下选择选择直线 L3，命令行提示：ARRAYPOLAR 选择图形：

（17）按空格键，命令行提示：ARRAYPOLAR 指定阵列的中心点或［基点（B）旋转轴（A）］：

（18）在此提示下选择圆心 A 作为阵列的中心点，命令行提示：ARRAYPOLAR 选择夹点以编辑阵列或［关联（AS）基点（B）项目（I）项目间角度（A）填充角度（F）行（ROW）层（L）旋转项目（ROT）退出（X）］<退出>：

（19）在此提示下输入“I”，按空格键，命令行提示：ARRAYPOLAR 输入阵列的项目数或［表达式（X）］<6>：

（20）在此提示下输入阵列的个数“4”，连续两次按空格键，即可复制出其他三条直线 L4、L5、L6，完成信号灯的绘制，如图 13-35 所示。

（21）选择【绘图】工具栏的【创建块】图标，打开【块定义】对话框，将绘制的信号灯图形创建成名为【信号灯】的图块。

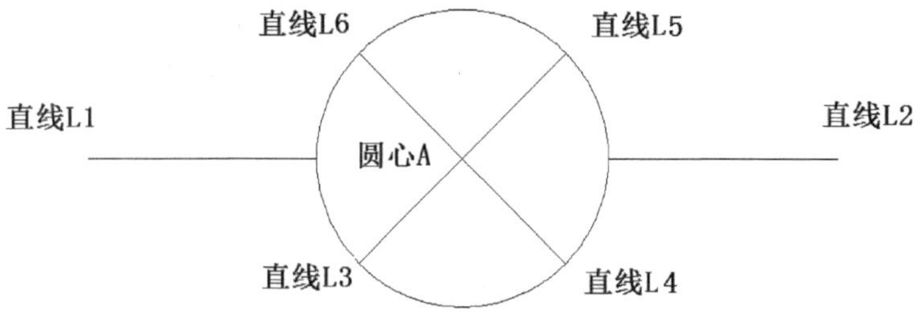

图 13-35　信号灯图形的绘制效果

13.5　测量仪表的绘制

常用的测量仪表有电压表和电流表，如图 13-36 所示，本节主要以电压表为例来讲述绘制方法。

图 13-36　常用的测量仪表

(1) 电压表的图形操作步骤与信号灯 1-12 的步骤一样，因此本图形从图 13-37 开始电压表的绘制。

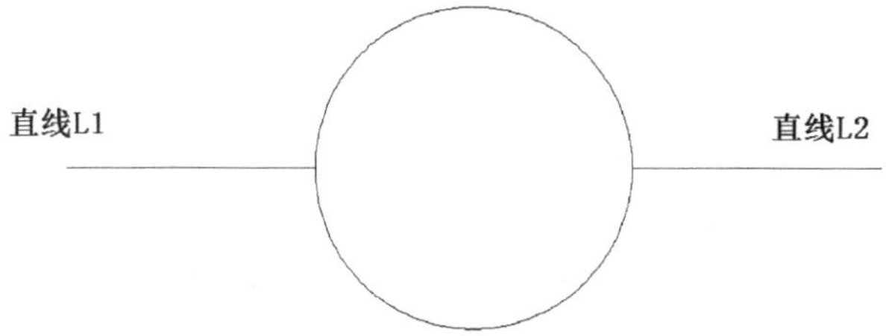

图 13-37　原始图形

(2) 单击【绘图】工具栏的【多行文字】图标 A ；或菜单栏中【绘图】→【文字】→【多行文字】；或在命令行输入【TEXT】命令，按空格键，命令提示行提示：MTEXT 指定第一角点：

（3）在此提示下指定一点作为第一角点后，命令行提示：MTEXT 指定对角点或［高度（H）对正（J）行距（L）旋转（R）样式（S）宽度（W）栏（C）］：

（4）按空格键，选择默认选项，用鼠标在绘图区的圆内部拉出一个矩形框，弹出【文字格式】编辑器，如图 13-38 所示。

图 13-38　【文字格式】编辑器

（5）在【文字格式】编辑器中，设置文字的样式及大小，输入文字“V”，点击【确定】图标，完成文字“V”的创建。

（6）创建完文字后，一般情况下，文字的位置不在圆的中心，这时可以使用【移动】工具，将文字“V”移动到圆的中心。

（7）选择【绘图】工具栏的【创建块】图标，打开【块定义】对话框，将绘制的电压表图形创建成名为【电压表】的图块。

小提示

如创建的文字大小不合适，可以将删掉重新输入，或者利用 AutoCAD 的【特性】面板来编辑文字，修改文字的大小及样式等。电流表的绘制方式与电压表相同，只是输入的文字“A”和“V”有区别，这里就不再重复介绍了。

13.6　分支器的绘制

有线电视网络图中常用的分支器有一分支器和二分支器等，如图 13-39 所示，本节主要以一分支器为例来讲述绘制方法。

（1）选择【绘图】工具栏的【圆】图标；或输入简化命令【C】，按空格键。命令行提示：CIRCLE 指定圆的圆心或［三点（3P）两点（2P）切点、切点、半径（T）］：

（2）此提示下，在绘图区任意位置点击鼠标，指定圆心的位置，命令行提示：CIRCLE 指定圆的半径或［直径（D）］<384.1664>：

（3）利用鼠标在合适位置点击，或在命令行输入数值，确定圆的直径，即

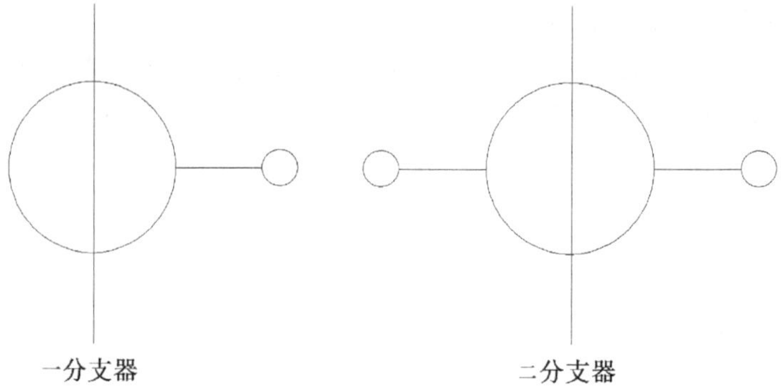

图 13-39　常用的分支器

可创建出一个圆将文件保存，命名为“一分支器 . DWG”。

（4）选择【绘图】工具栏的【直线】图标 ；或输入简化命令【L】，按空格键，按 F8 键开启正交模式；在命令行输入【OS】，打开【草图设置】对话框，勾选圆心、端点及中点；按 F3 键开启自动捕捉，用光标捕捉圆形的圆心 A，分别向右、向上、向下移动光标，在适合位置单击，创建直线 L1、L2、L3；如图 13-40 所示。

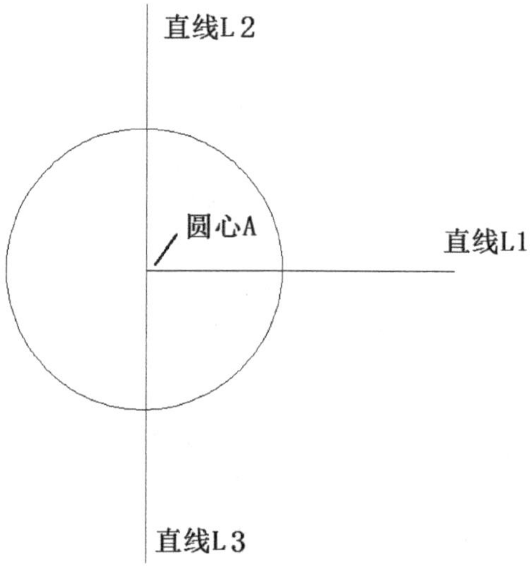

图 13-40　绘制图形

（5）在绘图区点选直线 L1，利用图形夹点的操作方法，选择直线 L1 的夹点 A，将 A 点移动到直线 L1 与圆的交点 B，按下 ESC 键，退出夹点的编辑状态，如图 13-41 所示。

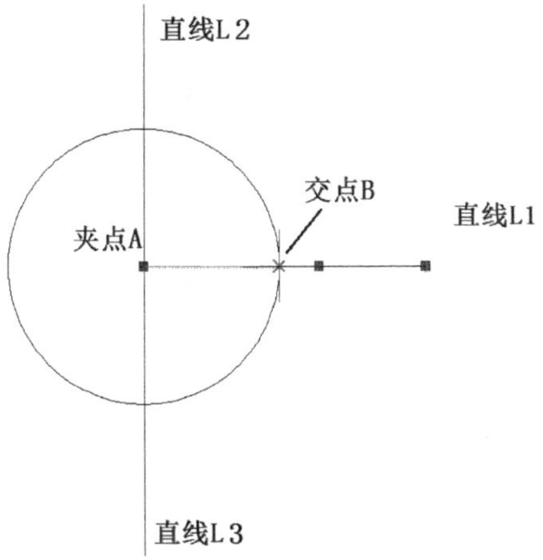

图 13-41　编辑图形的夹点

（6）选择【绘图】工具栏的【圆】图标，以直线 L1 的端点为圆心，创建一个小圆，如图 13-42 所示。

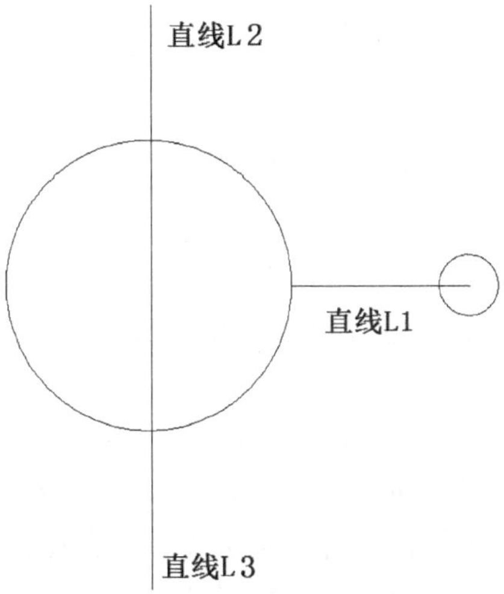

图 13-42　绘制小圆

（7）利用夹点的编辑方式，或者使用【修剪】命令，都可以将小圆内的直线剪掉，即可完成如图 13-39 所示“一分支器”的图形绘制。

（8）选择【绘图】工具栏的【创建块】图标，打开【块定义】对话框，将绘制的一分支器图形创建成名为【一分支器】的图块。

小提示

在“一分支器”的图形基础上，利用【镜像】图标，选择直线 L1 及小圆，以大圆的圆心为镜像线，即可复制出另一半图形，如图 13-39 所示。

13.7　分配器的绘制

有线电视中常用的分配器有二分配器、三分配器和四分配器等，如图 13-43 所示。

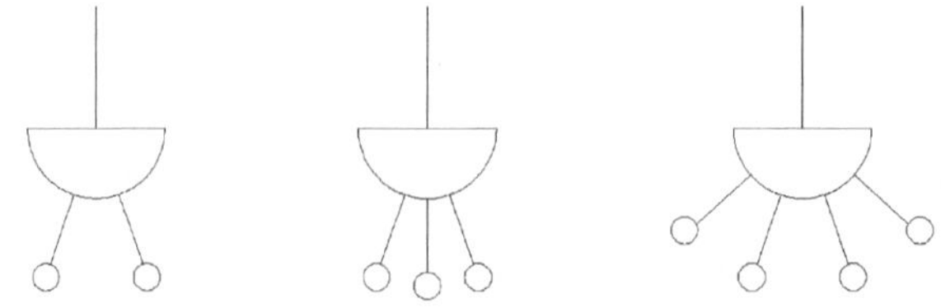

图 13-43　常用的分配器

13.7.1　二分配器的绘制

（1）选择【绘图】工具栏的【圆】图标；或输入简化命令【C】，按空格键，命令行提示：CIRCLE 指定圆的圆心或［三点（3P）两点（2P）切点、切点、半径（T）］：

（2）在此提示下，在绘图区任意位置点击鼠标，指定圆心的位置，命令行提示：CIRCLE 指定圆的半径或［直径（D）］<384.1664>：

（3）利用鼠标在合适位置点击，或在命令行输入数值，确定圆的直径，即可创建出一个圆将文件保存，命名为“二分配器 .DWG”。

（4）选择【绘图】工具栏的【构造线】图标；或输入简化命令【XL】，按空格键，按 F8 键开启正交模式，在命令行输入【OS】，打开【草图设置】对话框，勾选圆心、端点及中点；按 F3 键开启自动捕捉，用光标捕捉圆形的圆心 A，创建一条水平参考 L1，如图 13-44 所示。

（5）选择【修改】工具栏的【修剪】图标，或输入简化命令【TR】，按空格键，将图形修剪成如图 13-45 所示的形状。

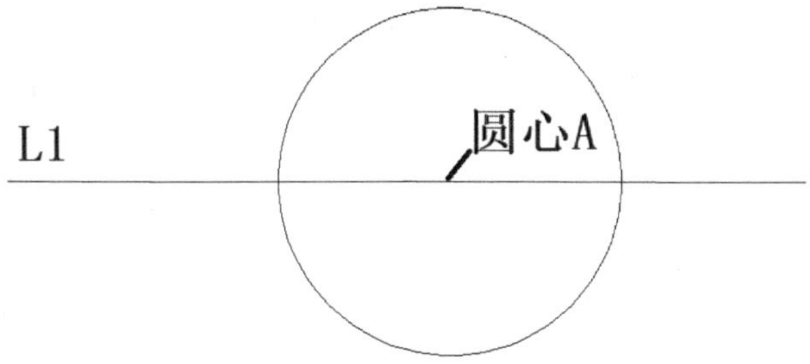

图 13-44　绘制图形

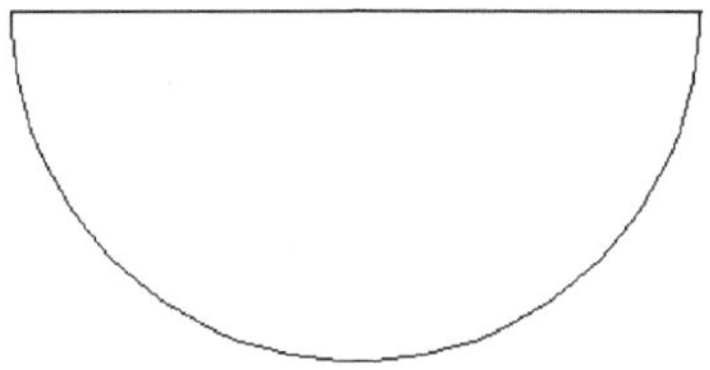

图 13-45　修剪图形

（6）选择【绘图】工具栏的【直线】图标；或输入简化命令【L】，按空格键，用光标捕捉线段 AB 的中点 C，向上移动光标，在适合位置单击，创建直线 L2。

（7）按 F8 键关闭正交模式。继续使用直线工具，在适合位置创建直线 L3，如图 13-46 所示。

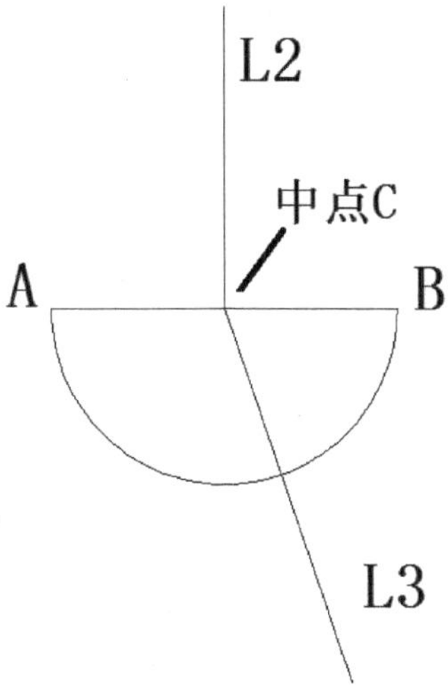

图 13-46　绘制直线

（8）在绘图区点选直线 L3，利用图形夹点的操作方法，选择直线 L3 的夹点 C，将 C 点移动到 E 点，按 ESC 键退出夹点的编辑状态，如图 13-47 所示。

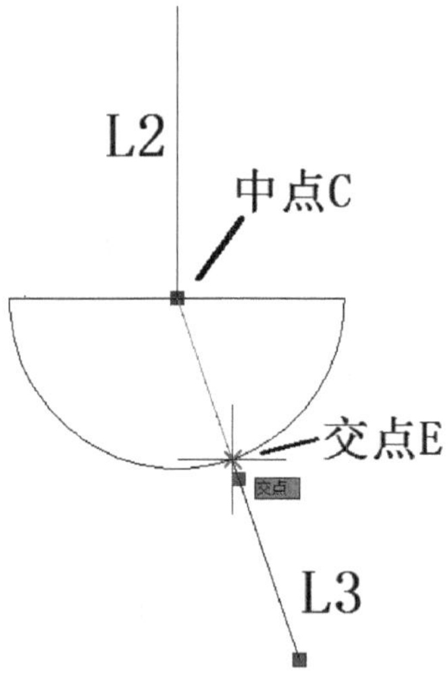

图 13-47　编辑图形的夹点

（9）选择【绘图】工具栏的【圆】图标，以直线 L3 的端点为圆心，创建一个小圆，如图 13-48 所示。

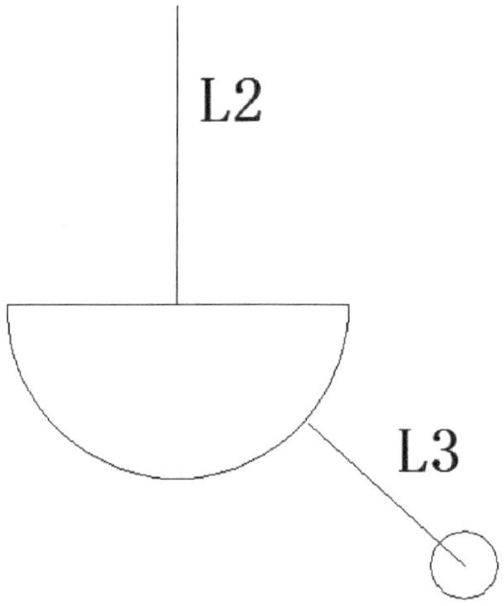

图 13-48　绘制小圆

（10）利用夹点的编辑方式，或者使用【修剪】，将小圆内的直线剪掉。

（11）选择【修改】工具栏的【镜像】图标，或输入简化命令【MI】，按空格键，在命令行提示下，选择直线 L3 及小圆，在绘图区选择直线 L2 作为镜像线，镜像复制出另一半，即可完成如图 13-49 所示“二分配器”的图形绘制。

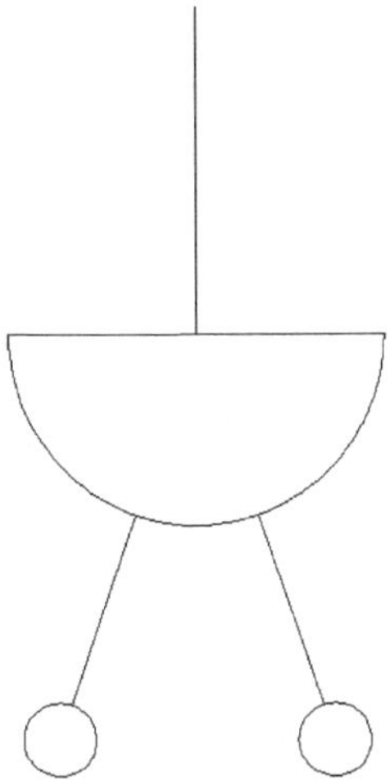

图 13-49　图形最终效果

（12）选择【绘图】工具栏的【创建块】图标，打开【块定义】对话框，将绘制的二分支器创建成名为【二分配器】的图块。

小提示

“三分配器”的图形绘制操作步骤与“二分配器”的相似，在此就不再一一详述了。

13.7.2　四分配器的绘制

（1）选择【绘图】工具栏的【直线】图标；或输入简化命令【L】，按空格键，创建直线 L1。

（2）选择【绘图】工具栏的【圆】图标；或输入简化命令【C】，按空格键，用光标捕捉线段 L1 的中点 C，创建三个直径不同的圆，如图 13-50 所示。

（3）在命令行输入【OS】，打开【草图设置】对话框，勾选圆心、端点及中点，按 F3 键开启对象捕捉。选择【直线】图标，用光标捕捉圆心 C，在适合位置单击，创建直线 L2、L3、L4，如图 13-51 所示。

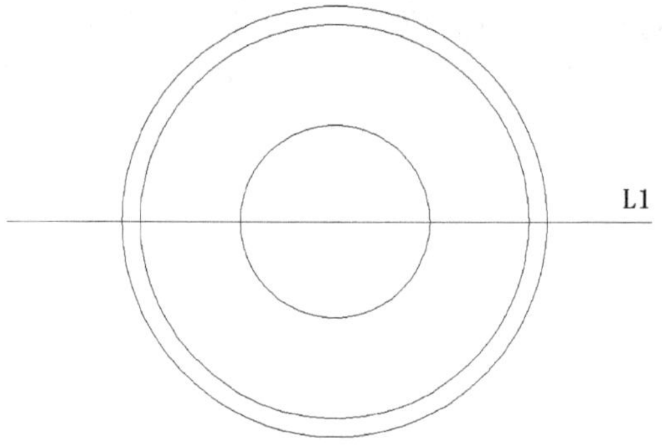

图 13-50　绘制图形

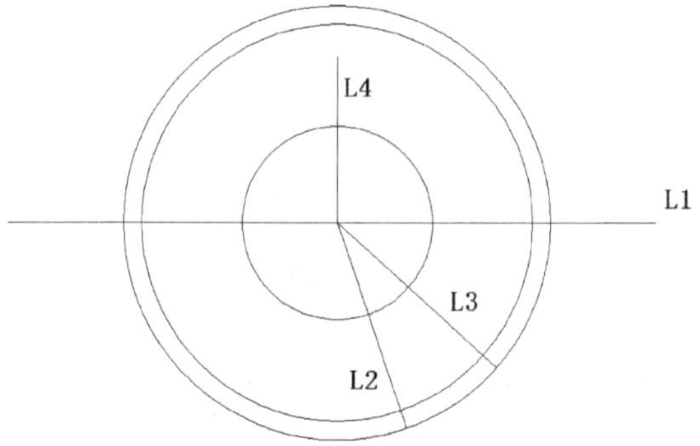

图 13-51　绘制直线

（4）选择【圆】图标，用光标捕捉线段 L2、L3 的端点，创建两个小圆，如图 13-52 所示。

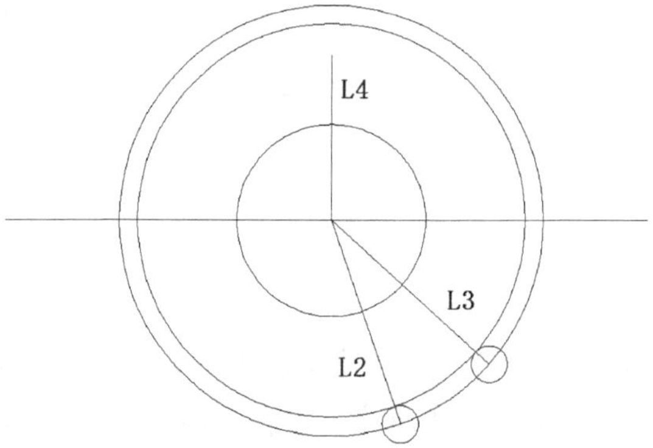

图 13-52　绘制小圆

（5）选择【修改】工具栏的【修剪】图标；或输入简化命令【TR】，按空格键，将图形修剪，并删掉多余的线条，如图 13-53 所示。

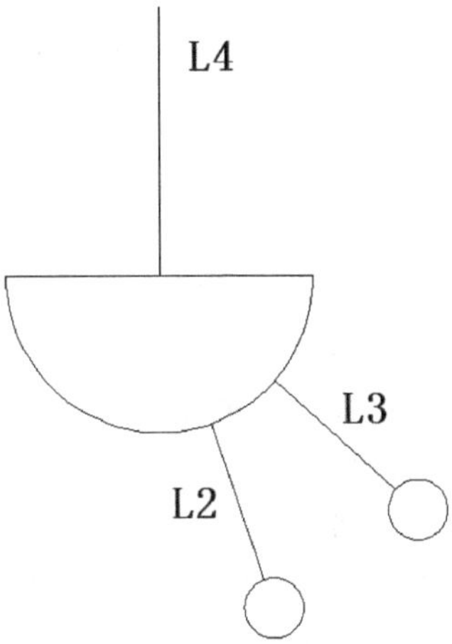

图 13-53　编辑图形

（6）选择【修改】工具栏的【镜像】图标；或输入简化命令【MI】，按空格键，在命令行提示下，选择直线 L2、L3 及两个小圆，在绘图区选择直线 L4 作为镜像线，镜像复制出另一半，即可完成如图 13-54 所示“四分配器”的图形绘制。

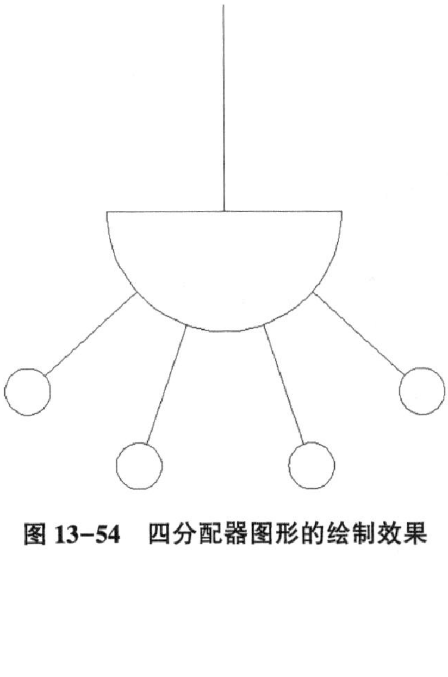

图 13-54　四分配器图形的绘制效果

（7）选择【绘图】工具栏的【创建块】图标，打开【块定义】对话框，将绘制的四分配器创建成名为【四分配器】的图块。

13.8　电路图的绘制

电子设备的电路图也可以通过 AutoCAD 软件绘制。本章通过某一简易收音机电路图的绘制来讲解电路图的制作。学习者通过学习，在前期掌握一般电子器件绘制的基础上，进一步掌握应用 AutoCAD 绘制电子电路图的一般方法。

绘制本图之前，尤其是对于复杂的电路图，最好在草稿纸上绘出草图，做到心中有数，胸有全局，从整体到局部，快速高效地完成电路图的绘制。使用 AutoCAD 绘制电路图的方式有多种，每种方法都可以绘制出一张完整的电路图。在实际绘制工作中，应充分发挥 AutoCAD 软件的优势，灵活运用。

本部分内容采取从整体到局部的绘制方法，绘制如图 13-55 所示的电路图，并详细讲解该图的制作步骤与绘制技法。

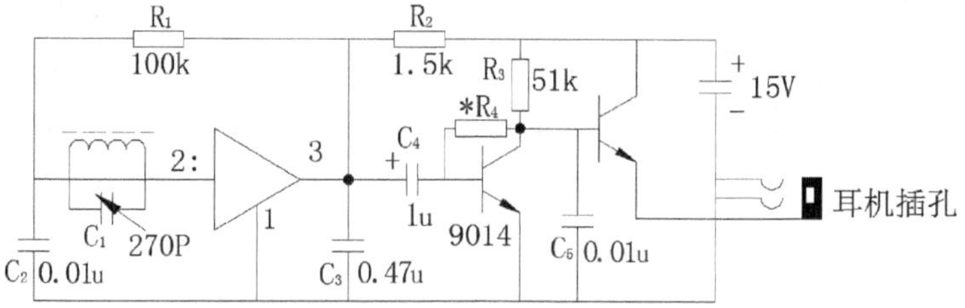

图 13-55　电路图

13.8.1　设置绘图环境

（1）选择菜单栏【格式】→【图层】菜单，打开【图层特性管理器】对话框，在对话框中新建几个图层，并分别命名为参考线、线路、器件、文字，如图 13-56 所示。

（2）输入简化命令【OS】，按空格键，打开【草图设置】对话框，在【对象捕捉】选项卡中，勾选常用的端点、中点、交点及垂足，设置好后按 F3 键开启自动捕捉。

（3）将文件保存为“电路图 . DWG”。

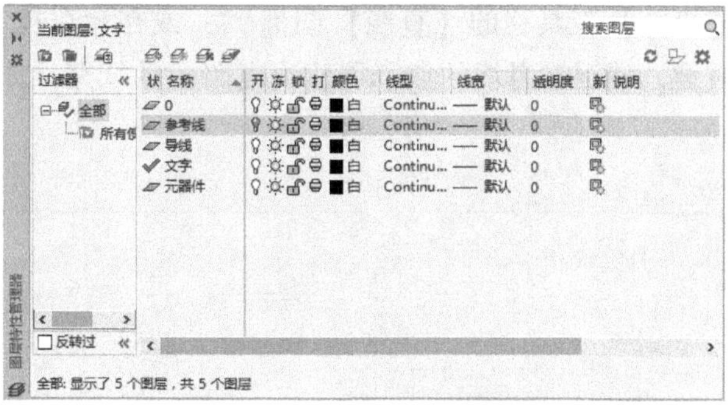

图 13-56　【图层特性管理器】对话框

13.8.2　绘制参考线

（1）设置【参考线】图层为当前图层。

（2）选择【绘图】工具栏的【构造线】图标 ；或输入简化命令【XL】，按空格键。在合适位置创建几条水平参考线及垂直参考线，并修改参考线的线型为【ACAD_ IS002W100】，线型的比例调整为“10”，如图 13-57 所示。

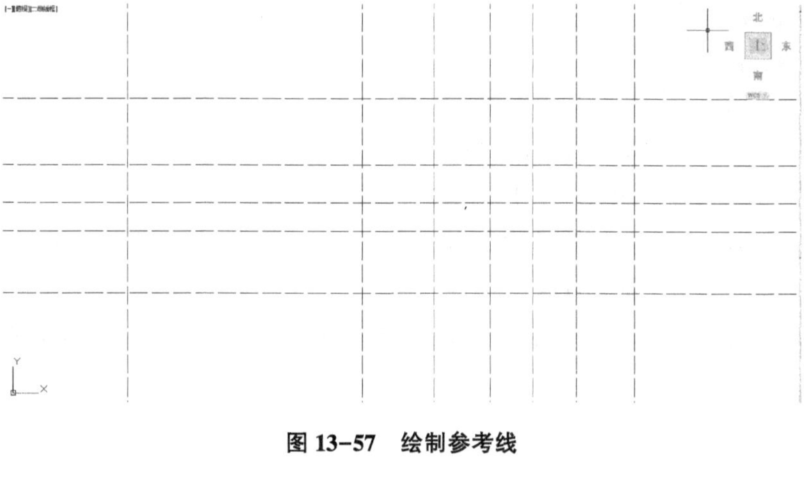

图 13-57　绘制参考线

小提示

对于小型的电路图，可以直接绘制导线，不一定要做参考线。

13.8.3　创建线路

（1）设置【线路】图层为当前图层。

（2）选择【绘图】工具栏的【直线】图标；或在命令提示行输入简化命令【L】，按空格键，捕捉参考线的点，创建出电路图的线路，关闭参考线图层，如图 13-58 所示。

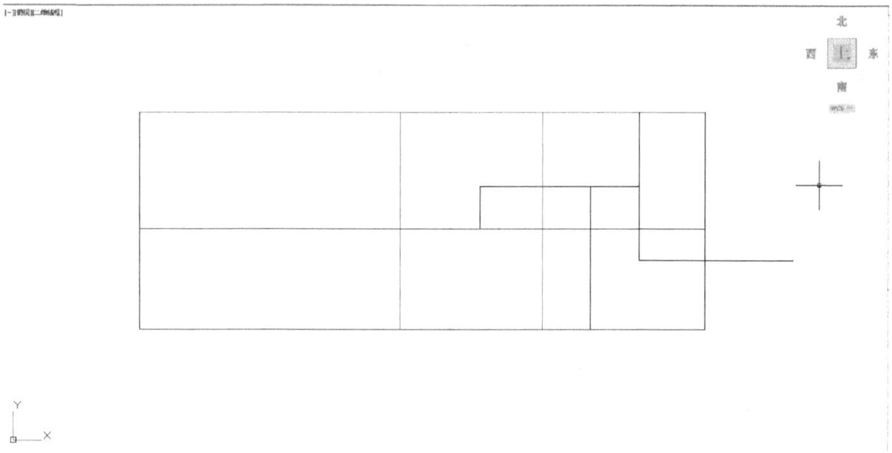

图 13-58　绘制电路图的线路

13.8.4　插入器件图块

（1）设置【器件】图层为当前图层。

（2）选择【绘图】工具栏的【插入块】图标，选择第十一章所绘制的【电阻】、【三极管】及【电容】的图块，插入绘图区中。

（3）选择【修改】工具栏的【旋转】图标，将水平方向的【电阻】、【电容】图块旋转为垂直方向。

（4）使用【移动】图标，将插入的各个图块调整到合适位置，如图 13-59 所示。

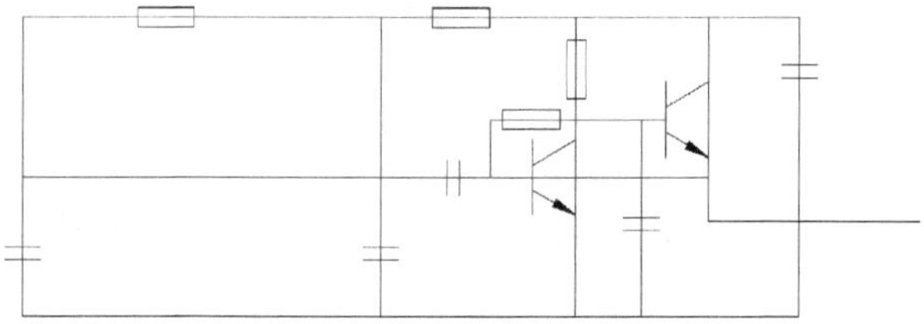

图 13-59　插入图块

（5）选择【修改】工具栏的【修剪】图标 ；或在命令提示行输入简化命令【TR】，按空格键，将器件图形内的直线修剪，并使用 DELETE 键删除多余线段，如图 13-60 所示。

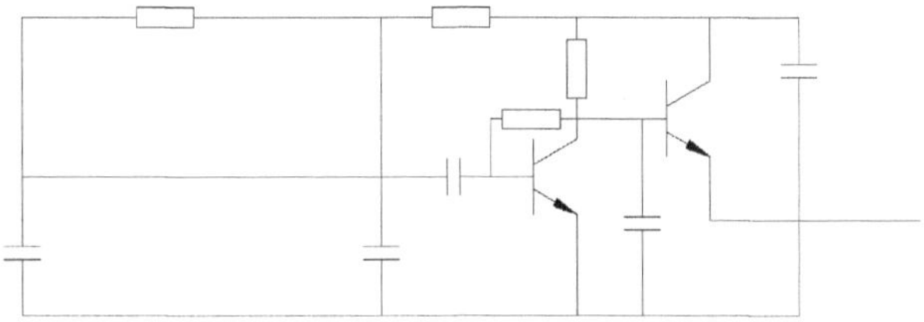

图 13-60　编辑图块

小提示

在 AutoCAD 程序中打开两个文件，在文件 1 的工作界面中，用鼠标选中需要的图形，按组合键 Ctrl+C 复制此图形；然后回到文件 2 的工作界面，按组合键 Ctrl+V 粘贴图形，图形即被复制到文件 2 中。这种复制图形的方式比较简单使用。如果插入的图块大小比例不合适，可以选择【修改】工具栏的【缩放】图标 ，将图块进行放大或者缩小，以便符合绘图要求。电容的符号很简单，也可以直接绘制。

13.8.5　绘制集成电路

（1）选择【绘图】工具栏的【多边形】图标 ，命令行提示：POLYGON_ polygon 输入侧面数<4>：

（2）输入正多边形的边数“3”，按空格键，命令行提示：POLYGON 指定正多边形的中心点或：［边（E）］：

（3）在绘图区内任意位置单击光标，确定第一点，按空格键，命令行提示：POLYGON 输入选项［内接于圆（I）外切于圆（C）］<I>：

（4）按空格键，选择默认的“I”，命令行提示：POLYGON 指定圆的半径：

（5）单击第二点，按空格键，即可绘制出一个边数为 3 的多边形，如图 13-61 所示。

（6）使用【移动】图标 ，将集成电路图形调整到合适位置。

（7）选择【修剪】图标 ，或输入简化命令【TR】，按空格键，将多余的直线修剪，并使用【直线】图标 绘制集成电路图形与下端的连接线，最终效果如图 13-62 所示。

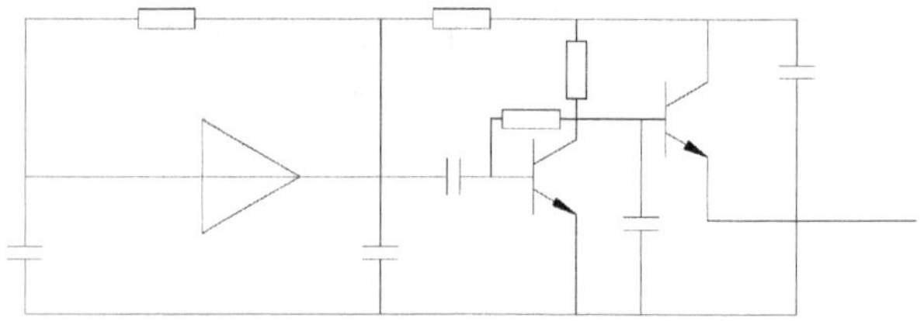

图 13-61　绘制多边形

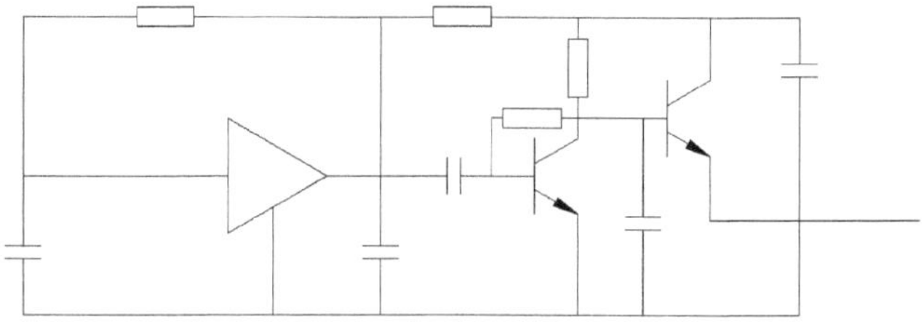

图 13-62　编辑图形

13.8.6　绘制谐振电路

（1）选择【绘图】工具栏的【插入块】图标，打开【插入】对话框，单击【浏览】图标…，找到第十一章所绘制的【电感】的图块，并勾选【分解】选项，如图 13-63 所示。

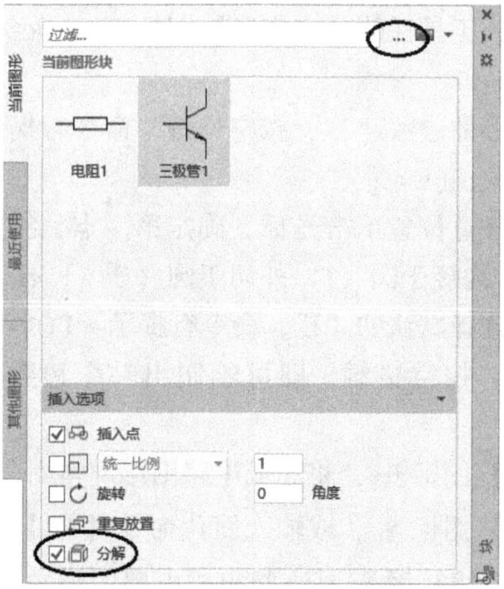

图 13-63　【插入】对话框

（2）单击【确定】图标，将【电感】图块插入绘图区中，并且【电感】图块被分解，可以单独编辑，如图 13-64 所示。

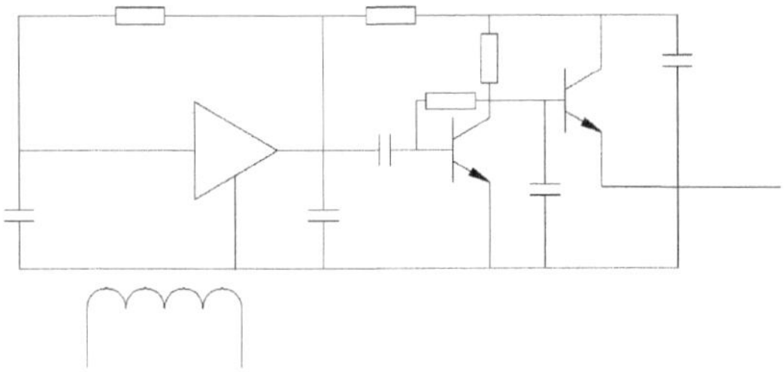

图 13-64　分解图块

（3）从图中可以看出，插入的【电感】图形比例过大，选择【修改】工具栏的【缩放】图标，将【电感】图形进行缩小，并使用【移动】图标，将【电感】图形调整到合适位置，如图 13-65 所示。

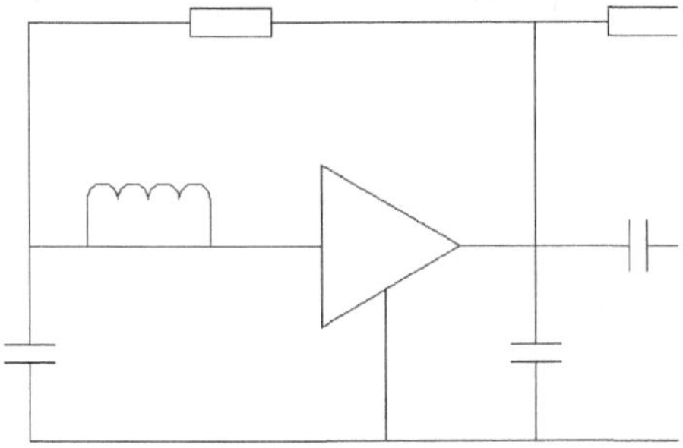

图 13-65　编辑图块

（4）选择【镜像】图标；或输入简化命令【MI】，按空格键，将线段 L1、L2，以 L3 为镜像线，复制出 L4、L5，如图 13-66 所示。

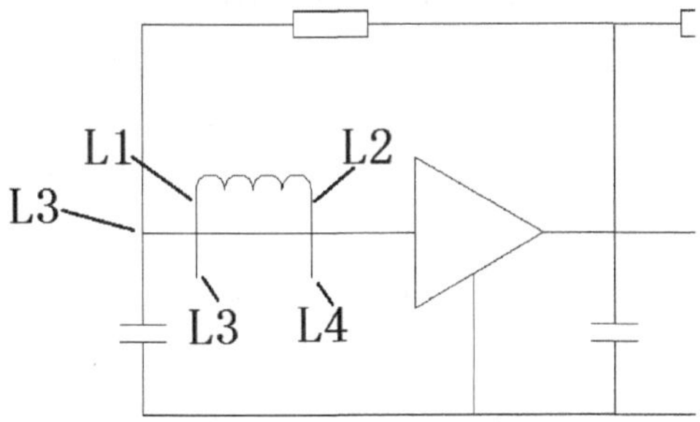

图 13-66　复制直线

（5）选择【直线】图标 ，在对象捕捉的辅助下，连接 1、2 两点，如图 13-67 所示。

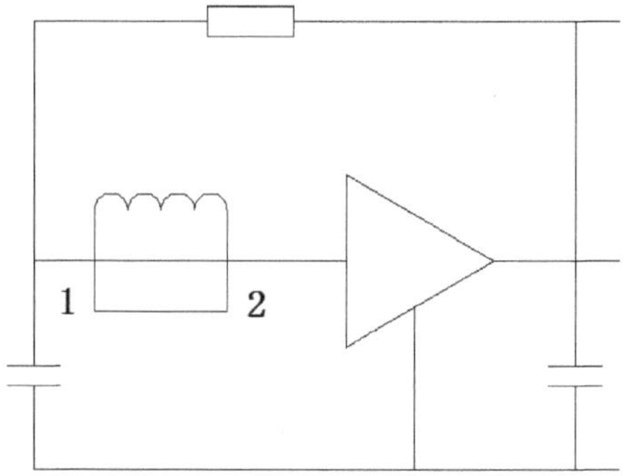

图 13-67　连接 1、2 两点

（6）使用【复制】图标 ；或在输入简化命令【CO】，按空格键。将电容 A 复制到直线 L4 上，并使用【移动】图标 ，将电容图形调整到合适位置，如图 13-68 所示。

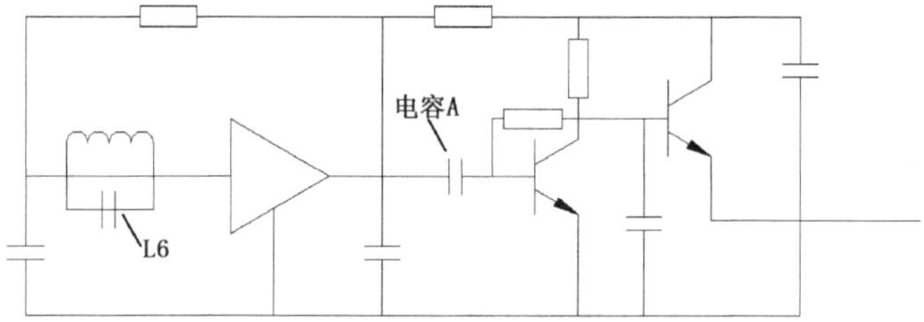

图 13-68　调整图形

（7）选择【修剪】图标 ；或输入简化命令【TR】，按空格键。将电容符号内多余的导线修剪，最终效果如图 13-69 所示。

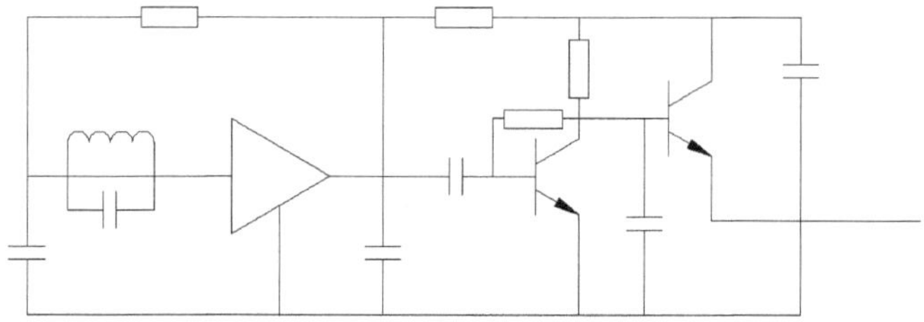

图 13-69　图形最终效果

（8）选择【绘图】工具栏的【多段线】图标；或输入简化命令【PL】，按空格键，命令行提示：PLINE 指定起点：

（9）使用鼠标在绘图区内单击，确定第一点，命令行提示：PLINE 指定下一个点或［圆弧（A）半宽（H）长度（L）放弃（U）宽度（W）］：

（10）使用鼠标在绘图区内合适位置单击第二点，确定直线的长度，命令行提示：PLINE 指定下一个点或［圆弧（A）闭合（C）半宽（H）长度（L）放弃（U）宽度（W）］：

（11）输入“W”，按空格键，命令行提示：PLINE 指定起点宽度<0.0000>：

（12）在命令行输入箭头起始端的宽度“50”，按空格键，命令行提示：PLINE 指定端点宽度<0.0000>：

（13）在命令行输入箭头末端的宽度“0”，按空格键，命令行提示：PLINE 指定下一个点或［圆弧（A）半宽（H）长度（L）放弃（U）宽度（W）］：

（14）使用鼠标在绘图区内单击，确定箭头的方向与长度，按空格键，结束箭头的绘制，如图 13-70 所示。

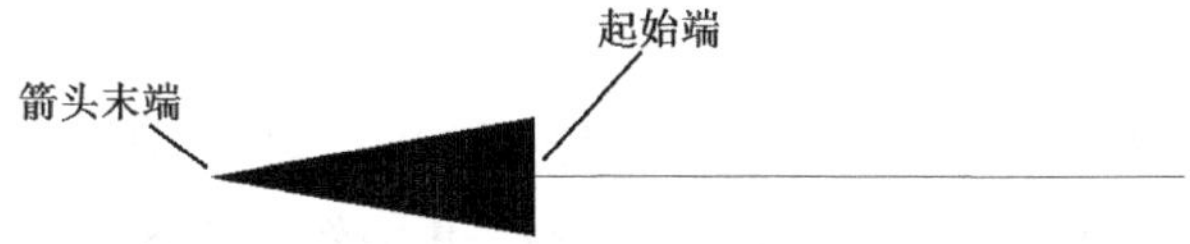

图 13-70　绘制箭头

（15）选择【修改】工具栏的【旋转】图标，将箭头逆时针旋转 35 度，使用【移动】图标，将箭头移动调整到合适位置，如图 13-71 所示。

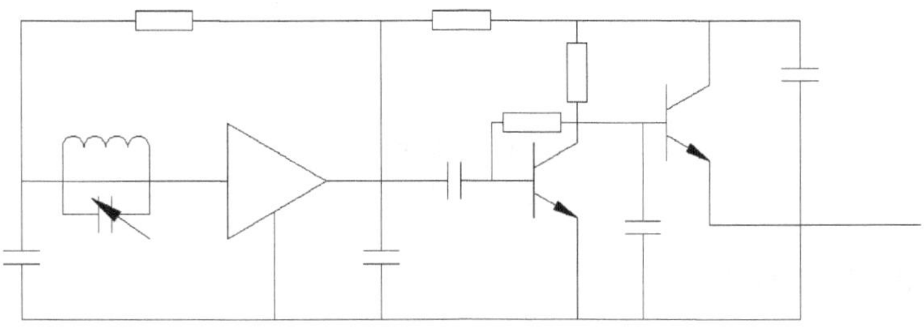

图 13-71　调整箭头

（16）选择【直线】图标，创建一条直线，并将线型修改为【ACAD_IS002W100】，线型的比例可调整为 10，谐振电路的绘制完成，最终效果如图 13-72 所示。

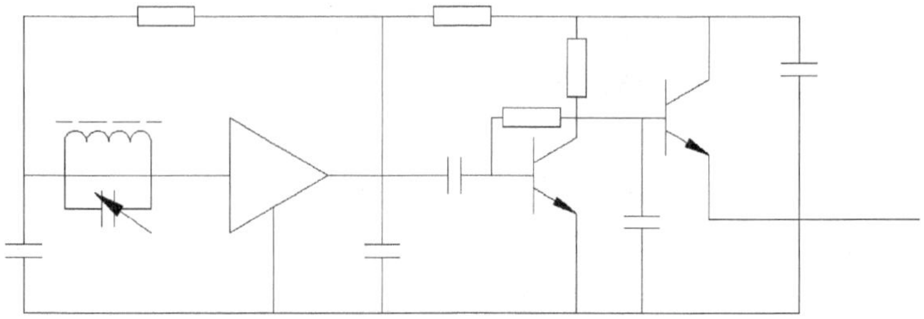

图 13-72　图形最终效果

13.8.7　绘制实心圆

（1）选择菜单栏【绘图】→【圆环】；或输入简化命令【DO】，按空格键，命令行提示：DONUT 指定圆环的内径<0.5000>：

（2）输入圆环的内径“0”，按空格键，命令行提示：DONUT 指定圆环的外径<1.0000>：

（3）输入圆环的外径“50”，按空格键，命令行提示：DONUT 指定圆环的中心点或<退出>：

（4）在绘图区内依次点击导线的连接点，确定圆环的中心，即可绘制出多个实心圆，按空格键，即可结束圆环的绘制，最终效果如图 13-73 所示。

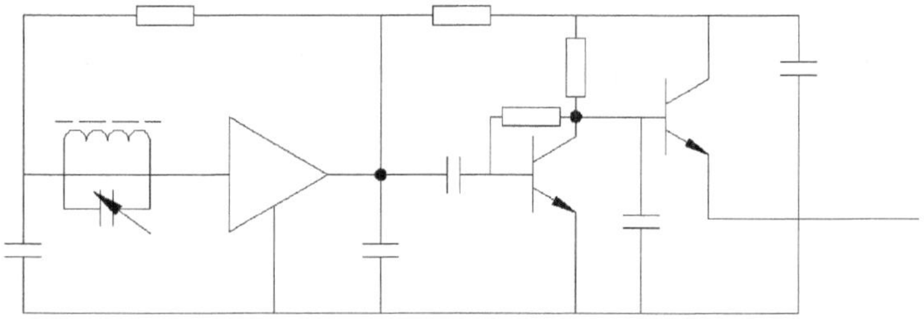

图 13-73　图形最终效果

13.8.8　绘制耳机插孔

（1）选择【绘图】工具栏的【多段线】图标 ；或输入简化命令【PL】，按空格键，命令行提示：PLINE 指定起点：

（2）使用鼠标在绘图区内单击，确定第一点，命令行提示：PLINE 指定下一个点或［圆弧（A）半宽（H）长度（L）放弃（U）宽度（W）］：

（3）使用鼠标在绘图区内合适位置单击第二点，确定直线的长度，命令行提示：PLINE 指定下一个点或［圆弧（A）半宽（H）长度（L）放弃（U）宽度（W）］：

（4）在此提示下，输入圆弧“A”，按空格键，命令行提示：PLINE［角度（A）圆心（CE）闭合（CL）方向（D）半宽（H）直线（L）半径（R）第二个点（S）放弃（U）宽度（W）］：

（5）在此提示下，输入角度“A”，按空格键，命令行提示：PLINE 指定包含角：

（6）在此提示下，输入圆弧的角度数值“180”，按空格键，命令行提示：PLINE 指定圆弧的端点或［圆心（CE）半径（R）］：

（7）在此提示下，在正交模式的辅助下，直接在绘图区点击端点的位置，空格，即可完成的绘制，并向上复制一个，效果如图 13-74 所示。

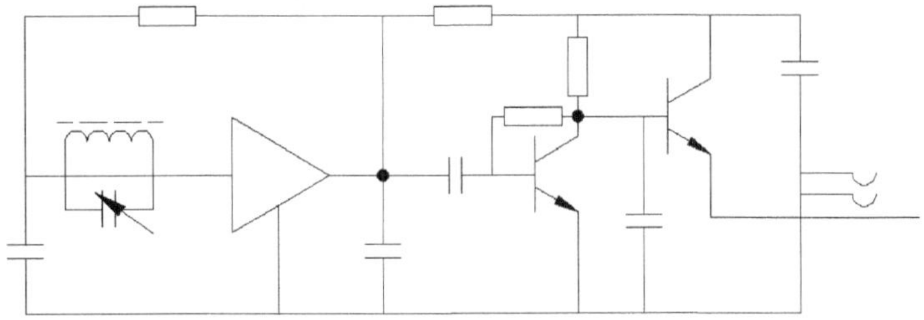

图 13-74　向上复制图形

（8）选择【绘图】工具栏的【矩形】图标 □，在绘图区内绘制两个矩形，如图 13-75 所示。

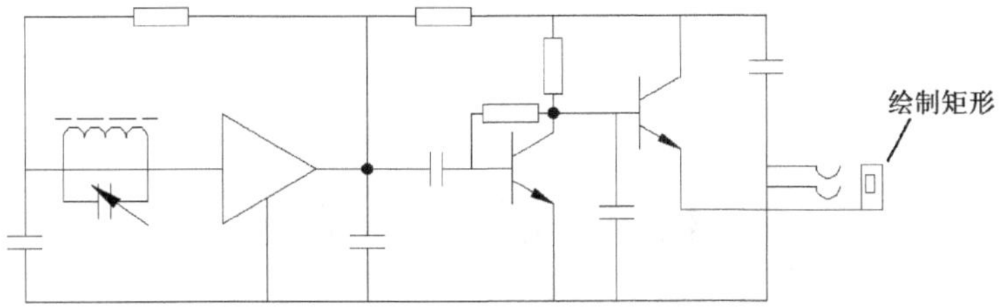

图 13-75　绘制矩形

（9）将两个矩形之间填充图案，完成耳机插孔图形的绘制，最终效果如图 13-76 所示。

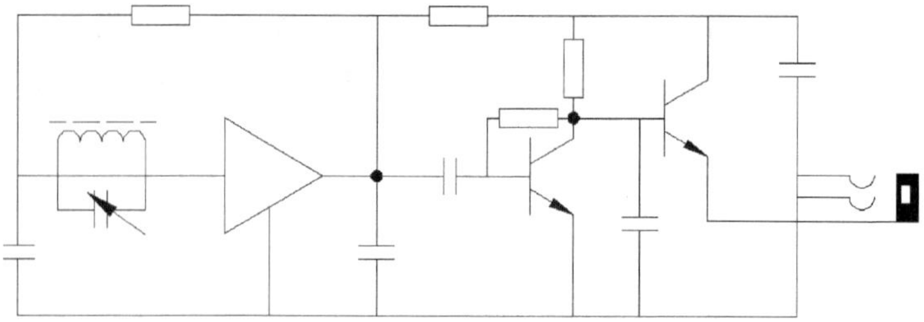

图 13-76　耳机插孔的绘制效果

13.8.9　输入文字注释

（1）设置【文字】图层为当前图层。

（2）选择【绘图】工具栏的【多行文字】图标 A ，打开【文字格式】编辑器，在图中输入相应的文字，即可完成电路图的绘制，最终效果如图 13-77 所示。

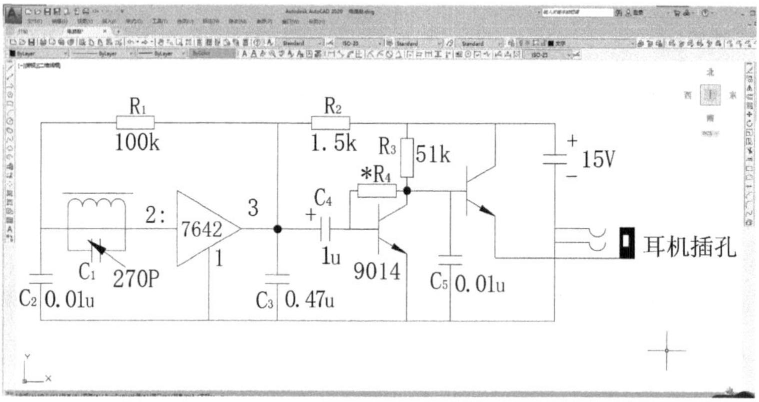

图 13-77　图形最终效果

13.9　本 章 小 结

本章主要内容是常用的电气元件和电路图的绘制与编辑。电气元件部分重点讲述了无源器件、半导体器件、开关、信号器件、测量仪表、分支器及分配器的绘制技法；电路图部分详细讲述了图块的插入技法，图块的分解与编辑技巧，集成电路与谐振电路的绘制与编辑，耳机插孔的绘制等。

第 14 章

电力工程图的绘制

电力工程图主要包括输电工程图和变电工程图，各种电力工程图又涉及电力工程中的各种线路及设备等知识，本章内容主要是使用中文版 AutoCAD 2020 来绘制高压输电线路为例，讲解电力工程图的绘制方法。

14.1 电力工程图

电力工程图主要包括输电工程图和变电工程图，本章主要以输电工程图为例，详细介绍使用 AutoCAD 绘制电力工程图的技法。

14.2 输电工程图的绘制

输电工程图是用来表示输送线路的电气工程图，电力输送线路将发电厂发出的电能输送到用户端，输电工程图的绘制方式如下。

14.2.1 设置绘图环境

（1）选择菜单栏【格式】→【图层】，打开【图层特性管理器】对话框，在对话框中新建几个图层，并分别命名为线路、器件、文字。

（2）输入简化命令【OS】，打开【草图设置】对话框，在【对象捕捉】选项卡中，勾选常用的端点、中点、交点及垂足，设置好后按 F3 键开启自动捕捉。

（3）将文件保存为“输电工程图 . DWG”。

14.2.2 图形的绘制

（1）设置【器件】图层为当前图层。

（2）选择【绘图】工具栏的【矩形】图标，创建一个矩形。

（3）选择【绘图】工具栏的【直线】图标，绘制一条参考线，如图 14-1 所示。

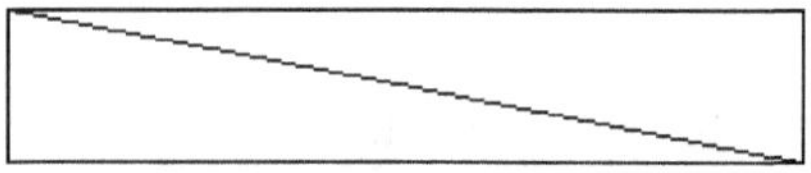

图 14-1　绘制图形

（4）选择【绘图】工具栏的【圆】图标，以参考线的中点为圆心，创建一个圆形，并删除参考线，如图 14-2 所示。

图 14-2　绘制圆形

（5）按 F8 键开启正交模式，选择【绘图】工具栏的【直线】图标，以矩形的中点为基点，向下绘制一条直线，并复制一个图形，如图 14-3 所示。

图 14-3　编辑图形

（6）选择【矩形】图标，在绘图区合适位置创建一个矩形。

（7）选择【圆形】图标，在大矩形内创建一个小圆，并选择【复制】图标，复制出一排，复制的间距可以不等距。

（8）选择【绘图】工具栏的【镜像】图标；或输入简化命令【MI】，按空格键，将复制的一排小圆以矩形的中点为镜像线，复制出另外一排，如图 14-4 所示。

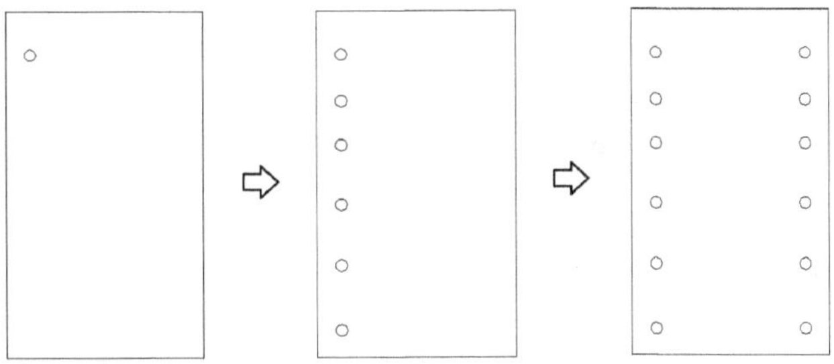

图 14-4　镜像图形操作步骤

（9）利用同样的步骤制作出另一矩形，并移动到合适位置，如图 14-5 所示。

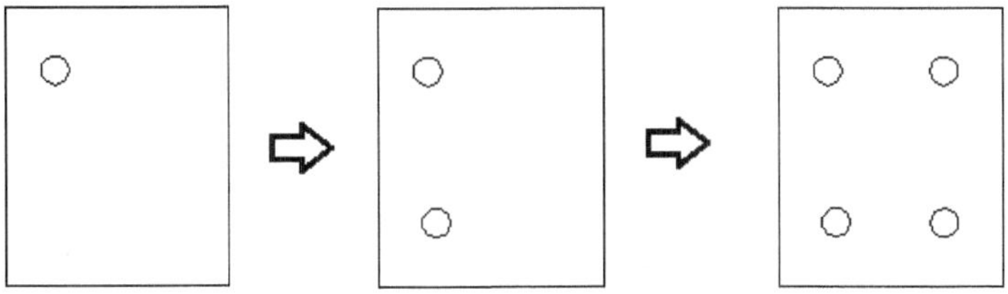

图 14-5　编辑图形操作步骤

（10）选择【矩形】图标，在绘图区合适位置创建第三个小矩形。

（11）选择【直线】图标，捕捉矩形的中点，绘制一条直线。

（12）选择【打断】图标，将直线打断，并删除中间线段。

（13）选择【直线】图标，捕捉线段的端点，绘制一条斜线，如图 14-6 所示。

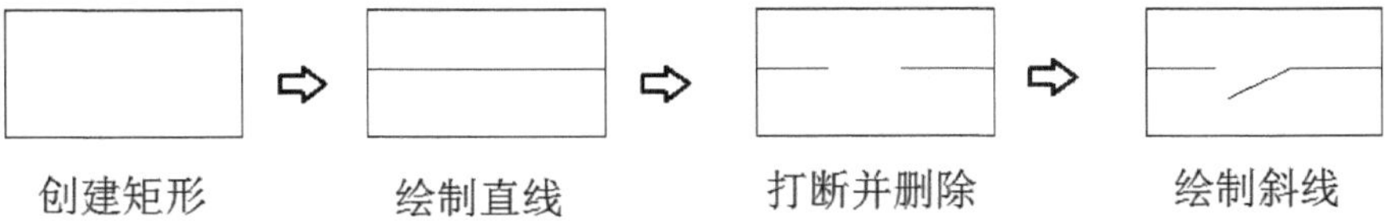

图 14-6　编辑图形操作步骤

（14）选择【矩形】图标，再创建三个矩形，完成断路器的绘制，如图 14-7 所示。

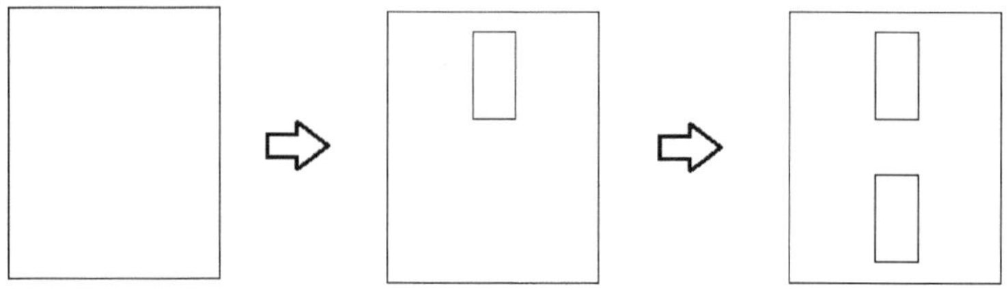

图 14-7　断路器的绘制效果

14.2.3　组合图形

（1）选择【移动】图标；或输入简化命令【M】，按空格键，将所创建的各个图形组合到一起，如图 14-8 所示。

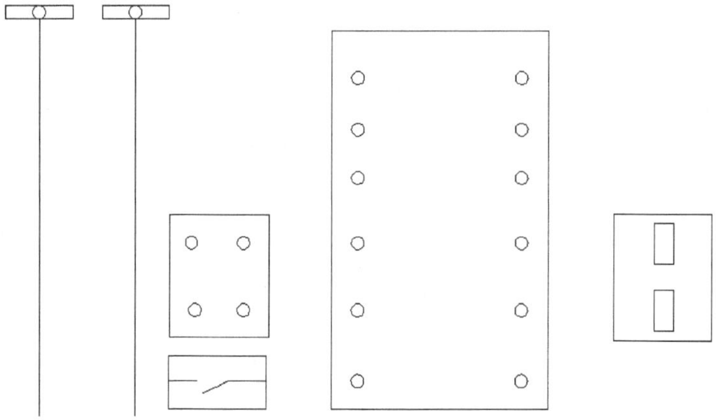

图 14-8　组合图形

（2）选择【绘图】工具栏的【镜像】图标；或输入简化命令【MI】，按空格键，将最左边的两个图形以大矩形的中点为镜像线，复制出另外一边，如图 14-9 所示。

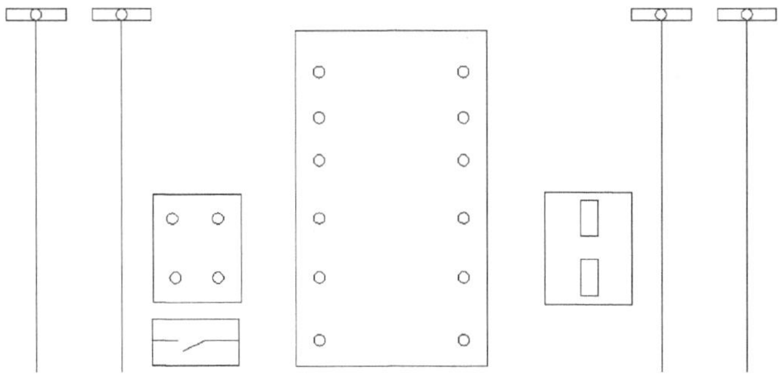

图 14-9　镜像图形

14.2.4　绘制线路

（1）设置【线路】图层为当前图层。

（2）选择【直线】图标，连接各个图形，如图 14-10 所示。

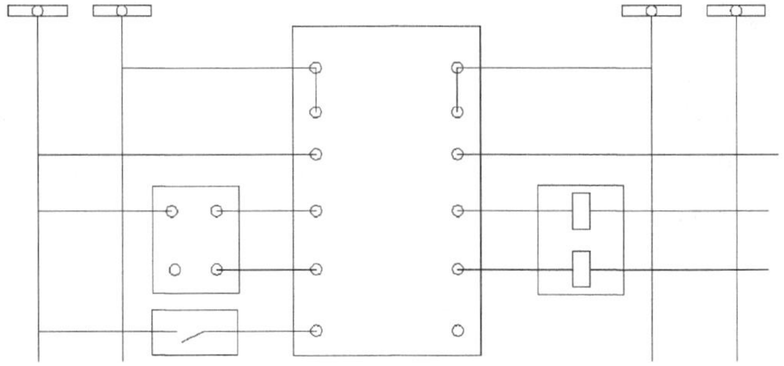

图 14-10　连接各个图形

（3）选择【复制】图标，将小圆复制到线的连接点，如图 14-11 所示。

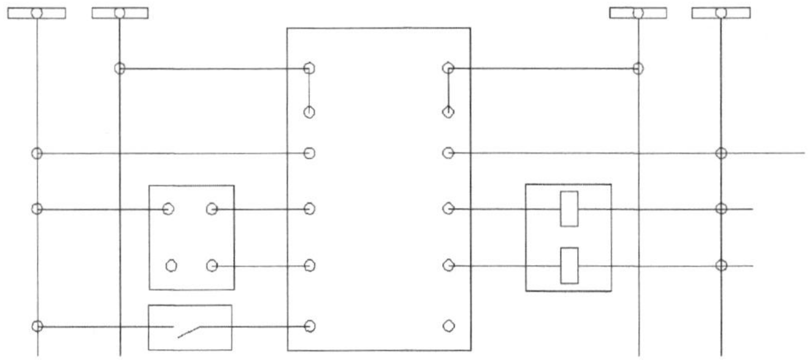

图 14-11　将小圆复制到线的连接点

(4) 选择【绘图】工具栏的【修剪】图标 ；或输入简化命令【TR】，按空格键，将线路图修剪，并使用 DELETE 键删除多余的线段及圆形等，如图 14-12 所示。

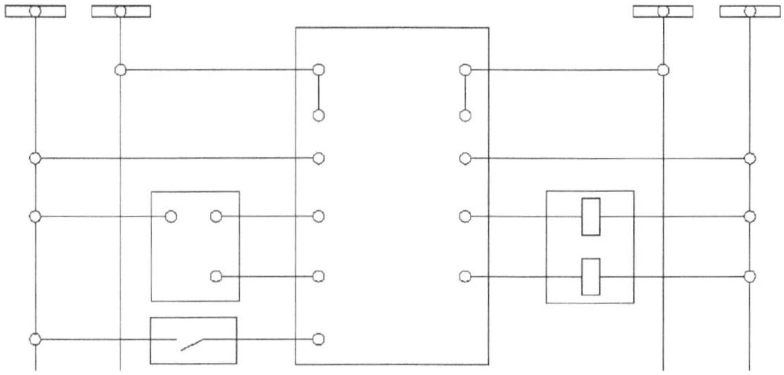

图 14-12 修剪多余的线段及圆形

14.2.5 输入文字注释

选择【绘图】工具栏的【多行文字】图标 ，将线路图的文字标注完成，并选择【移动】图标，将文字移动到合适位置，完成输电工程图的绘制，最终效果如图 14-13 所示。

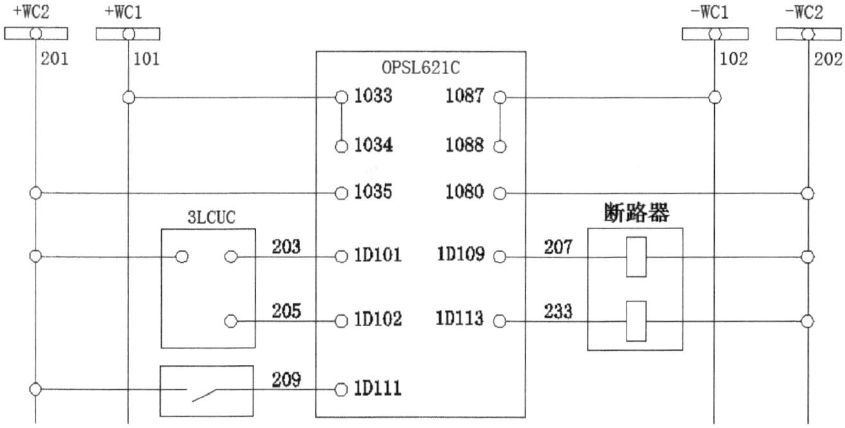

图 14-13 图形最终效果

14.3　本章小结

本章主要内容是输电工程图的绘制与编辑。重点讲述了输电工程图的绘制步骤、图层的设置、图形的组合、线路的绘制技法等。

第 15 章

建筑设计施工图的绘制

在建筑设计中，一般应用 AutoCAD 软件绘制建筑设计的平面图、立面图、大样图及建筑电气工程图等施工图。本章重点内容是绘制建筑设计工程平面图与建筑电气平面图。通过本章的学习，可以掌握建筑平面图及建筑电气平面图的绘制技法。

15.1　建筑施工图的组成

一套完整的建筑施工图，一般包括图纸目录、建筑设计总说明、建筑施工图、结构施工图、设备施工图、结构详图等。

图纸目录表明该套工程施工图由哪些图纸所组成，是建筑设计的整体情况目录。包括图纸名称、数量、内容、编号等，以便查找。建筑设计总说明是指用来表明工程的概况和总的要求，表明设计依据及施工要求等内容；建筑施工图表示建筑物的内部布置情况，外部形状，以及装修、构造、施工要求等。包括总平面图、一层至屋顶的平面图、立面图、剖面图和节点、门窗、楼梯等构造详图；结构施工图表示承重结构的布置情况、构件类型、尺寸大小及构造做法等，包括结构平面布置图和各构件的结构详图；设备施工图表示上、下水及暖气管线布置，卫生设备及通风设备等的布置，电气线路的走向和安装要求等，包括给水排水、采暖通风、电气等设备的平面布置图、系统图和详图。

15.2　建筑施工图的绘制

建筑平面图表明了柱网布置、每层房间功能、墙体布置、门窗布置及楼梯位置等。一般包括地下一层平面图、一层平面图、二至 N 层平面图、顶层平面图等，本章以绘制二层的建筑平面图为例，介绍绘制技法。

15.2.1　设置绘图环境

（1）选择菜单栏【格式】→【图层】，打开【图层特性管理器】对话框，在对话框中新建几个图层，并分别命名为参考线、柱子、门、窗户、墙体、楼梯、卫生间、文字及标注等，如图 15-1 所示。

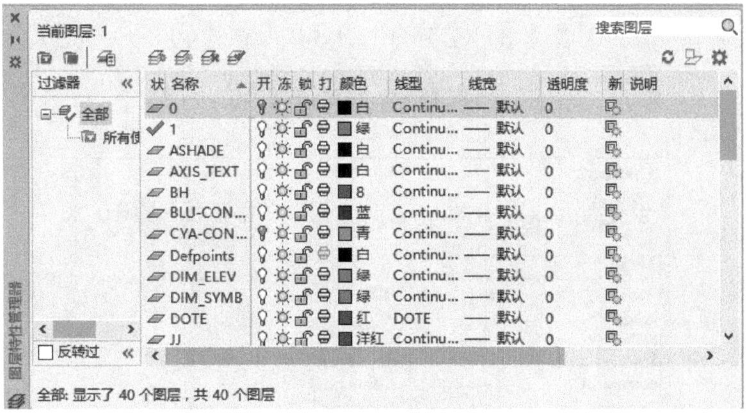

图 15-1　【图层特性管理器】对话框

（2）输入简化命令【OS】，打开【草图设置】对话框，在【对象捕捉】选项卡中，勾选常用的端点、中点、交点及垂足，按 F3 键开启自动捕捉。

（3）将文件保存为“建筑平面图 . DWG”。

15.2.2　绘制定位轴线

在建筑施工图中，定位轴线主要用来表示建筑物的主要建筑结构的位置，定位轴线是建筑施工的重要依据。定位轴线用细点画线来表示，在实际设计中，为了看图及查阅方便，需要对定位轴线进行编号，编号的规则是水平方向的编号从左到右依次编写，采用阿拉伯数字标注；垂直方向的编号从下到上依次编写，采用大写的拉丁字母数字标注，如图 15-2 所示。

（1）将【参考线】图层设置为当前层，

（2）在 AutoCAD 绘图区中，选择菜单栏【格式】→【线型】；或在【图层特性管理器】中，点击线型图标 Contin...；或选择【特性】工具栏，在下拉列表中选择已设定好的一种线型，也可以点击 其他...；都可以打开【线型管理器】对话框，如图 15-3 所示。

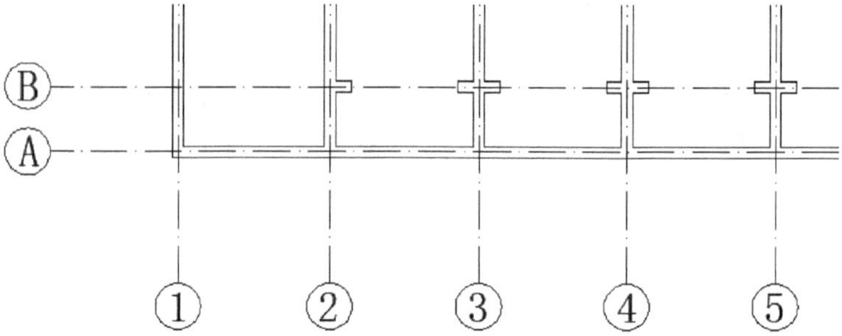

图 15-2　定位轴线

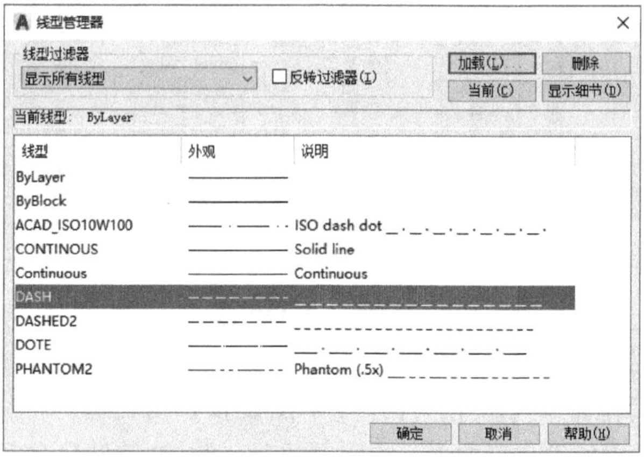

图 15-3　【线型管理器】对话框

（3）在对话框中单击【加载】图标，打开【加载或重塑线型】对话框，从中选择【ACAD_ ISO10W100】线型后，点击【确定】图标，如图 15-4 所示。

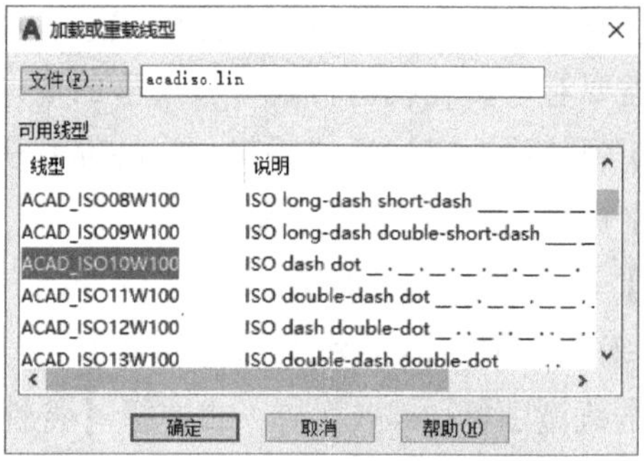

图 15-4　选择线型

（4）线型【ACAD_ISO10W100】被添加到【线型管理器】对话框中，在绘图区绘制一条线段，查看线型的比例是否合适，如画出的线段看上去像实线，将【线型管理器】对话框打开，在对话框中单击【显示细节】图标，将线型的全局比例因子调节到合适的大小，如图 15-5 所示。

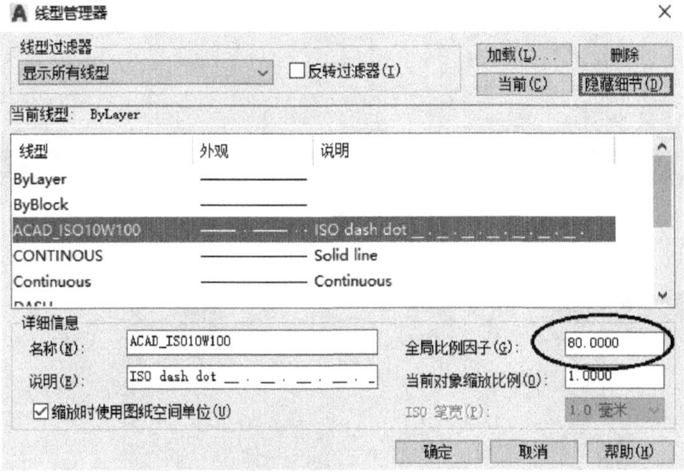

图 15-5 编辑线型的比例

（5）选择【绘图】工具栏的【构造线】图标；或输入简化命令【XL】，按空格键，按 F8 键开启正交模式，在绘图区绘制出参考线 L1、L2。

（6）选择【修改】工具栏的【偏移】图标；或输入简化命令【O】，按空格键，命令行提示：OFFSET 指定偏移距离或［通过（T）删除（E）图层（L）］<通过>：

（7）在命令行输入“3900”，按空格键，命令行提示：

OFFSET 选择要偏移的对象或［退出（E）放弃（U）］<退出>：

（8）在此提示下，光标变成【□】的形状，将光标移动至要偏移的参考线 L1 上，点击参考线 L1，向右方移动并释放鼠标，复制出一条距离原参考线 L1 为 3900 的参考线 L3，如图 15-6 所示。

（9）继续执行【偏移】命令，将参考线 L3 向右偏移复制间距为 3900 的几条参考线，如图 15-7 所示。

（10）继续执行【偏移】命令，将参考线 L2 向下偏移，复制出几条参考线，间距分别为 1700、5100、2400、5100、1700，如图 15-8 所示。

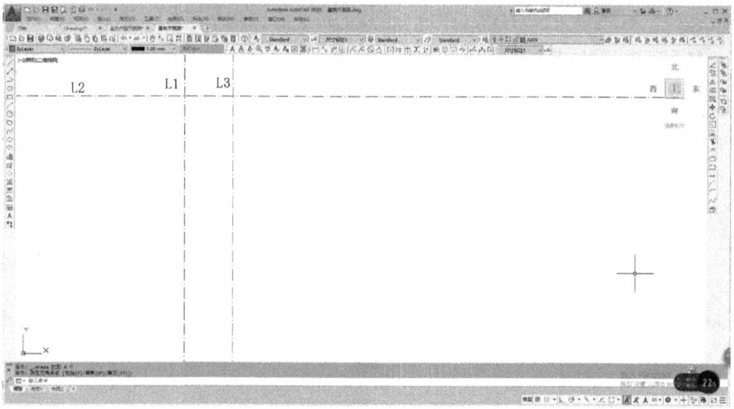

图 15-6　绘制参考线

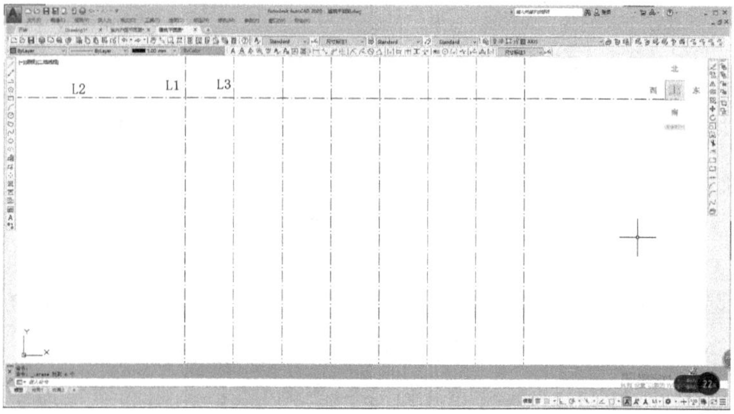

图 15-7　偏移复制参考线

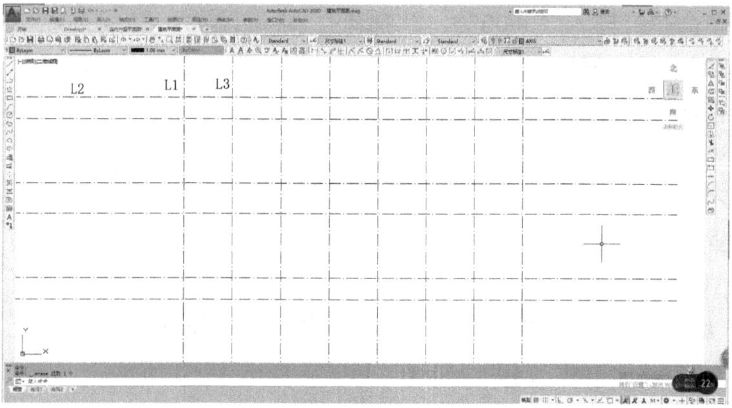

图 15-8　偏移复制参考线

（11）继续执行【偏移】命令，将参考线 L4 向下偏移复制出 L5；将参考线 L1 向左偏移复制出 L6，间距均为 4000，如图 15-9 所示，本次实例制作的定位轴线制作完成。

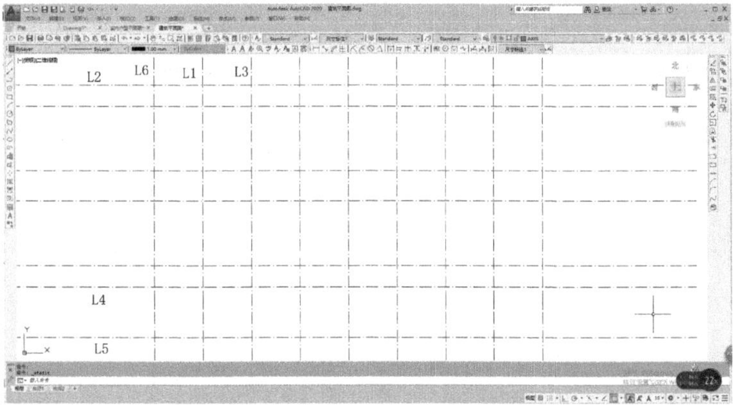

图 15-9　定位轴线的最终效果

（12）将线型修改为【Bylayer】；选择【绘图】工具栏的【圆】图标，以直线 L2 与 L6 的交点为圆心，创建一个半径为 600 的圆，如图 15-10 所示。

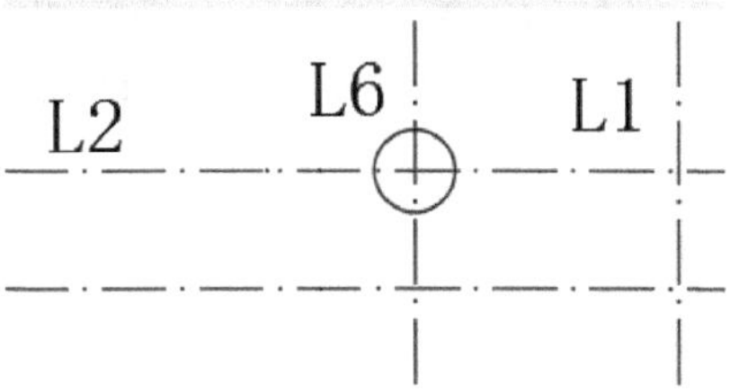

图 15-10　绘制圆形

（13）选择【文字】工具，在圆内输入文字“F”，文字的大小为 800，样式可自定；并移动文字到圆内合适的位置，如图 15-11 所示。

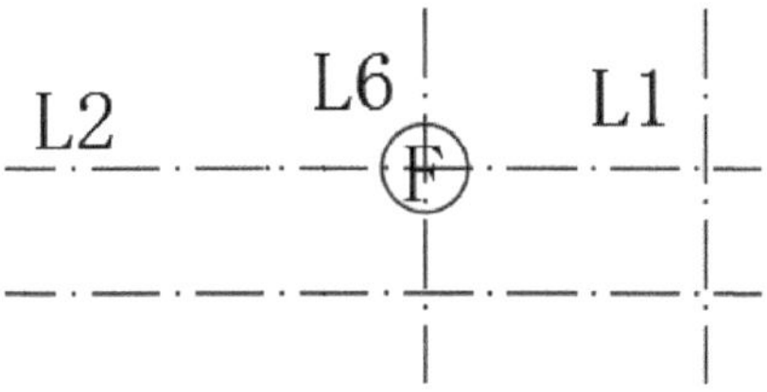

图 15-11　输入文字

（14）选择【修改】工具栏的【复制】图标，或输入命令快捷键【CO】，按空格键，将小圆以圆心为基点，复制到相应的位置，并在【特性】面板中将文字“F”修改为需要的文字，如图 15-12 所示。

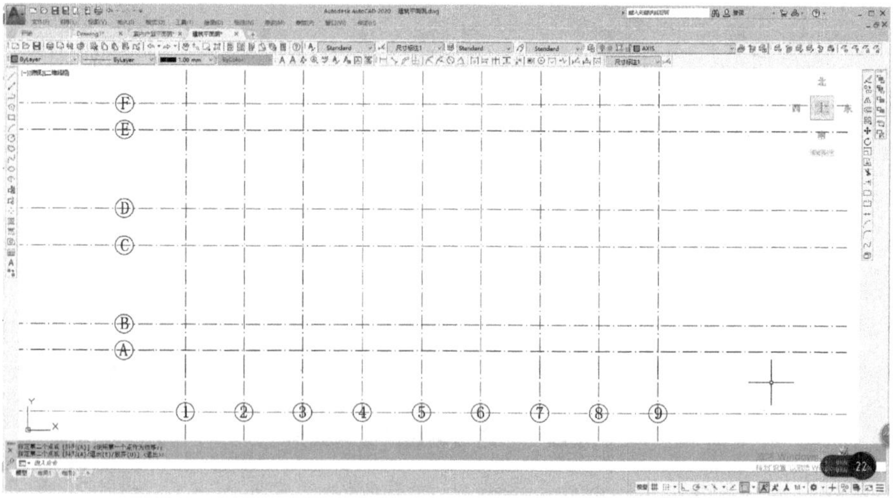

图 15-12　复制图形

（15）删掉参考线 L5、L6；选择【修改】工具栏的【修剪】图标，或输入简化命令【TR】，按空格键，将图形修剪成如图 15-13 所示的形状。

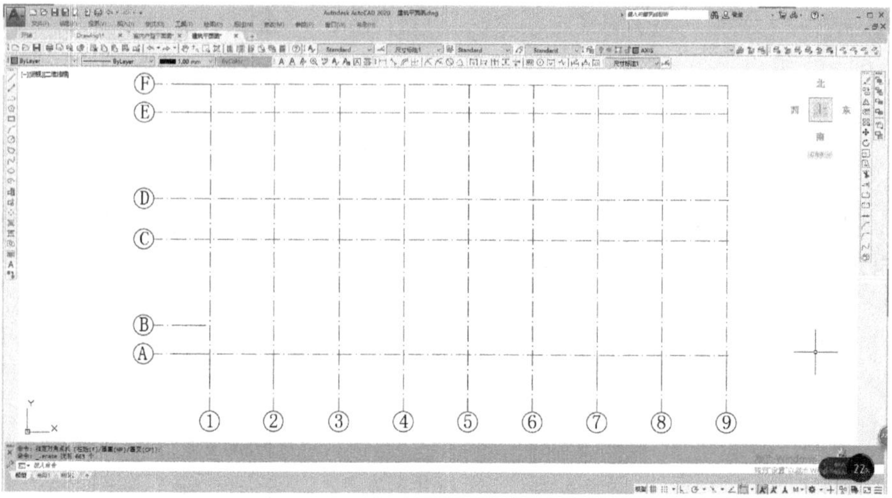

图 15-13　图形修剪效果

15. 2. 3　绘制墙体

（1）设置【墙体】图层为当前层。

（2）选择菜单栏【格式】→ 多线样式(M)...，打开【多线样式】对话框，单击对话框中的【新建】图标，新建一个名为“墙体”的多线样式，并设置线型的特性，如图 15-14 所示。

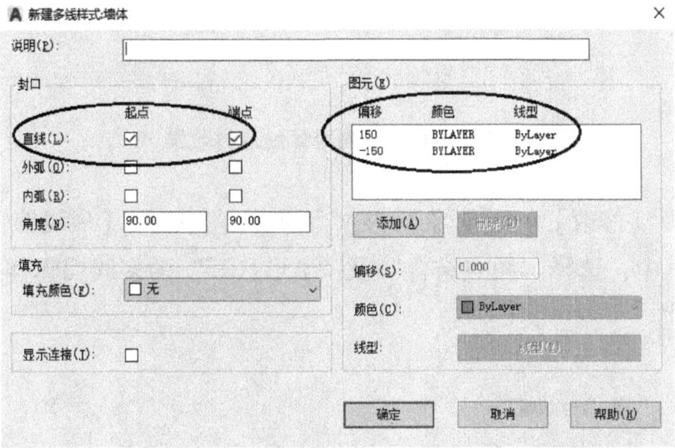

图 15-14　【多线样式】对话框

（3）将新建的“墙体”的多线样式设置为当前样式，选择【绘图】→ 多线(U)，命令行提示：MLINE 指定起点或［对正（J）比例（S）样式（ST）］：

（4）在此提示下输入“J”，按空格键，命令行提示：

MLINE 输入对正类型［上（T）无（Z）下（B）］<上>：

（5）在此提示下输入“Z”，按空格键，命令行提示：

MLINE 指定起点或［对正（J）比例（S）样式（ST）］：

（6）在此提示下输入“S”，按空格键，命令行提示：

MLINE 输入多线比例<20. 00>：

（7）在此提示下输入“1”，按空格键，命令行提示：

MLINE 指定起点或［对正（J）比例（S）样式（ST）］：

（8）在此提示下，用光标捕捉定位轴线的交点，绘制出建筑平面图的墙体线，最终效果如图 15-15 所示。

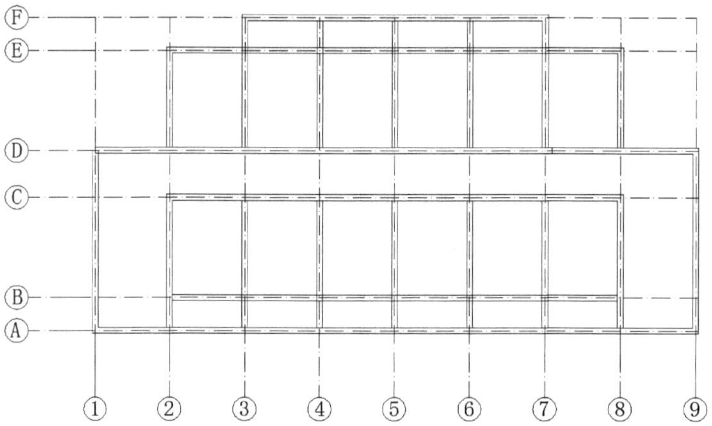

图 15-15　绘制墙体线最终效果

（9）选择【修改】→【对象】→ 多线(M)... ，打开【多线编辑工具】对话框，在对话框中，选择“角点结合”及“T 形打开”的多线编辑样式，如图 15-16 所示。

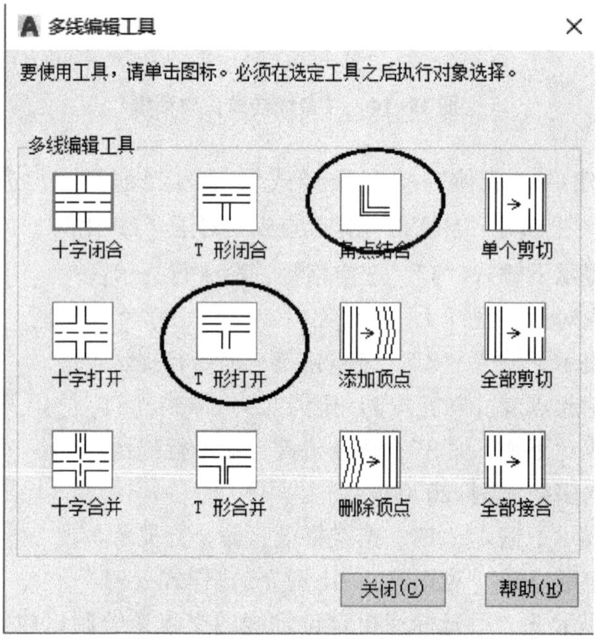

图 15-16　【多线编辑工具】对话框

（10）将墙体线进行编辑，最终效果如图 15-17 所示。

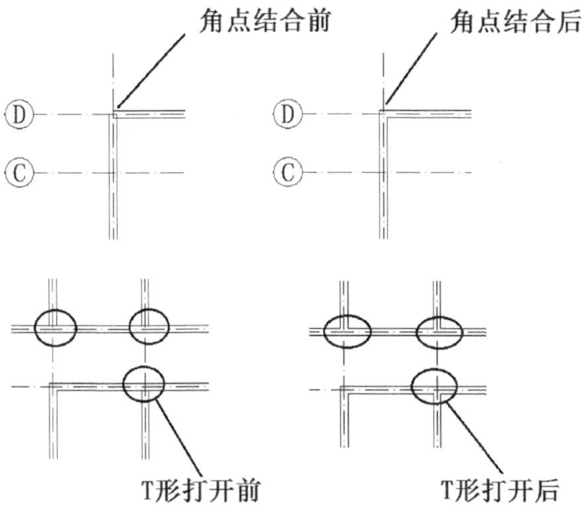

图 15-17　编辑墙体线

15.2.4　绘制门窗

（1）选择【偏移】图标，将定位轴线 2、3、4、5、6、7 分别向右复制，复制距离为 350 和 890，并将复制出的线型改为【Bylayer】，如图 15-18 所示。

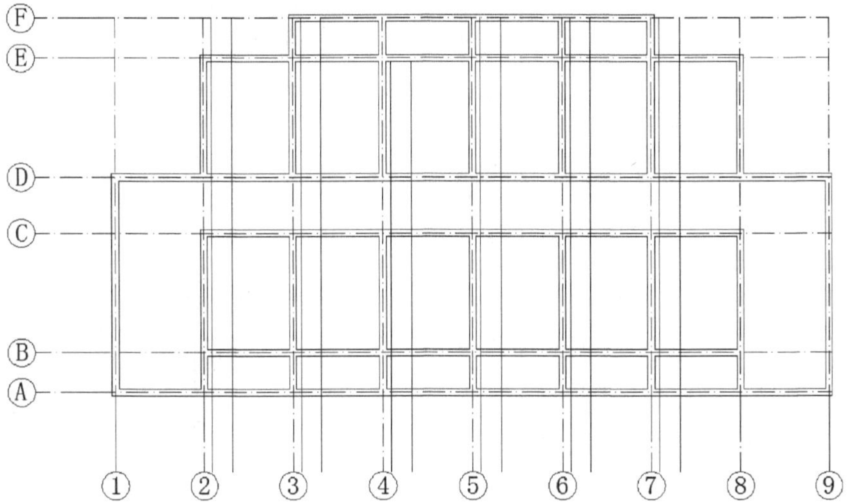

图 15-18　偏移复制定位轴线

（2）选择【修剪】图标，对墙体线进行修剪，完成门洞口的绘制，如图 15-19 所示。

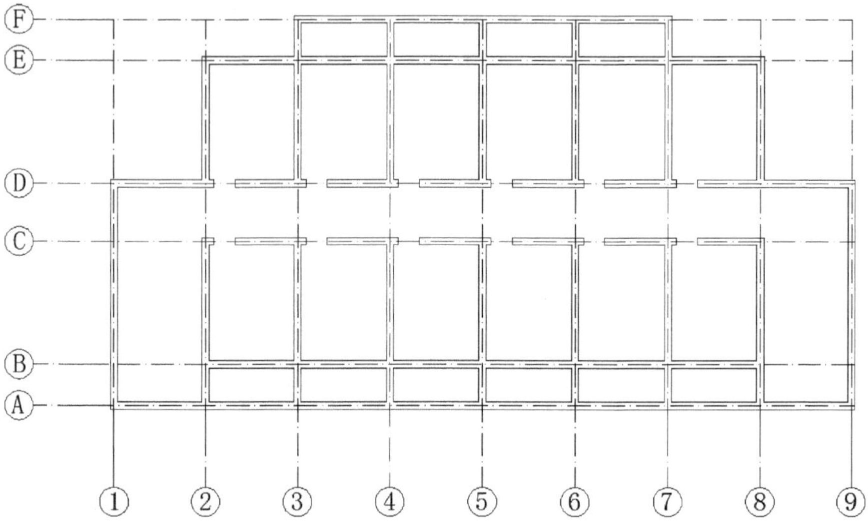

图 15-19　修剪墙体线

（3）继续选择【偏移】工具，将定位轴线 2、3、4、5、6、7 分别向左、向右偏移复制，复制距离为 1150，如图 15-20 所示。

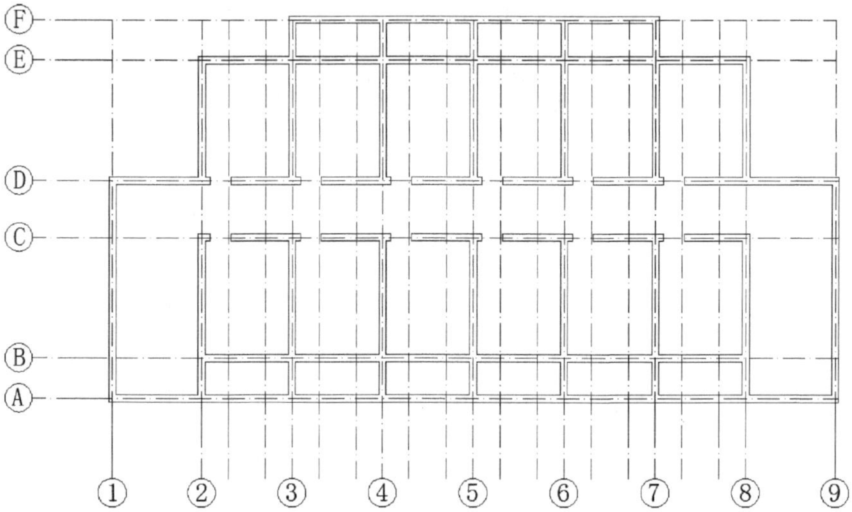

图 15-20　偏移复制定位轴线

（4）将复制出的线型改为【Bylayer】，继续选择【修剪】工具，对墙体线进行修剪，完成门洞口的绘制，如图 15-21 所示。

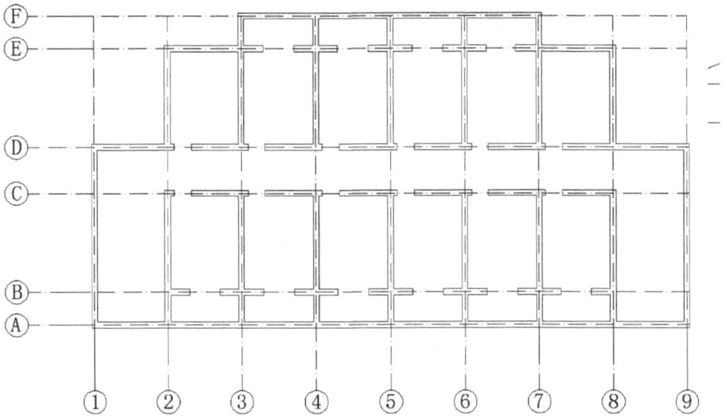

图 15-21　修剪墙体线

(5) 设置【门】图层为当前图层，选择【绘图】工具栏选择【矩形】图标，按空格键，在绘图区内绘制 45×890 的矩形，选择圆弧工具，绘制一段圆弧，完成门的绘制，如图 15-22 所示。

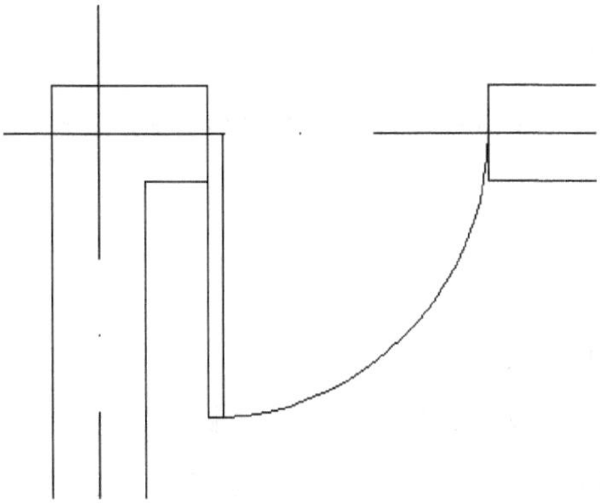

图 15-22　绘制门的图形

(6) 设置【窗户】图层为当前图层，选择【绘图】工具栏的【矩形】图标，绘制一个 2800×300 的矩形，并在矩形内部绘制两条距离为 45 的直线，完成窗户的绘制，如图 15-23 所示。

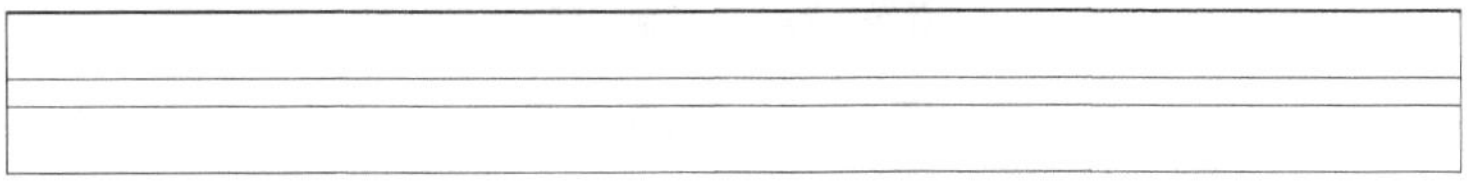

图 15-23　绘制窗户

（7）在【绘图】工具栏选择【创建块】图标，把门和窗户分别定义为内部块。

（8）选择【绘图】工具栏的【插入块】图标，将门和窗户插入相应的位置，最终效果如图 15-24 所示。

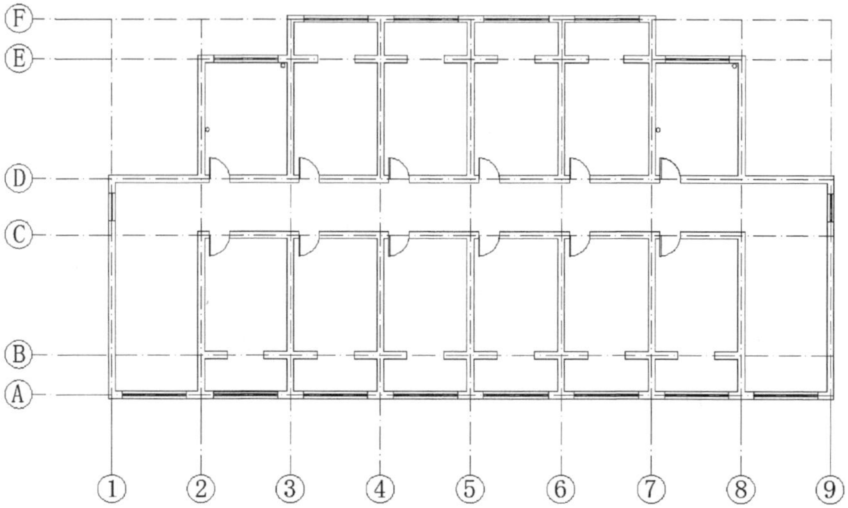

图 15-24　插入门和窗户的图形效果

15.2.5　绘制柱子

（1）将【柱子】图层变为当前层。

（2）在【绘图】工具栏选择【矩形】图标，按空格键，绘制 450×450 的矩形，并填充实体图案，完成柱子的绘制，如图 15-25 所示。

图 15-25　绘制柱子

（3）将柱子定义为内部块，将柱子插入相应的位置，如图 15-26 所示。

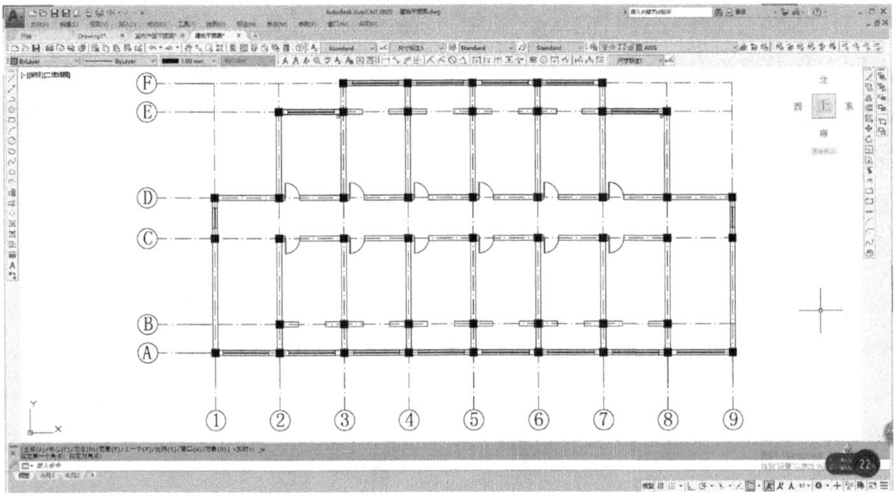

图 15-26　插入柱子的图形效果

15.2.6　绘制楼梯

（1）将【楼梯】图层设为当前层。

（2）选择【窗口缩放】工具，最大化显示图形左下角的位置，在此位置绘制建筑内部西面的楼梯，如图 15-27 所示。

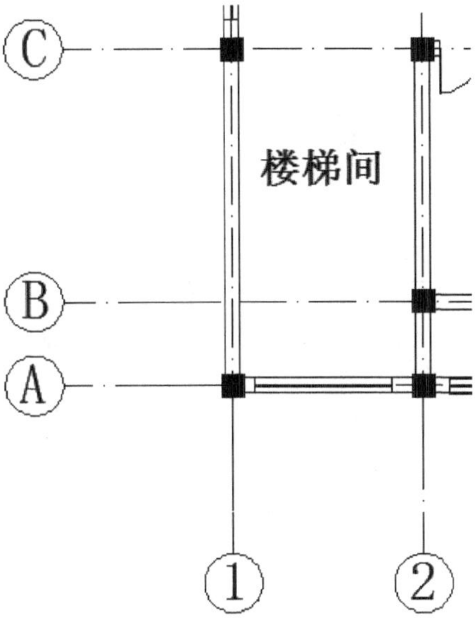

图 15-27　楼梯间的绘制

(3) 选择【偏移】图标 ；或输入简化命令【O】，按空格键，将定位轴线 A 向上偏移 2200，复制出第一条参考线；继续使用偏移命令，将定位轴线 1 向右偏 1929，复制出第二条参考线；将定位轴线 2 向左偏 1929，复制出第三条参考线，如图 15-28 所示。

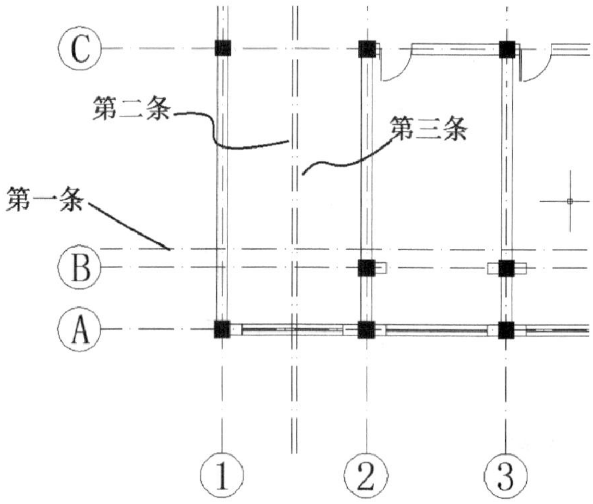

图 15-28　绘制参考线

(4) 将三条参考线的线型修改为【Bylayer】；继续使用【偏移】命令，将第一条参考线向上偏移 300，复制出第四条参考线，并继续向上偏移复制出 11 条参考线，如图 15-29 所示。

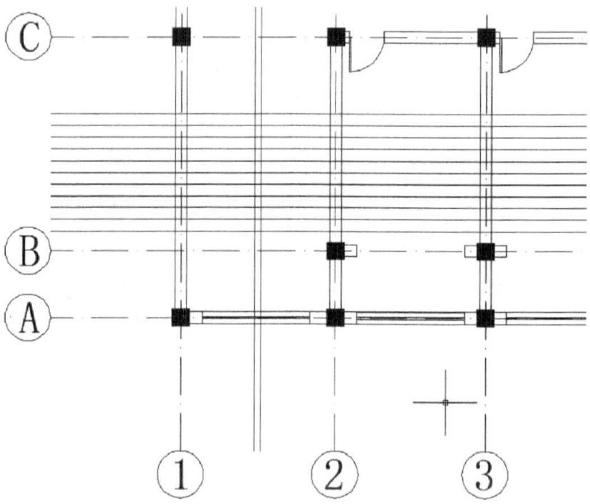

图 15-29　偏移复制参考线

（5）选择【修剪】图标，对楼梯进行修剪，修剪后删除多余的线条，完成楼梯踏步的绘制，如图 15-30 所示。

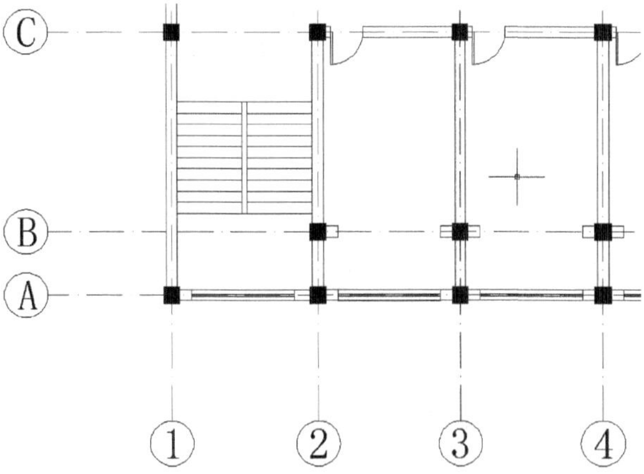

图 15-30　楼梯踏步的绘制

（6）选择【绘图】工具栏的【矩形】图标，按 F3 键打开对象捕捉，选取 A、B 两点，在楼梯间的中间绘制出一个矩形，如图 15-31 所示。

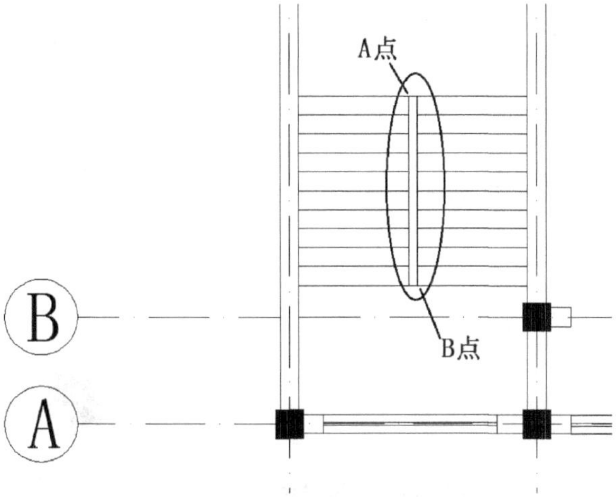

图 15-31　绘制矩形

（7）使用【偏移】图标，将矩形分别向外偏移 100 和 50，复制出楼梯扶手，如图 15-32 所示。

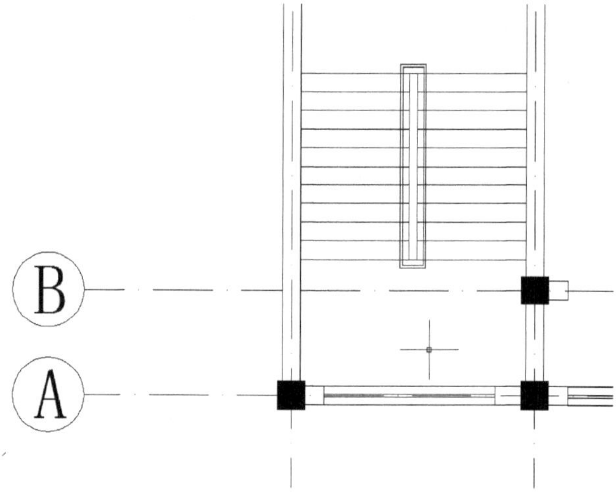

图 15-32　偏移复制楼梯扶手

（8）选择【修剪】图标，对楼梯扶手进行修剪，修剪后删除多余的线条，完成楼梯扶手的绘制，如图 15-33 所示。

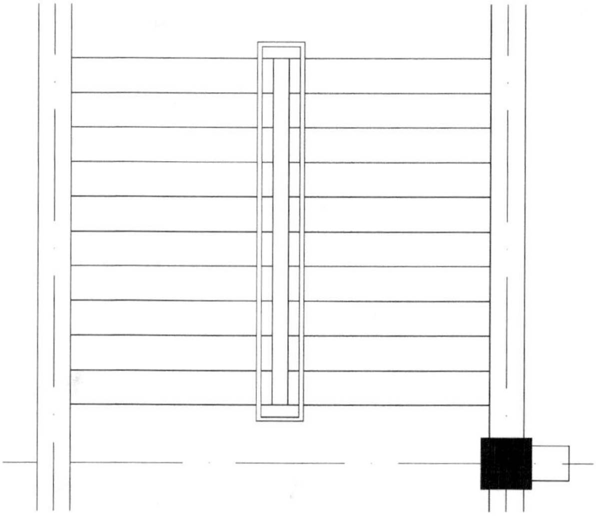

图 15-33　楼梯扶手的最终效果

（9）选择【直线】图标，绘制一条直线，并绘制出一条折弯线，如图 15-34 所示。

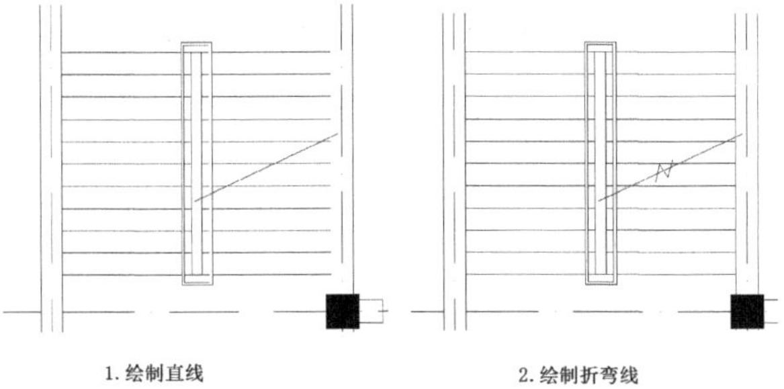

图 15-34　绘制折弯线

（10）选择【修剪】图标，对折弯线进行修剪，修剪后删除多余的线条，如图 15-35 所示。

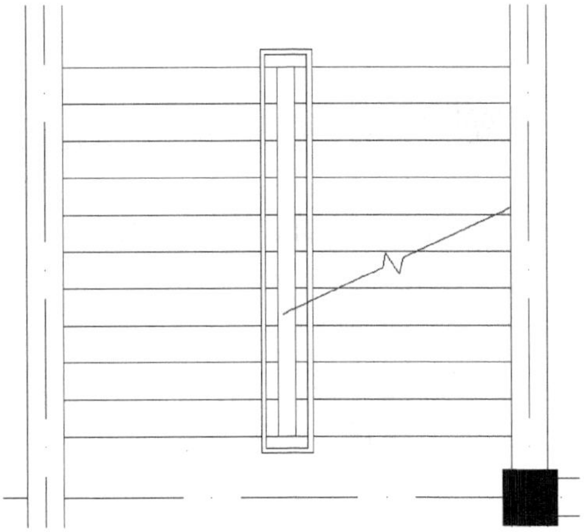

图 15-35　修剪折弯线

（11）选择【复制】图标，将折弯线复制，并利用【修剪】图标，对楼梯进行修剪，修剪后删除多余的线条，如图 15-36 所示。

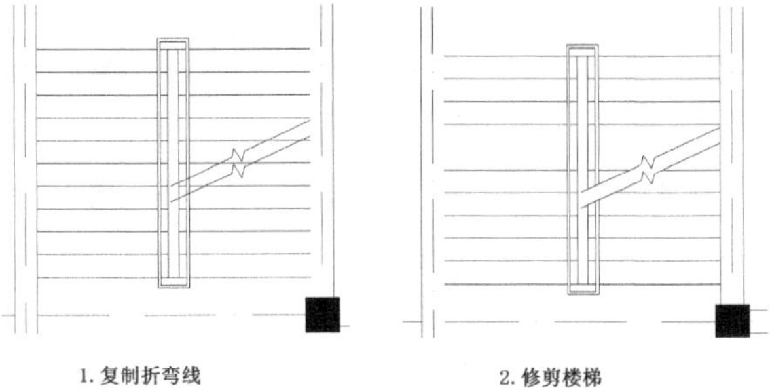

图 15-36　编辑楼梯图形

（12）选择【多段线】图标，绘制表示楼梯走向的 L 形方向箭头线，如图 15-37 所示。

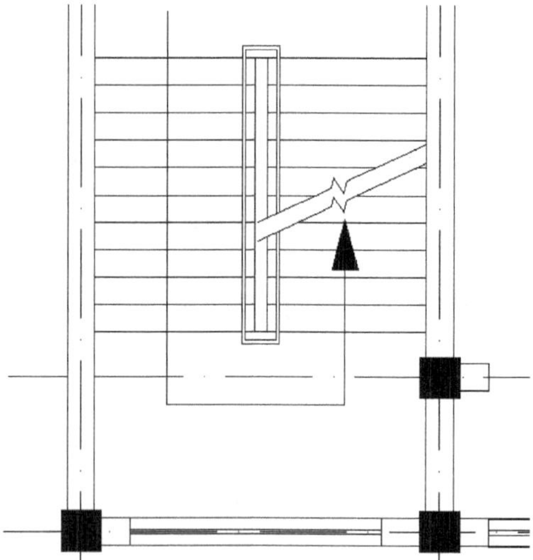

图 15-37　绘制 L 形方向箭头线

（13）设置【文字】图层为当前图层。

（14）选择【文字】工具 A，为楼梯的 L 形方向，箭头线表明上下楼的关系，建筑西面楼梯的绘制完成，如图 15-38 所示。

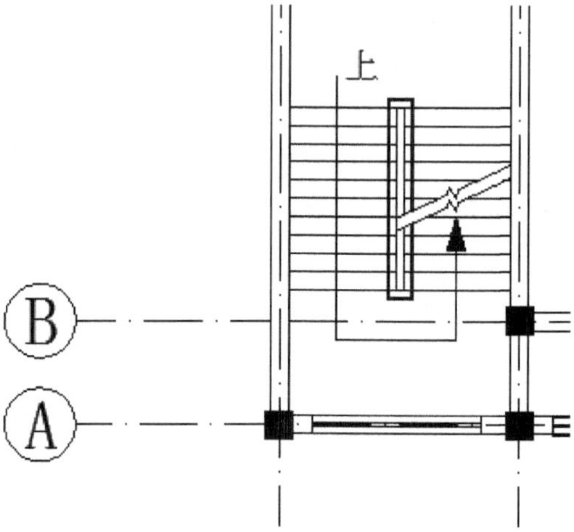

图 15-38　输入文字完成楼梯间绘制

（15）设置【楼梯】图层为当前图层。

（16）将绘制好的楼梯使用【镜像】图标，复制到建筑东面的楼梯，整个建筑楼梯的绘制完成，最终效果如图 15-39 所示。

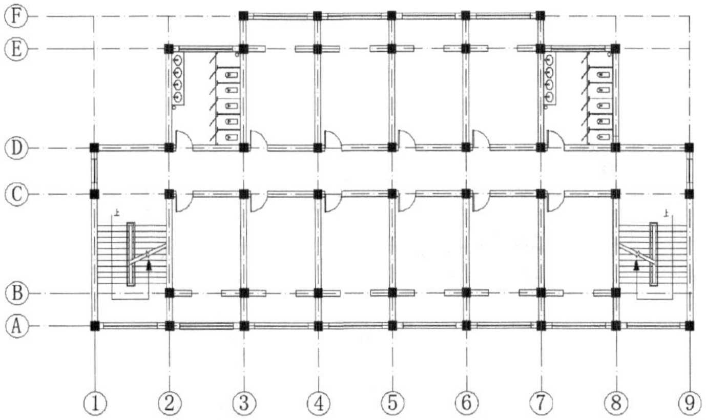

图 15-39　建筑楼梯间的最终效果

15.2.7　绘制卫生间

（1）设置【楼梯】图层为当前图层。

（2）选择【窗口缩放】工具，最大化显示图形左上角的位置，在此位置绘制出建筑内部西面卫生间的平面布置图，如图 15-40 所示。

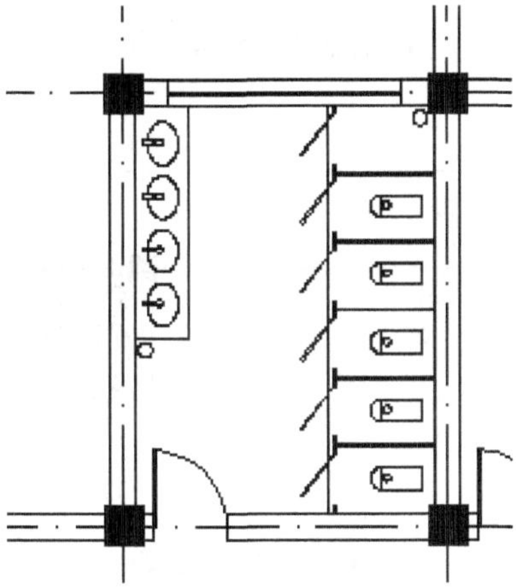

图 15-40　绘制卫生间

（3）设置【文字】图层为当前图层。

（4）选择【文字】图标，为卫生间标注文字说明。

（5）选择【绘图】工具栏的【图案填充】图标；打开【图案填充和渐变色】对话框，在【图案填充】对话框中点击图标，选择卫生间的填充图案样式，如图 15-41 所示。

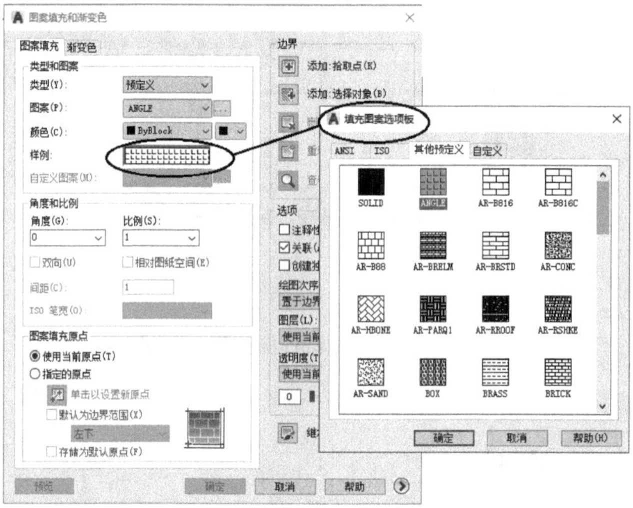

图 15-41　选择卫生间的填充图案样式

（6）点击【添加拾取点】，回到 AutoCAD 2020 绘图区，在绘图区中选择卫生间的地面部分，将比例因子调整为“50”，为卫生间填充防滑磁砖的填充图案，完成卫生间的绘制，最终效果如图 15-42 所示。

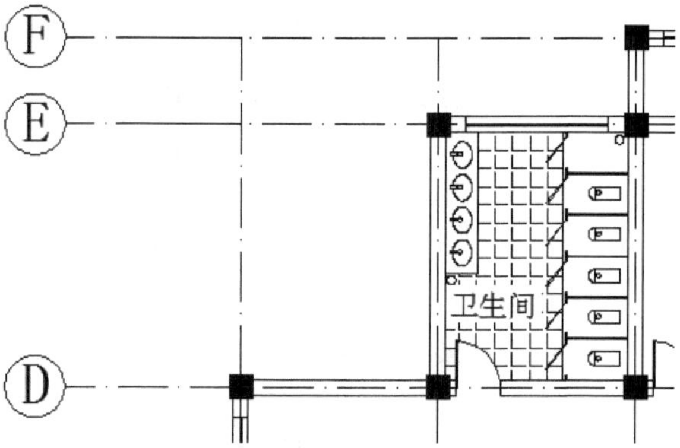

图 15-42　卫生间的填充效果

（7）选择【复制】图标，将卫生间的所有图形复制，复制到建筑东面的卫生间，完成建筑卫生间的绘制。

15.2.8　输入文字注释

（1）设置【文字】图层为当前图层，

（2）选择【文字】图标 A，打开【文字格式】对话框，在对话框内修改文字的字体及大小，如图 15-43 所示。

图 15-43　【文字格式】对话框

（3）输入“学生宿舍”，单击【确定】图标，并选择【复制】图标，为建筑平面图的学生宿舍功能空间标注文字说明，最终效果如图 15-44 所示。

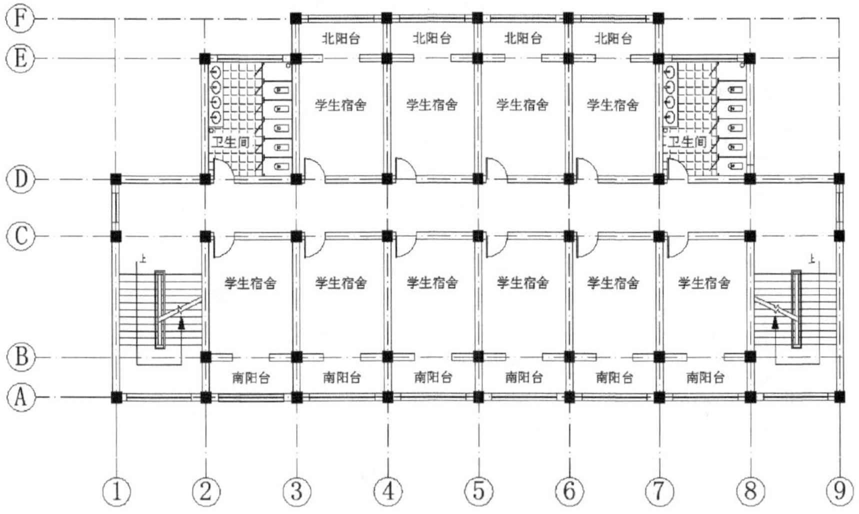

图 15-44　标注建筑平面图的功能空间

15.2.9　标注建筑尺寸

（1）设置【标注】图层为当前图层。

（2）选择【样式】工具栏的【标注样式】图标；或在菜单栏中的【标注】→【标注样式】；或选择菜单栏【格式】→【标注样式】菜单；或输入简化命令【DI】，按空格键，都可打开【标注样式管理器】对话框，在对话框中新建一个名为“尺寸标注 1”的标注样式，如图 15-45 所示。

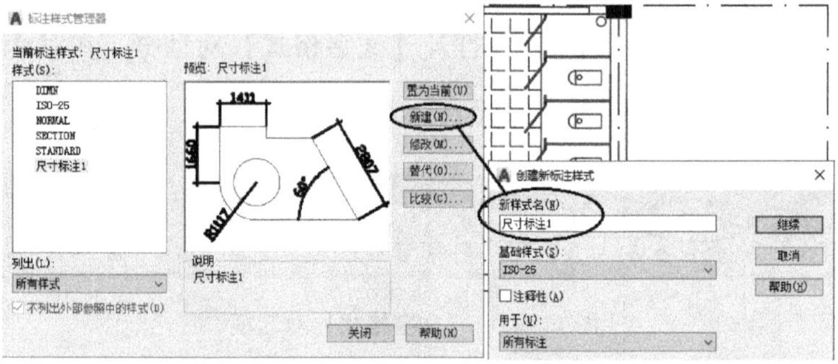

图 15-45　新建尺寸标注样式

（3）单击【继续】图标，在【新建标注样式 1】对话框，分别设置线、符号和箭头、文字、主单位等参数，如图 15-46 所示。

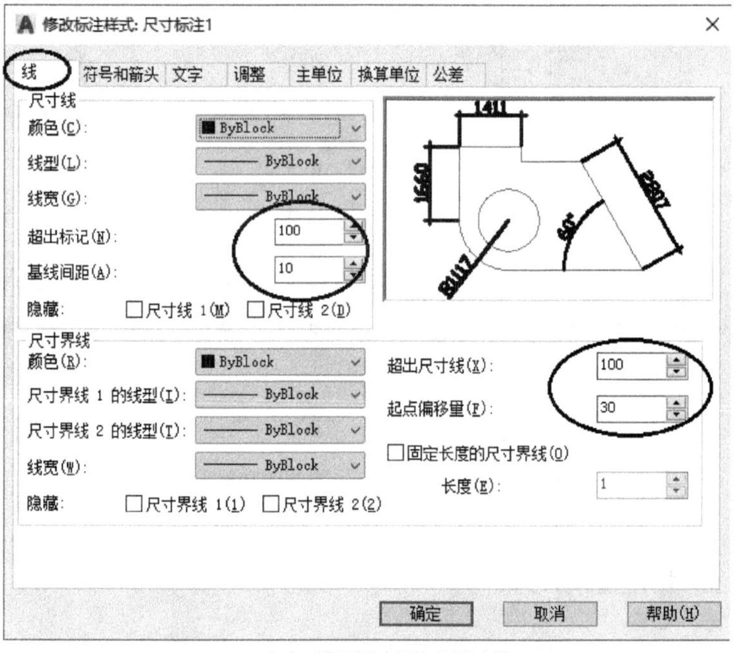

（a）设置尺寸标注的尺寸线

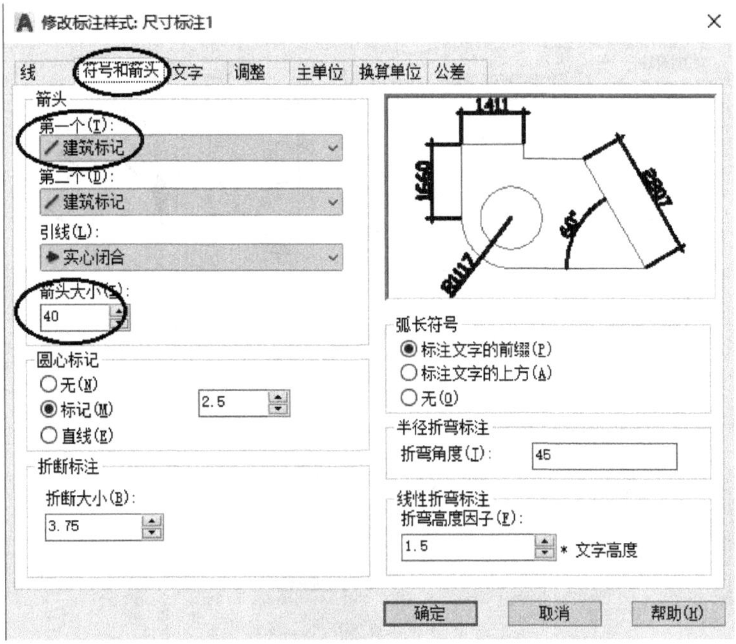

（b） 设置尺寸标注的符号和箭头

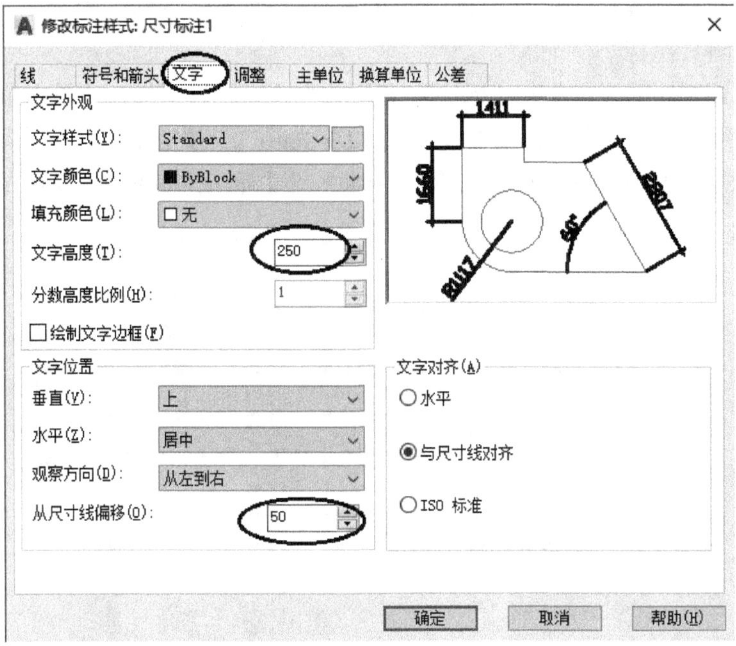

（c）设置尺寸标注的文字

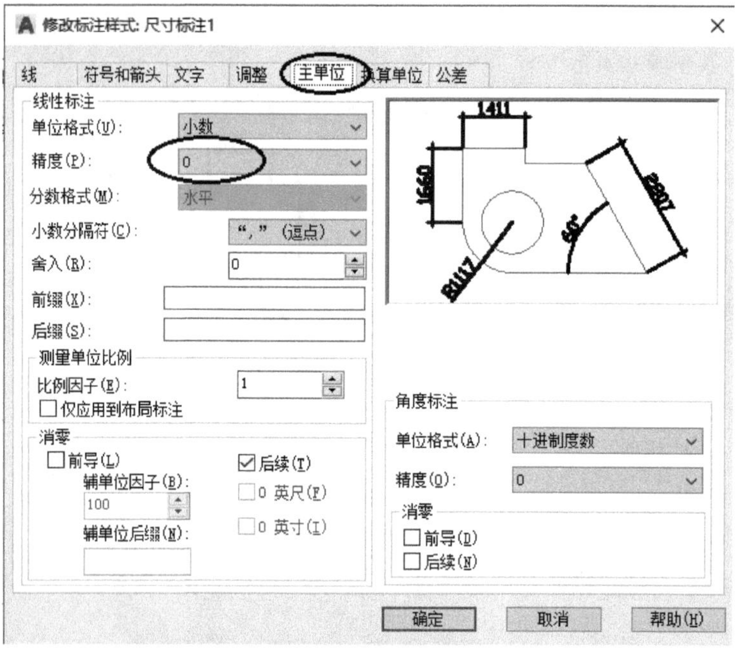

（d）设置尺寸标注的主单位

图 15-46 【新建标注样式】对话框设置尺寸标注的参数

（4）设置完成后，单击【确定】图标，返回【标注样式管理器】对话框，单击【关闭】图标。

（5）回到绘图区，单击【标注】工具栏的【线性】图标；或单击菜单栏【标注】→【线性标注】菜单；或输入命令【Dimlinear】，按空格键。在对象捕捉的辅助下，完成建筑平面图的第一个、第二个水平尺寸标注，如图 15-47 所示。

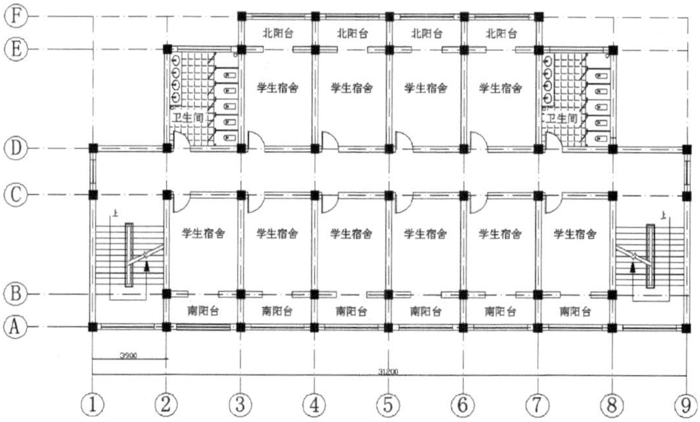

图 15-47 添加建筑平面图的水平尺寸标注

（6）选择菜单栏【标注】→ 连续(C)，在绘图区完成建筑平面图的水平标注，如图 15-48 所示。

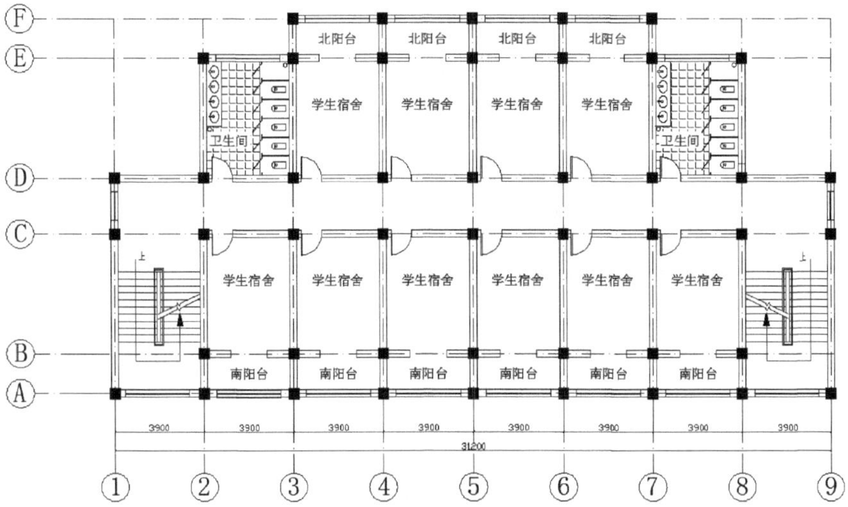

图 15-48　添加建筑平面图的水平尺寸标注

（7）采用同样的步骤，完成建筑平面图的垂直标注，最终效果如图 15-49 所示。

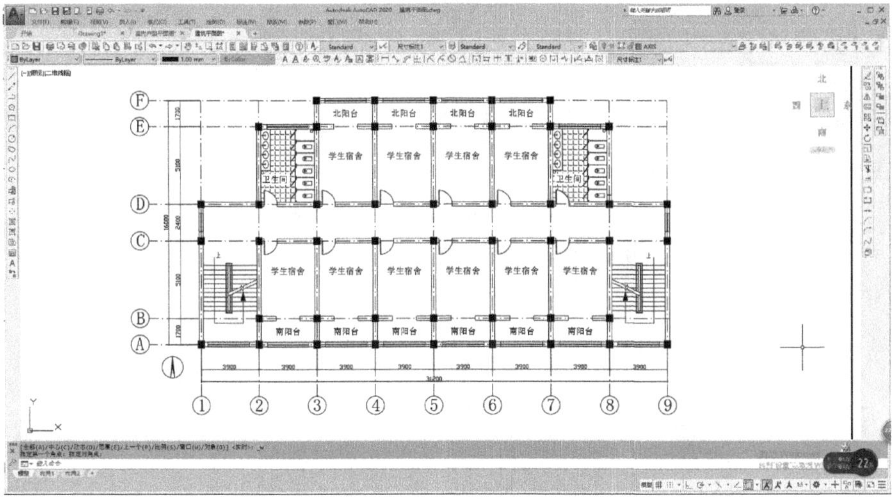

图 15-49　添加建筑平面图的垂直尺寸标注

15.2.10　添加图纸边框及指北针

为了提高绘图效率，一般都会将指北针及图纸边框设置成块，再次使用时将以前定义好的指北针和图纸边框的图块插入绘图区中即可。

（1）选择【插入块】图标，打开【插入】对话框，如图 15-50 所示。

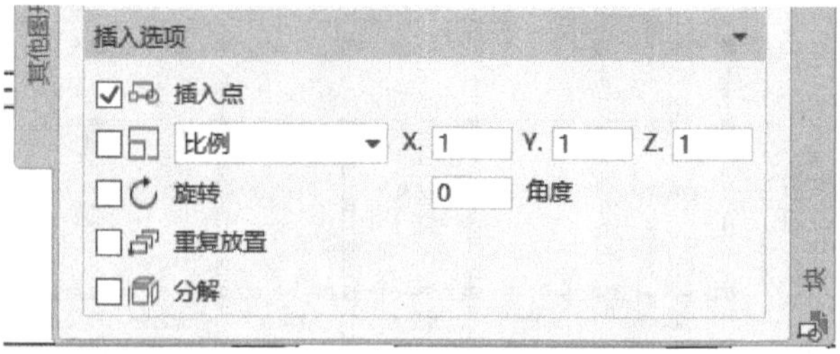

图 15-50　【插入】对话框

（2）选择定义好的图块【图纸 1】，单击【确定】图标，即可将【图纸 1】图块插入绘图区中。

（3）采用同样的操作方法，将【指北针】图块插入绘图区中，完成建筑平面图的绘制，最终效果如图 15-51 所示。

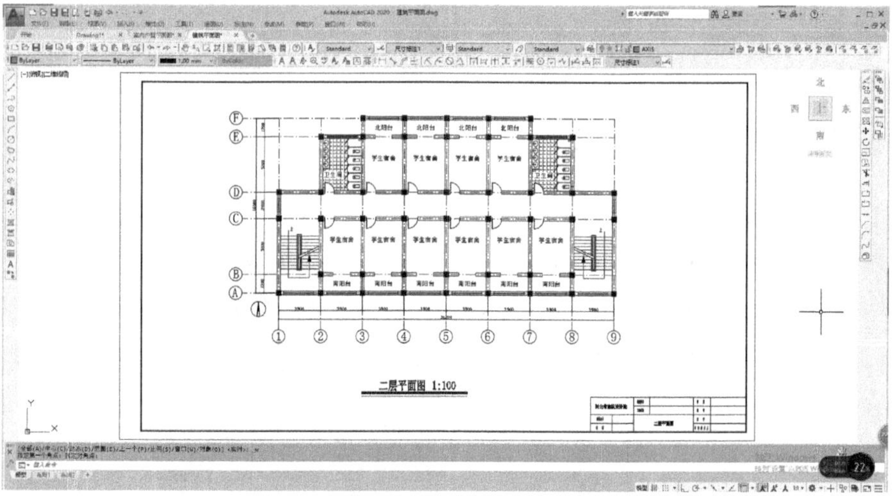

图 15-51　建筑平面图的绘制最终效果

小提示

建筑顶平面图的绘制，将平面图复制一份，然后删除门、窗户及家具等，添加上灯具即可，在此就不再重复绘制了。

15.3　建筑电气平面图

建筑电气平面图与建筑平面图不同，尽管建筑的结构、门窗位置、标注尺寸等都一致，但是建筑电气平面图还包括灯具、开关、插座、线路及配电箱等的布置。在绘制建筑电气平面图时，更多考虑照明、插座、开关和弱电等的设计与绘制。本章以建筑照明平面图的绘制为例，详细介绍建筑电气平面图的绘制方法。

15.4　建筑照明平面图的绘制

在绘制建筑电气照明平面图前，需要对建筑平面图进行一定的调整，将门、定位轴线及文字注释等不必要的内容删除，以符合照明平面图的绘图要求。

使用 AutoCAD 将图 15-51 的建筑平面图进行编辑，编辑后如图 15-52 所示。

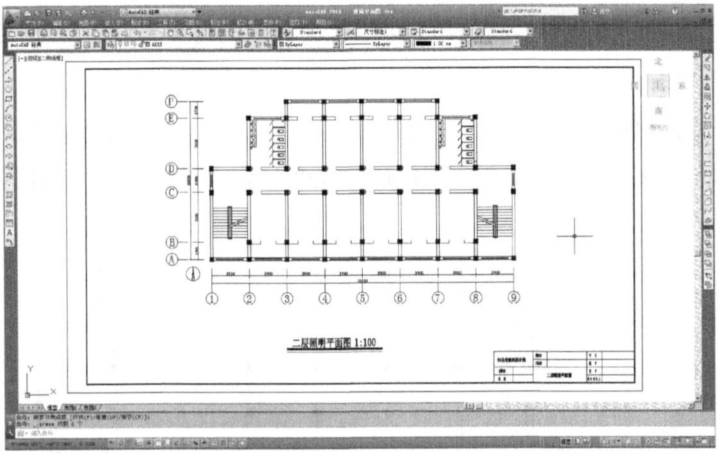

图 15-52　编辑后的建筑平面图

15.4.1　绘制吸顶灯

(1) 新建几个图层，并分别命名为“灯具、开关、线路”。

（2）设置【灯具】图层为当前图层。

（3）在命令行输入【OS】，打开【草图设置】对话框，勾选圆心、端点及中点，按 F3 键开启自动捕捉。

（4）选择【绘图】工具栏的【直线】图标；或输入简化命令【L】，按空格键，用光标捕捉柱子的端点，创建一条参考线 L1。

（5）选择【绘图】工具栏的【圆】图标；或输入简化命令【C】，按空格键。

（6）用光标捕捉参考线 L1 的中点，在命令行输入数值“150”，确定圆的半径，即可创建出一个圆，如图 15-53 所示。

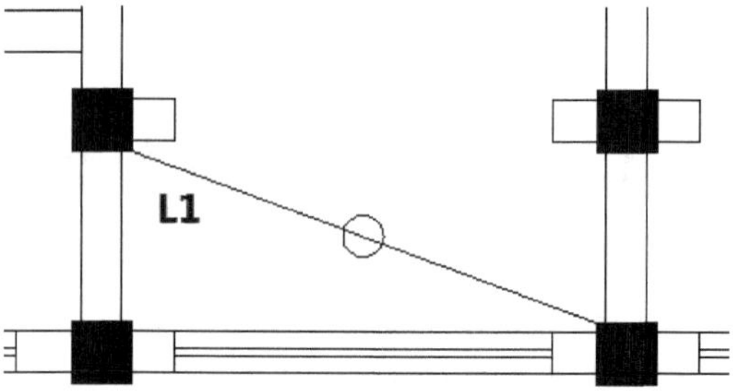

图 15-53 绘制图形

（7）删掉参考线 L1，并选择【绘图】工具栏的【创建块】图标，将吸顶灯存储成图块。

（8）选择【修改】工具栏的【复制】图标；或输入简化命令【CO】，按空格键，将吸顶灯以圆心为基点，复制到灯具安装的位置，最终效果如图 15-54 所示。

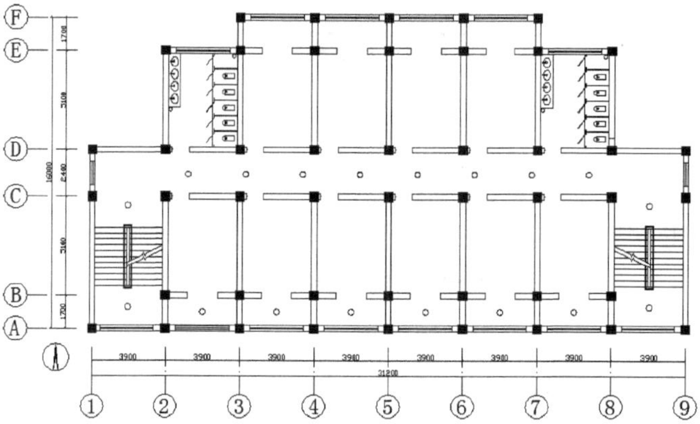

图 15-54 添加吸顶灯的图形效果

小提示

在复制灯具或插入灯具图块时，最好先做好灯具插入的参考线，这样比较准确。

15.4.2　绘制防水吸顶灯

（1）选择【绘图】工具栏的【直线】图标 ；或输入简化命令【L】，按空格键，用光标捕捉柱子的端点，创建一条参考线 L1。

（2）选择【绘图】工具栏的【圆】图标 ；或输入简化命令【C】，按空格键。

（3）在命令行输入数值“200”，确定圆的半径，即可创建出一个圆。

（4）选择【绘图】工具栏的【直线】图标 ；或输入简化命令【L】，按空格键，按 F8 键开启正交模式，用光标捕捉圆心，向左创建直线 L2，与圆相交，如图 15-55 所示。

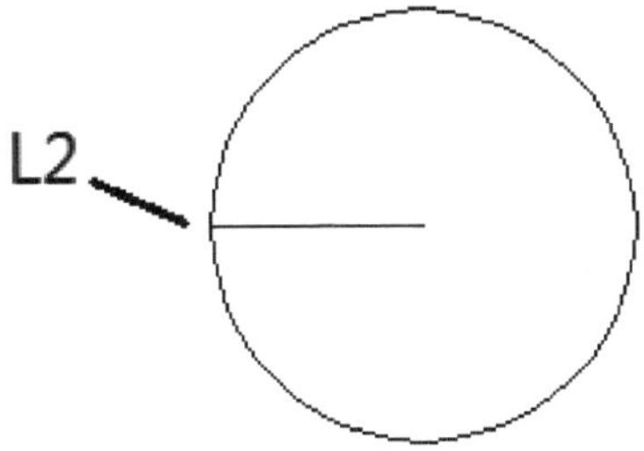

图 15-55　绘制直线

（5）选择【修改】工具栏的【旋转】图标 ；或输入简化命令【RO】，按空格键，选择直线 L2，以圆心为旋转基点，旋转 45 度，如图 15-56 所示。

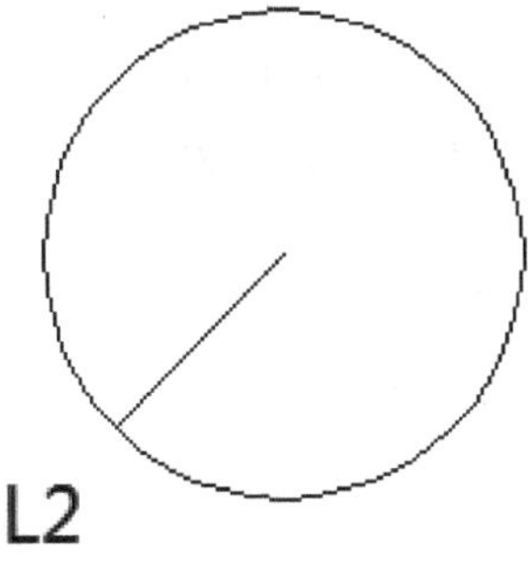

图 15-56　旋转直线

（6）选择【修改】工具栏的【环形阵列】图标，按空格键；阵列复制出其他三条直线，即可完成防水吸顶灯的绘制，如图 15-57 所示。

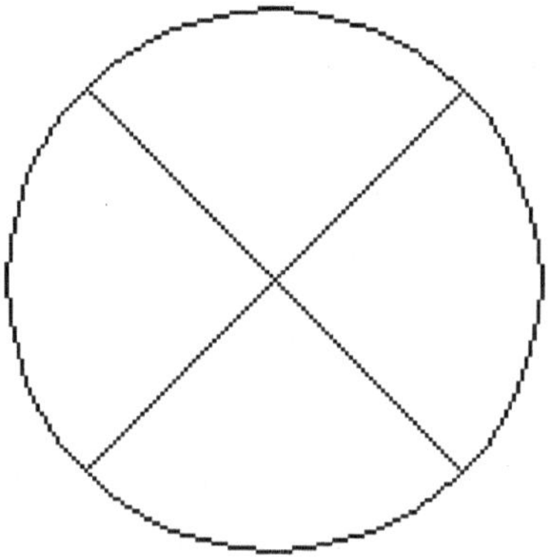

图 15-57　防水吸顶灯的图形效果

（7）选择【复制】图标，将防水吸顶灯以圆心为基点，复制到建筑东侧的卫生间内。

15.4.3　绘制日光灯

（1）选择【修改】工具栏的【直线】图标；或输入简化命令【L】，按空格键，创建出 5 条参考线，如图 15-58 所示。

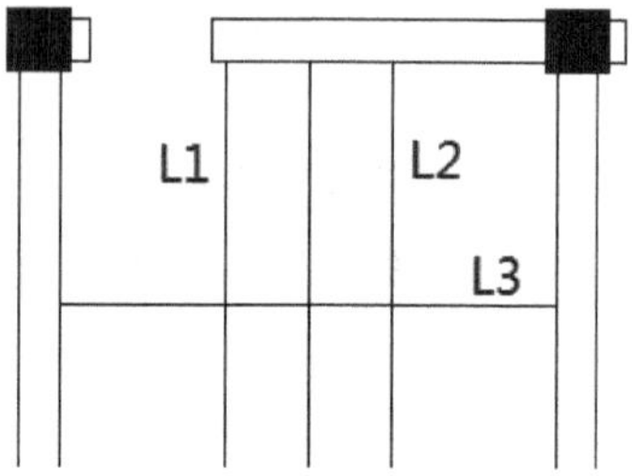

图 15-58　绘制参考线

（2）选择【修改】工具栏的【偏移】图标；或输入简化命令【O】，按空格键，将参考线 L3，分别向上向下偏移“100”，复制出 L4、L5。

（3）继续使用【偏移】命令，将参考线 L3，分别向上向下偏移“20”，复制出 L6、L7，如图 15-59 所示。

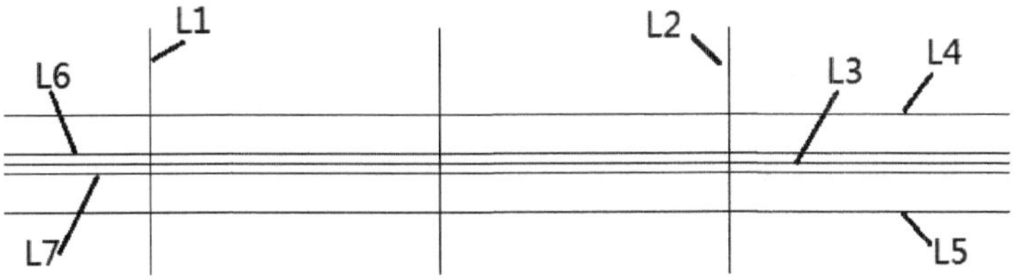

图 15-59　偏移复制参考线

（4）选择【修剪】图标，对参考线进行修剪，修剪后删除多余的线条，完成日光灯的绘制，如图 15-60 所示。

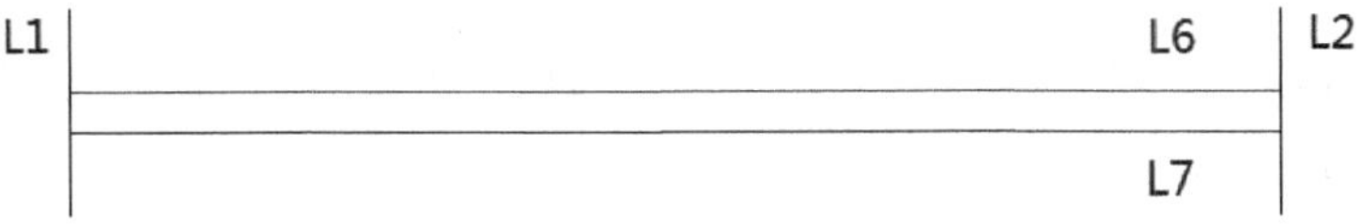

图 15-60　日光灯的图形效果

（5）选择【绘图】工具栏的【创建块】图标，将日光灯存储成图块。

（6）选择【修改】工具栏的【复制】图标；或输入简化命令【CO】，按空格键，将日光灯复制到相应的位置，最终效果如图 15-61 所示。

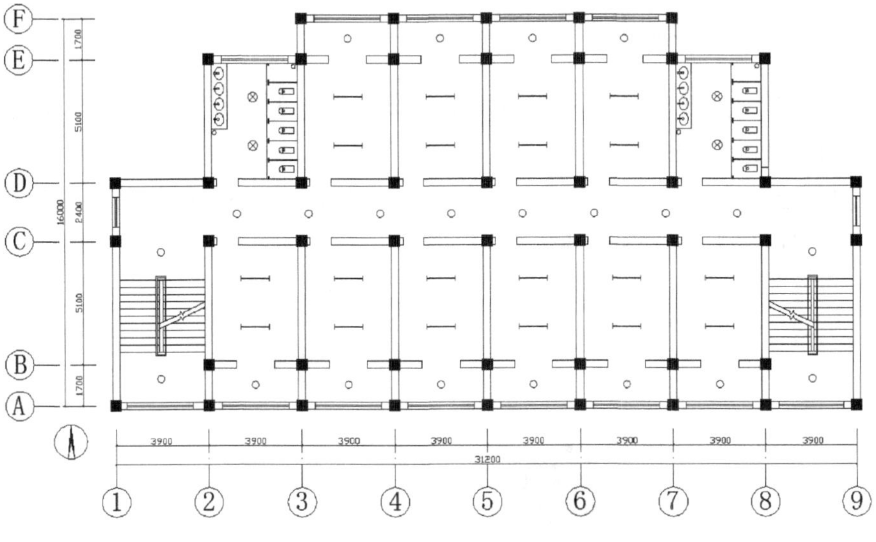

图 15-61　添加灯具的建筑电气照明平面图

15.4.4 绘制单级开关

（1）选择菜单栏【绘图】→【圆环】；或输入简化命令【DO】，按空格键，命令行提示：DONUT 指定圆环的内径<0. 5000>：

（2）输入圆环的内径“0”，按空格键，命令行提示：DONUT 指定圆环的外径<1. 0000>：

（3）输入圆环的外径“20”，按空格键，命令行提示：

DONUT 指定圆环的中心点或<退出>：

（4）在绘图区内点击任意一点，确定圆环的中心，即可绘制出一个实心圆环。

（5）选择【直线】图标，绘制两个线段，方向合适即可，完成单极开关的绘制，如图 15-62 所示。

图 15-62　单极开关的绘制

15.4.5 绘制双级开关

（1）选择【修改】工具栏的【复制】图标，复制一个单极开关图形，在此基础上绘制双极开关。

（2）选择【偏移】图标，将单极开关线段 L1 偏移复制出线段 L2，偏移距离合适即可，如图 15-63 所示。

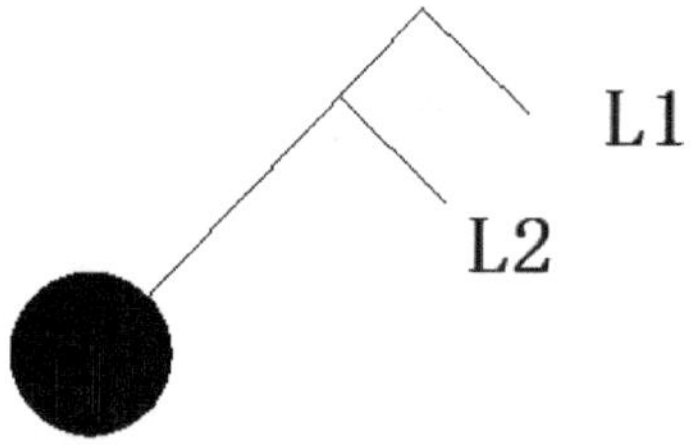

图 15-63　双极开关的绘制

15.4.6　绘制接线盒

（1）选择【圆环】命令，绘制出一个实心圆。

（2）选择【多边形】图标，命令行提示：POLYGON_ polygon 输入侧面数<4>：

（3）选择默认选项，按空格键，命令行提示：POLYGON 指定正多边形的中心点或［边（E）］：

（4）在绘图区内单击实心圆的圆心，按空格键，命令行提示：POLYGON 输入选项［内接于圆（I）外切于圆（C）］<I>：

（5）输入“C”，选择外切于圆，按空格键，命令行提示：POLYGON 指定圆的半径：

（6）按 F8 键开启正交模式，在合适位置单击第二点，按空格键，即可绘制出一个边数为 4 的多边形，如图 15-64 所示。

图 15-64　接线盒的绘制

15.4.7　绘制配电箱

（1）选择【矩形】图标，绘制出一个矩形。

（2）选择【图案填充】图标，打开【图案填充】对话框，选择【SOLID】样式，填充矩形，如图 15-65 所示。

图 15-65　配电箱的绘制

15.4.8　组合电气图例

（1）选择【复制】图标；或使用【插入】→【块】命令，将所创建的各种灯具及开关等电气图例插入建筑照明平面图中，最终效果如图 15-66 所示。

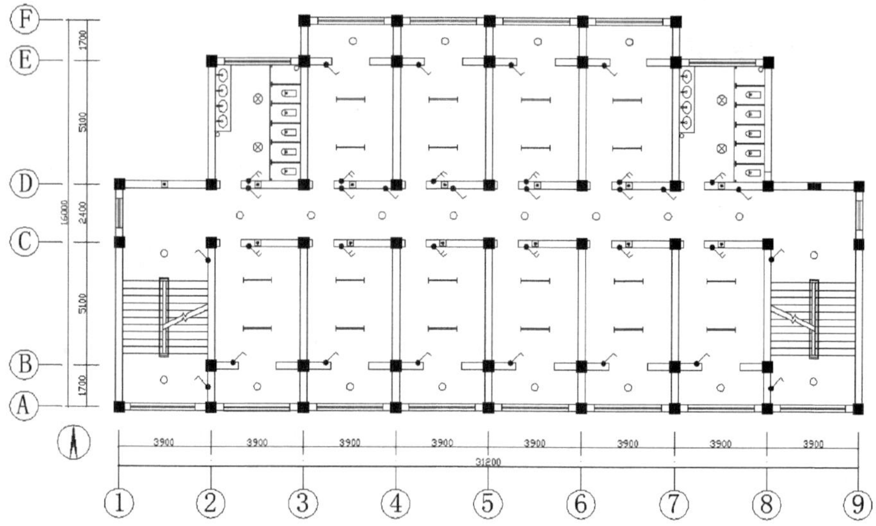

图 15-66　组合图形的电气图例

（2）选择【直线】图标，连接各个电气图例，如图 15-67 所示。

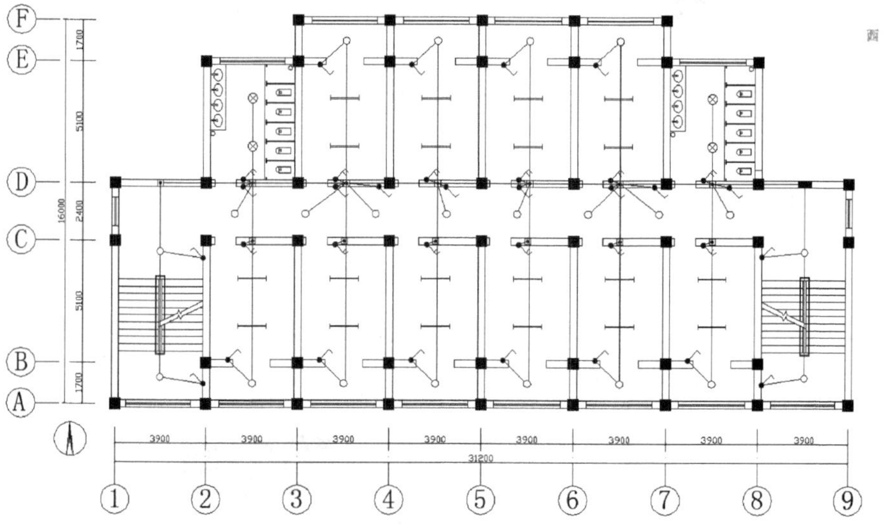

图 15-67　连接各个电气图例

（3）选择【绘图】工具栏的【表格】图标，打开【表格样式】对话框，创建如图 15-68 的表格，说明建筑照明平面图中的电气图例的名称、型号及规格等。

电气图例		
图例	名称	型号及规格
	接线盒	
	配电箱	
	暗装单极开关	250V 10A
	暗装双极开关	250V 10A
	日光灯	1x40W
	吸顶灯	1x40W
	防水吸顶灯	1x40W

图 15-68　电气图例的名称、型号及规格

（4）将表格插入合适位置，调整图形在图框内的位置，完成建筑照明平面图的绘制，最终效果如图 15-69 所示。

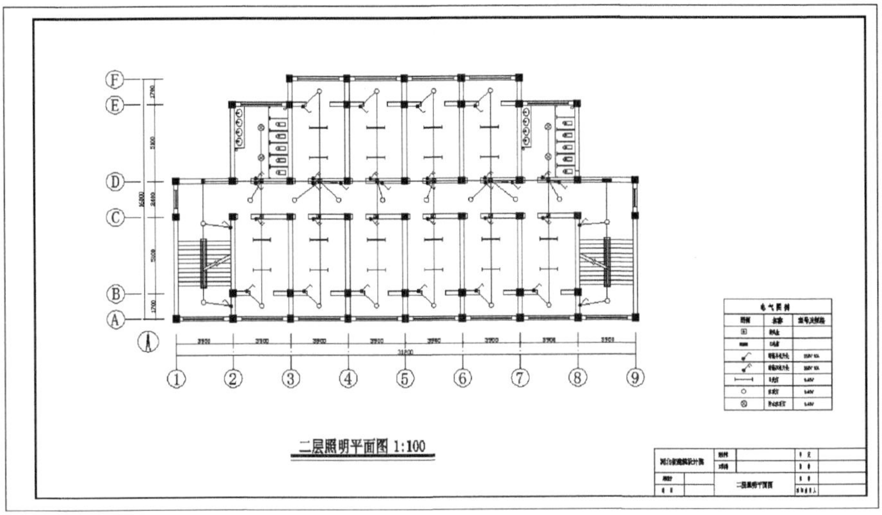

图 15-69　建筑照明平面图的最终效果

15.5 本章小结

本章重点讲述了建筑平面图及电气工程设计的的绘制，包括建筑平面图的定位轴线及编号的绘制技法，门、窗及楼梯的绘制方法，建筑电气图例的绘制及插入技法，内容丰富，涵盖了 AutoCAD 2020 大量的绘图命令与编辑命令，学习者应通过大量绘图练习来熟悉本章操作命令，提高绘图能力。

第 16 章

室内设计施工图的绘制

在室内装饰设计中，PhotoShop、3ds Max 与 AutoCAD 是黄金搭档，可以将室内装饰设计的效果表现得非常完美。AutoCAD 在室内装饰设计中的应用是绘制室内设计的平面图、立面图、大样图等施工图。本章重点内容是室内设计施工图及室内电气平面图的绘制，通过学习，掌握室内设计的平面图、立面图及室内电气平面图等工程图的绘制技法。

16.1 室内设计施工图

室内设计施工图的绘制规则是上北、下南、左西、右东。室内设计师在绘制室内设计施工图之前，都会到现场进行实地测量，熟悉户型的整体结构，了解户型的所处环境及功能，掌握每个房间的进深及开间的尺寸、层高、门窗等准确而详细的尺寸，然后根据测量的数据，使用 AutoCAD 绘制出户型平面图，在此基础上与客户进行充分的沟通与交流，进行各种不同风格的室内设计，设计成熟后，再应用 3ds Max 制作三维效果图或全景动画；当设计方案双方达成一致后，设计师最后才使用 AutoCAD 绘出平面图、立面图和大样图等室内设计施工图，作为工程施工的依据。

16.2 平面图的绘制

室内装饰设计平面图与建筑设计平面图的绘制步骤与技法相同，在此就不再重复绘制了。本章以如图 16-1 所示的某住宅小区的两室两厅两卫的户型为例，详细介绍室内照明平面图、室内插座平面图及配电系统图的绘制方法。

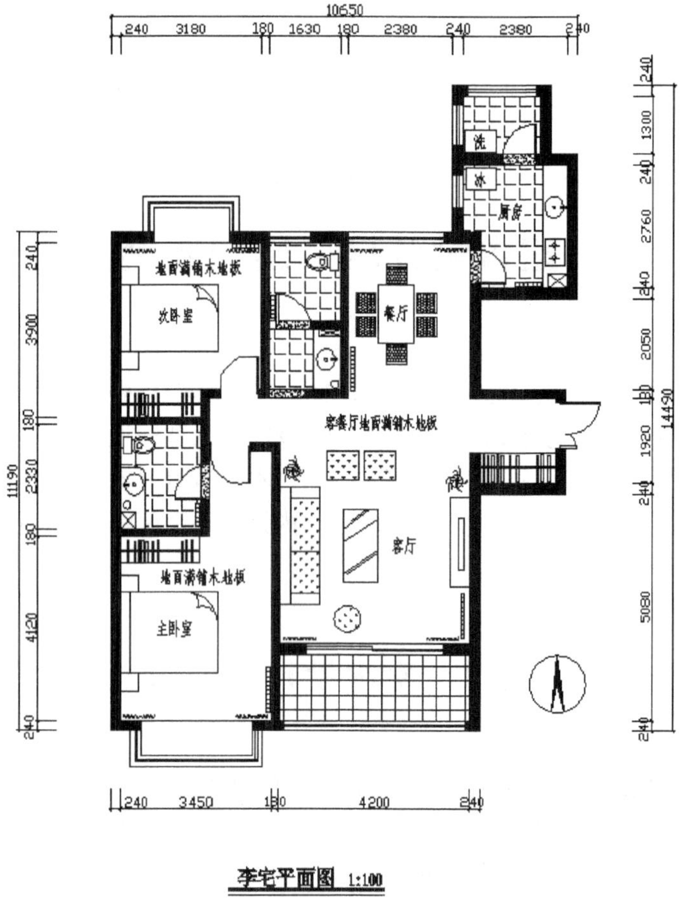

图 16-1　某住宅小区的平面图

16.3　室内照明平面图的绘制

在绘制室内照明平面图前，需要对室内平面图进行一定的调整，删除门、窗帘、家具及文字说明等内容，以符合照明平面图的绘图要求。

使用 AutoCAD 将图 16-1 的室内平面图进行编辑，删除部分图形，如图 16-2 所示。

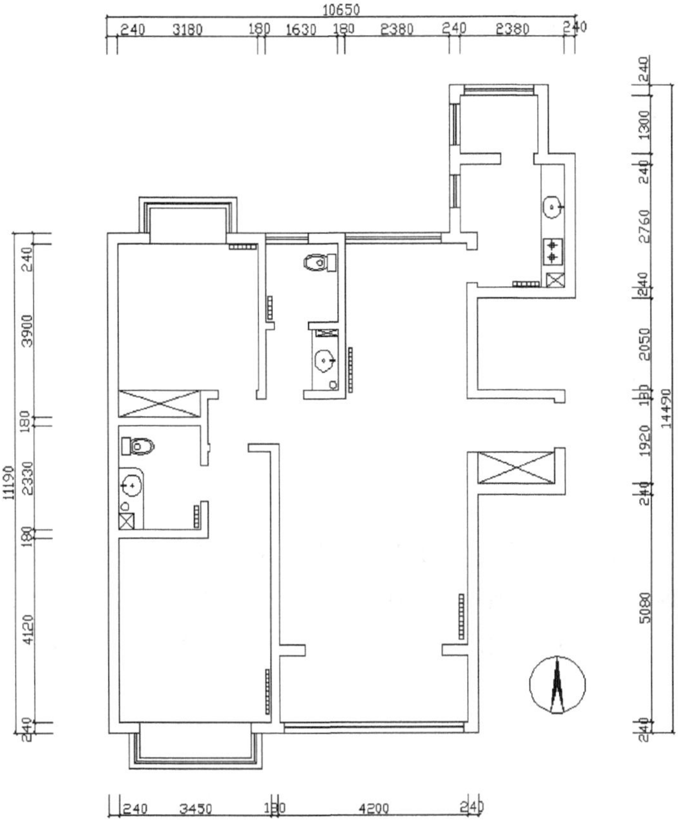

图 16-2　编辑后的平面图

16.3.1　设置绘图环境

（1）打开图 16-2 的室内平面图，将文件另保存为“室内照明平面图 . DWG”。

（2）选择菜单栏【格式】→【图层】，打开【图层特性管理器】对话框，在对话框中新增加两个图层，并分别命名为器件、线路。

（3）输入简化命令【OS】，打开【草图设置】对话框，在【对象捕捉】选项卡中，勾选常用的端点、中点、交点及垂足，按 F3 键开启自动捕捉。

16.3.2　小花灯的绘制

（1）设置【灯具】图层为当前图层。

（2）选择【绘图】工具栏的【圆】图标；或输入简化命令【C】，按空格键，在绘图区创建出一个圆。

（3）选择【绘图】工具栏的【直线】图标；或输入简化命令【L】，按空格键，按 F8 键开启正交模式，用光标捕捉圆心，向左创建直线 L2，与圆相交，如图 16-3 所示。

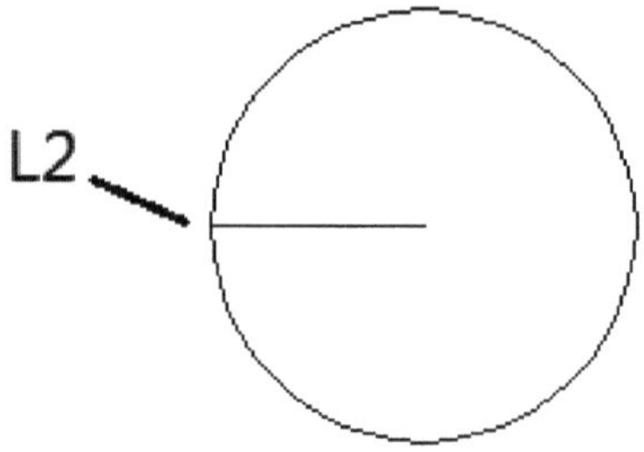

图 16-3　绘制图形

（4）选择【修改】工具栏的【环形阵列】图标，按空格键，将直线 L2 进行环形阵列，阵列的【项目 I】值为“12”，阵列效果如图 16-4 所示。

（5）应用 DELETE 键删掉多余的线条，小花灯绘制最终效果如图 16-5 所示。

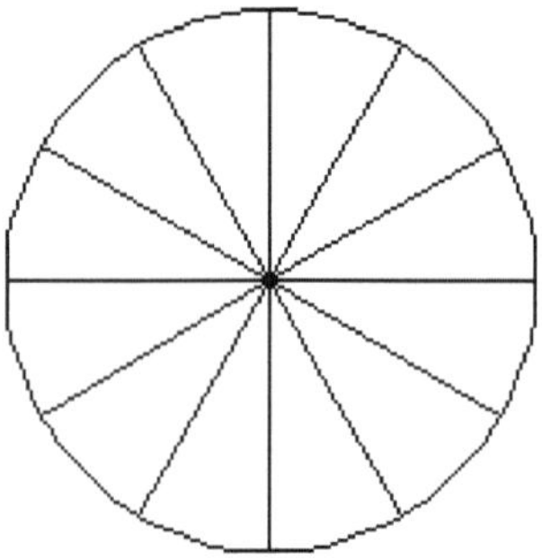

图 16-4　阵列图形

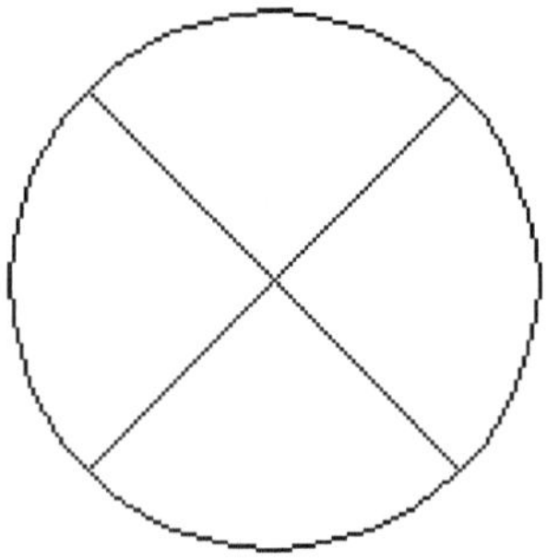

图 16-5　小花灯绘制最终效果

16.3.3　大花灯的绘制

（1）选择【修改】工具栏的【复制】图标，复制一个小花灯图形，在此基础上绘制大花灯。

（2）选择【绘图】工具栏的【圆】图标；或输入简化命令【C】，按空格键，在绘图区以小花灯的圆心为基点，在合适距离创建出一个圆，即可绘制出大花灯，如图 16-6 所示。

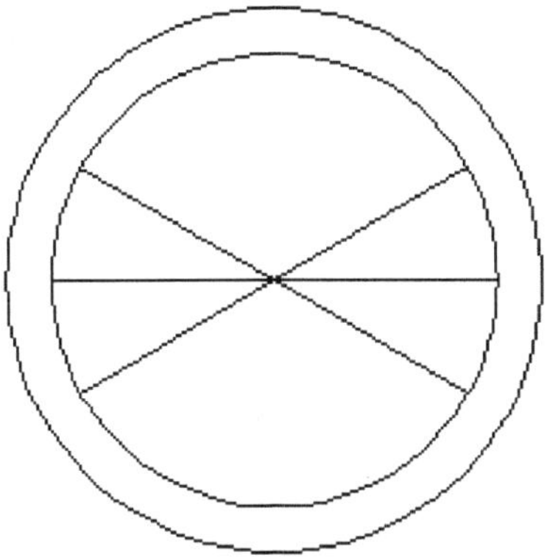

图 16-6　大花灯绘制最终效果

16.3.4　组合电气图例

（1）选择【复制】图标；或使用【插入】→【块】命令，将所创建的各种灯具及开关等电气图例插入室内照明平面图中，最终效果如图 16-7 所示。

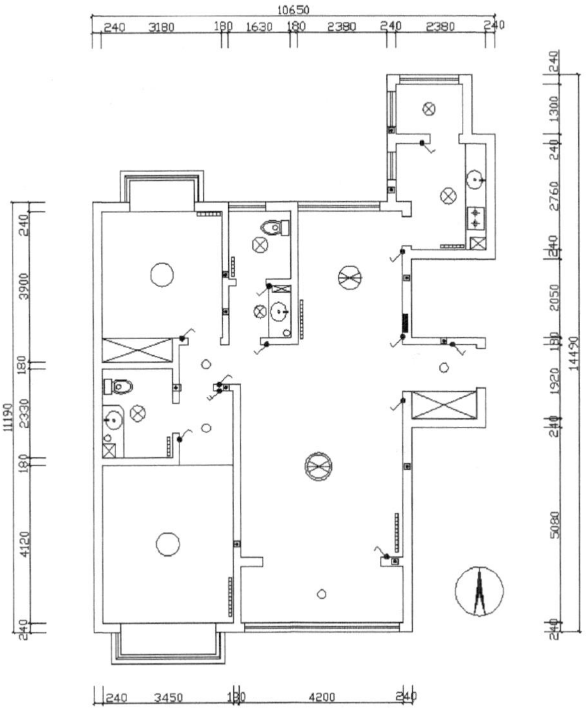

图 16-7　插入各种灯具及开关的室内照明平面图

（2）选择【直线】图标，连接各个灯具、开关等电气图例，如图 16-8 所示。

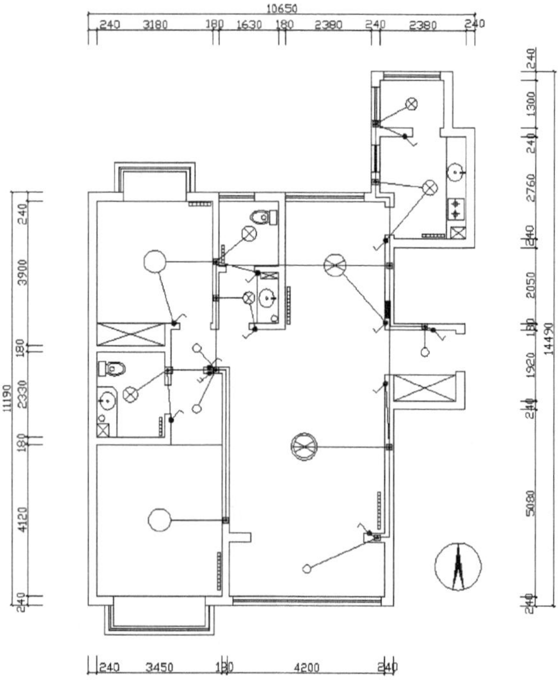

图 16-8　连接灯具开关等电气图例

（3）选择【绘图】工具栏的【表格】图标，打开【表格样式】对话框，创建如图 16-9 所示的表格。

电气图例		
图例	名称	型号及规格
	接线盒	
	配电箱	
	暗装单极开关	250V 10A
	暗装双极开关	250V 10A
	小花灯	4x40W
	大花灯	6x40W
	吸顶灯	1x40W
	防水吸顶灯	1x40W

图 16-9　电气图例表格

（4）将表格插入合适位置，调整图形在图纸边框内的位置，完成室内照明平面图的绘制，最终效果如图 16-10 所示。

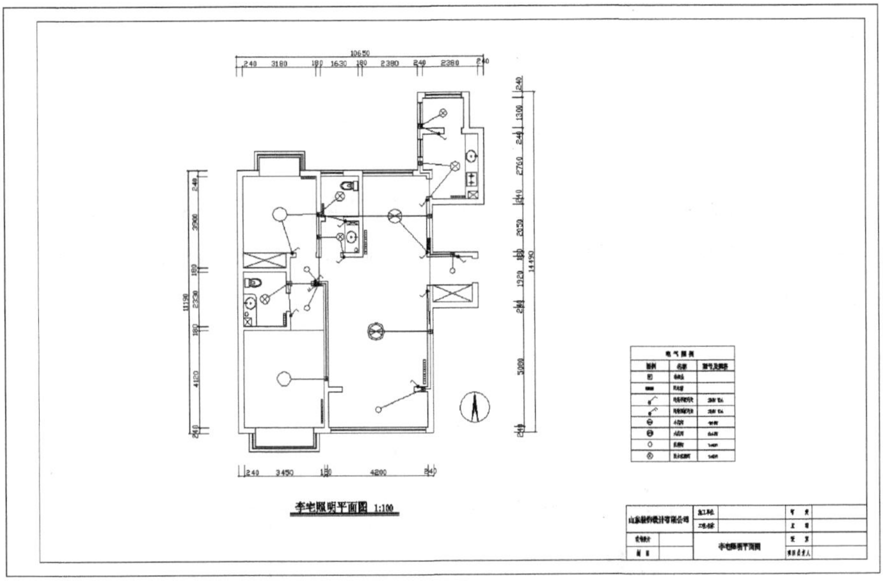

图 16-10　室内照明平面图的效果

16.4　室内插座平面图的绘制

16.4.1　暗装单相三极插座的绘制

（1）设置【器件】图层为当前图层。

（2）选择【绘图】工具栏的【圆】图标；或输入简化命令【C】，按空格键，在绘图区以小花灯的圆心为基点，在合适距离创建出一个圆，

（3）选择【直线】图标，以圆心为端点，创建直线 L1、L2。

（4）选择【延伸】图标；或输入简化命令【EX】，按空格键，将直线 L1 延伸到圆的另一端，如图 16-11 所示。

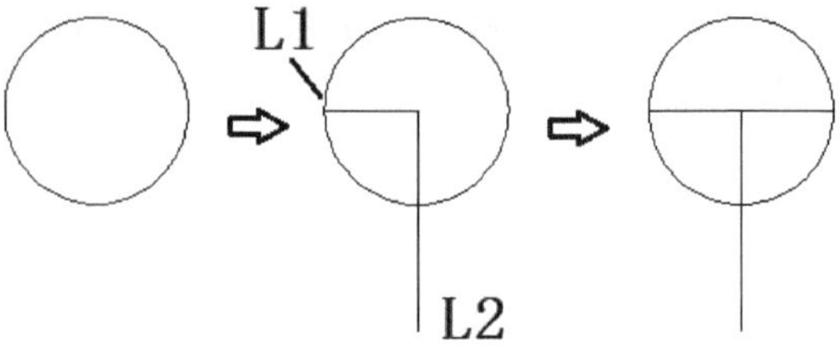

图 16-11　绘制图形操作步骤

（5）选择【修改】工具栏的【复制】图标，选择 L1 复制出 L3、L4。

（6）选择【修剪】工具，对图形进行修剪，修剪后删除多余的线条，完成绘制，如图 16-12 所示。

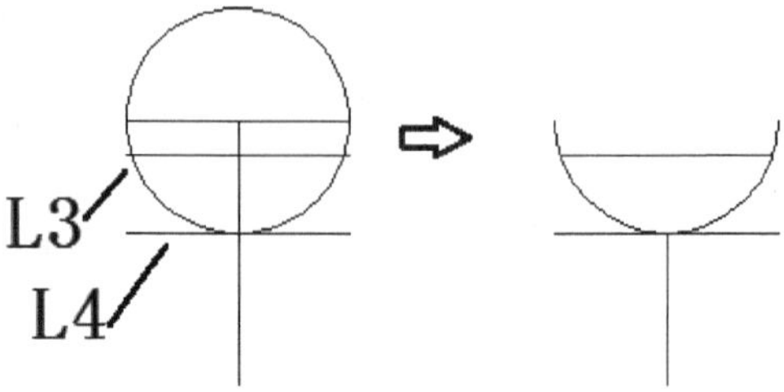

图 16-12　编辑图形操作步骤

16.4.2　暗装单相二极、三极插座的绘制

选择【图案填充】图标，打开【图案填充】对话框，选择【SOLID】样式，填充半圆形，完成暗装单相二、三极插座的绘制，如图 16-13 所示。

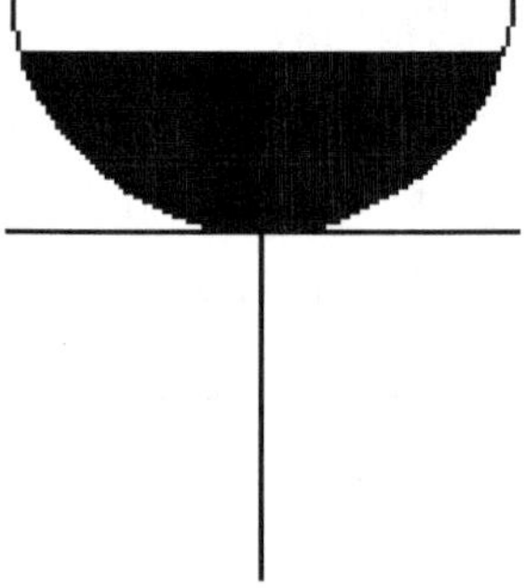

图 16-13　暗装单相二三极插座

16.4.3　组合电气图例

（1）选择【绘图】工具栏的【复制】图标；或使用【插入】→【块】命令，将所创建的各种电气图例插入室内插座平面图中，如图 16-14 所示。

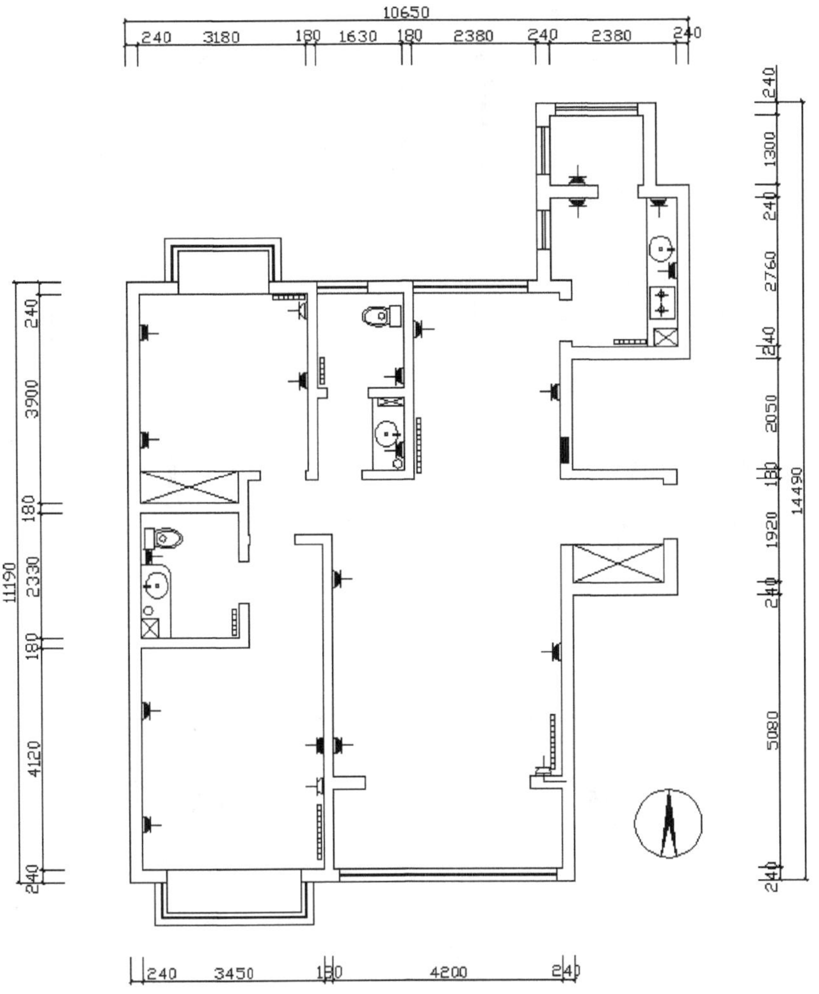

图 16-14　组合电气图例

（2）选择【直线】图标，连接各个电气图例，如图 16-15 所示。

（3）选择【绘图】工具栏的【表格】图标，打开【表格样式】对话框，创建如图 16-16 所示的表格。

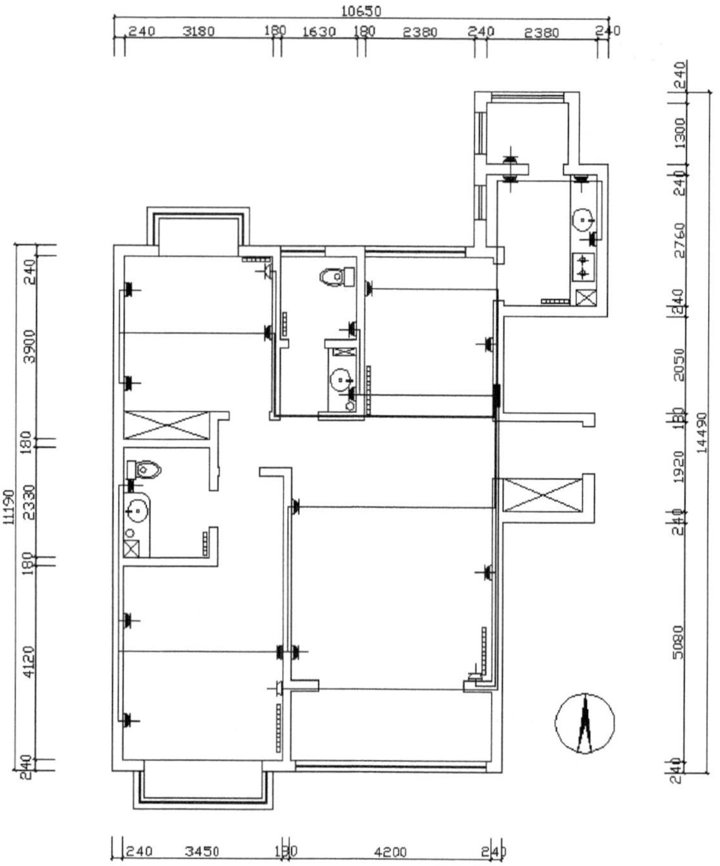

图 16-15　连接电气图例

电气图例			
图例	名称	型号及规格	备注
⊡	接线盒		
▬	配电箱		
	暗装单极开关	250V 10A	
	暗装双极开关	250V 10A	
	日光灯	1x40W	
○	吸顶灯	1x40W	
⊗	防水吸顶灯	1x40W	

图 16-16　电气图例表格

(4) 为图形插入图框，将绘制好的表格移动到已经绘制好图框内，完成室内插座平面图的绘制，最终效果如图 16-17 所示。

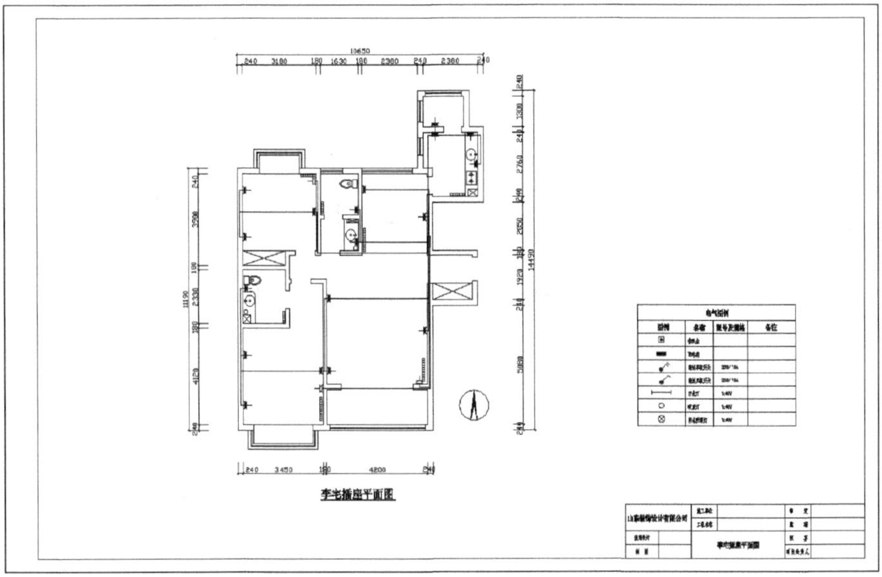

图 16-17　室内插座平面图的效果

16.5　室内配电系统图的绘制

(1) 设置【线路】图层为当前图层。

(2) 选择【直线】图标；绘制一条直线。

(3) 选择【修改】工具栏的【打断】图标，将直线打断，如图 16-18 所示。

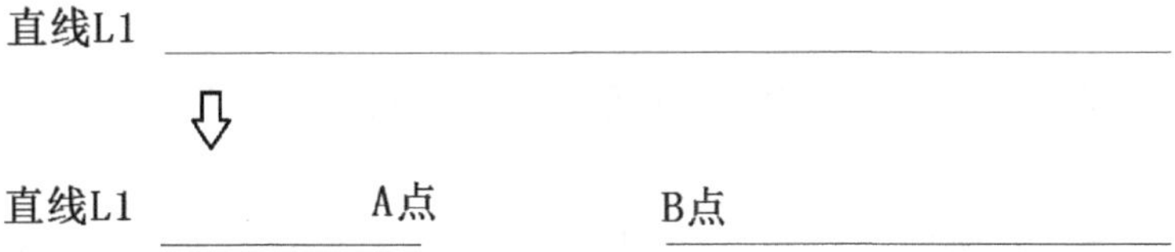

图 16-18　绘制图形

（4）选择【直线】图标；以 A 点为中点，绘制两条交叉斜线，以 B 点为端点，绘制一条斜线。

（5）选择【文字】图标 A，输入文字注释，支路绘制完成，如图 16-19 所示。

图 16-19 支路绘制效果

（6）选择【矩形阵列】图标；将图形阵列复制出 7 份，并修改文字内容，如图 16-20 所示。

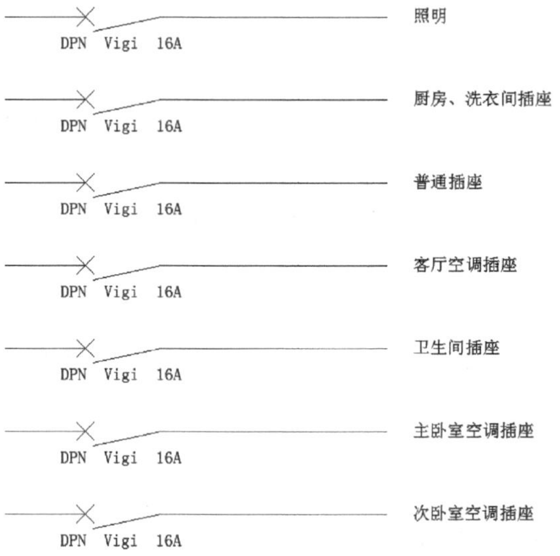

图 16-20 复制图形

（7）选择【直线】图标；连接支路的左侧，绘制进户线，如图 16-21 所示。

（8）分别创建多边形、正方形和线段，并移动图形到相应位置，如图 16-22 所示。

（9）选择【修剪】工具，对图形进行修剪，修剪后使用 DELETE 键删除多余的线条，并输入文字注释，完成室内配电系统图的绘制，如图 16-23 所示。

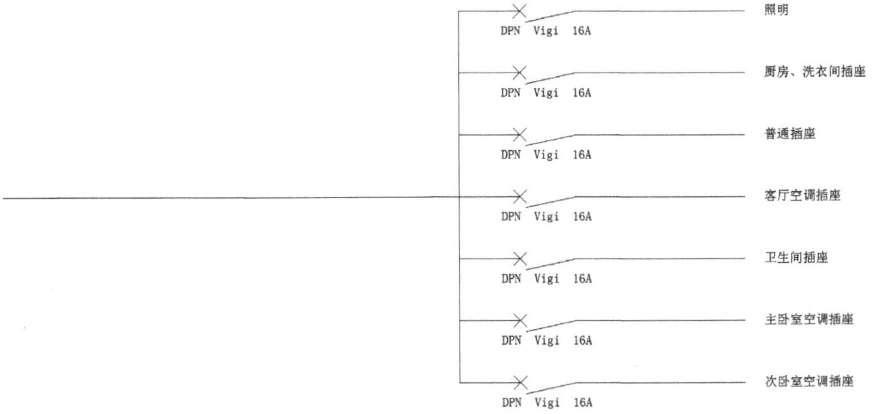

图 16-21　绘制进户线

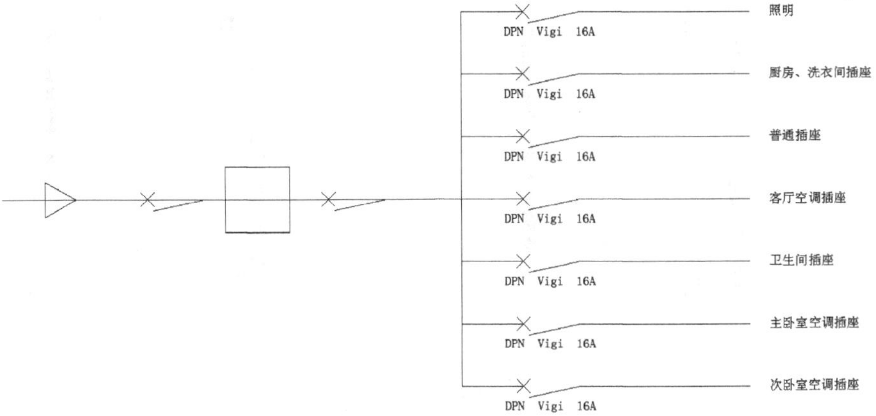

图 16-22　绘制组合图形

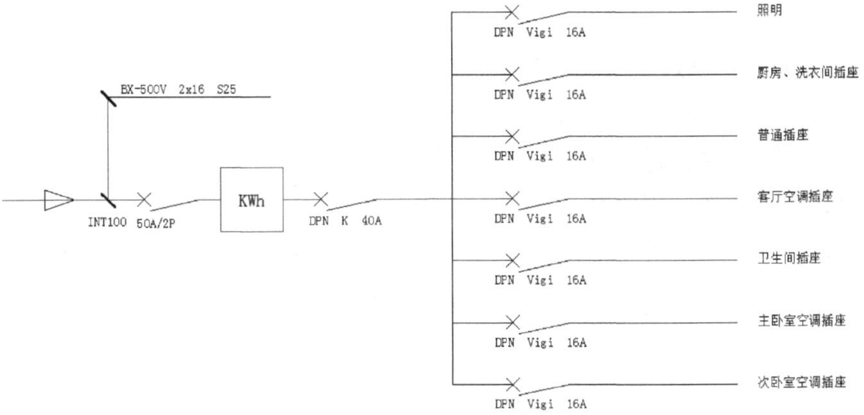

图 16-23　室内配电系统图的绘制效果

16.6 立面图的绘制

室内装饰设计立面图是室内装饰设计工程施工图中极其重要的一部分，电气专业的学习者可以作为选学内容。本节内容以某住宅次卧室的东、南立面图为例，详细介绍室内装饰设计立面图的绘制技法，如图 16-24 所示次卧室的平面图、顶平面图。

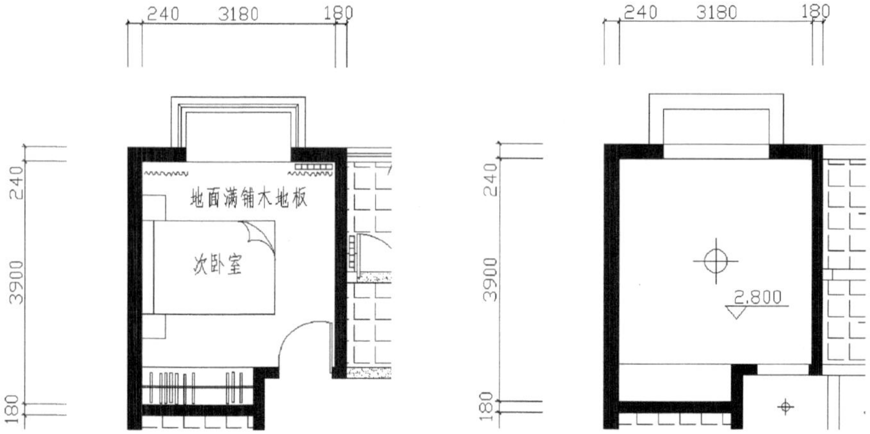

次卧室平面图　　次卧室顶平面图

图 16-24　次卧室的平面图及顶平面图

16.6.1　东立面图的绘制

（1）打开绘制好室内装饰设计户型平面图和顶平面图的文件，或者新建一个 . dwg 文件，并将文件命名保存。

（2）选择【绘图】工具栏的【矩形】图标，在图纸的适当位置绘制一个 3900×2800 的矩形，创建次卧室的东立面墙体。

（3）选择【修改】工具栏的【分解】图标，将创建的矩形打散。

（4）选择【修改】工具栏的【偏移】图标，或输入命令快捷键【O】，然后空格。将矩形底部的线段偏移 100，复制出次卧室的墙面踢脚线，如图 16-25所示。

图 16-25　绘制次卧室的东立面图

（5）为图形添加尺寸标注；选择文字工具注释墙面的施工工艺与材料说明等，即可完成次卧室东立面图的绘制，最终效果如图 16-26 所示。

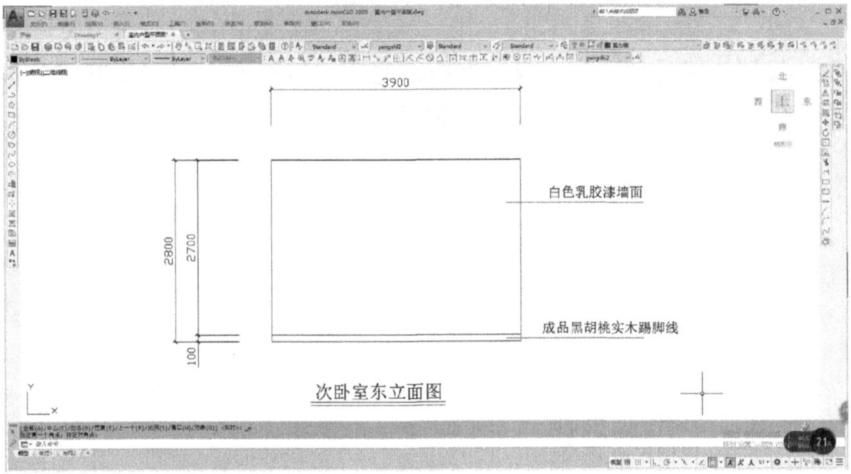

图 16-26　为东立面图添加尺寸标注及材料说明

16.6.2　南立面图的绘制

（1）选择【绘图】工具栏的【矩形】图标，在绘图区的适当位置绘制一个 3180x2800 的矩形，创建次卧室的南立面墙体。

（2）选择【修改】工具栏的【分解】图标，将创建的矩形打散。

（3）选择【修改】工具栏的【偏移】图标，或输入简化命令【O】，按空格键，将矩形左侧的线段向右偏移复制，偏移距离分别为 80、860、420，复制出次卧室的门口及壁柜的宽度尺寸，如图 16-27 所示。

图 16-27　绘制图形

（4）继续使用【偏移】命令，将矩形底部的线段向上偏移复制，偏移距离分别为 100、2100，复制出次卧室的踢脚线及门口高度尺寸，如图 16-28 所示。

图 16-28　偏移复制图形

（5）选择【修剪】图标 ，对图形进行修剪，修剪后删除多余的线条，如图 16-29 所示。

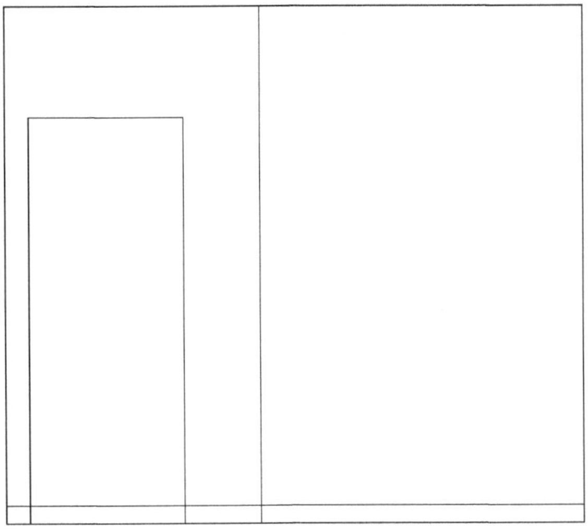

图 16-29　编辑图形

（6）使用【偏移】图标，偏移复制出门套线，宽度为 60，并配合使用【延伸】与【修剪】命令，将门套线绘制完成，如图 16-30 所示。

图 16-30　门套线的绘制效果

（7）使用【矩形】命令绘制门的造型；填充合适的图案；并使用【插入块】命令，插入门锁的图块，如图 16-31 所示。

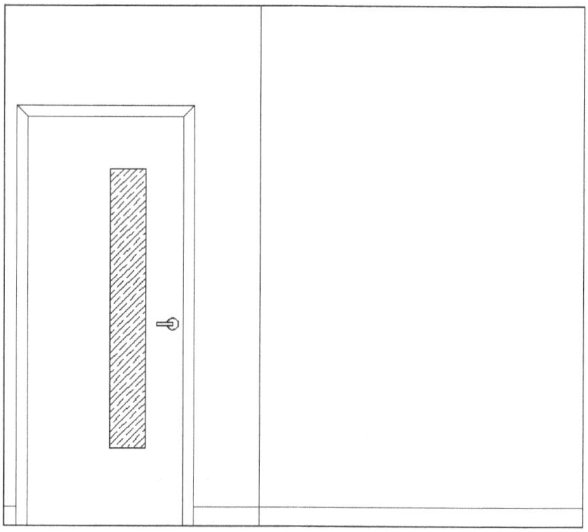

图 16-31　门的绘制效果

（8）使用【偏移】命令将矩形右侧线段向左偏移复制，距离均为 590，将踢脚线向上偏移复制，距离分别为 2000、660，如图 16-32 所示。

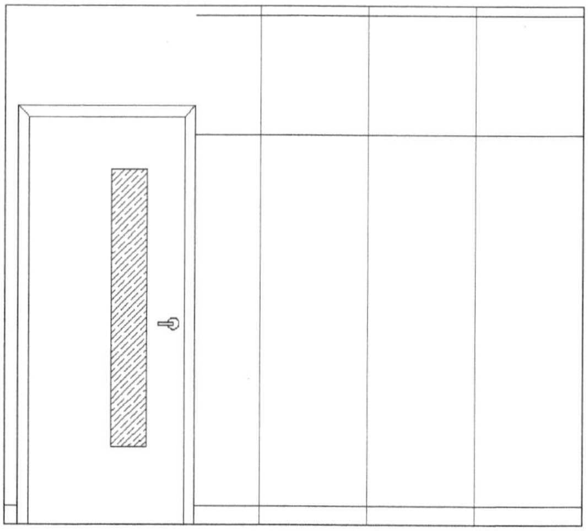

图 16-32　踢脚线绘制

（9）选择【修剪】命令，将壁柜的线段修剪，删掉多余的线条，并使用圆命令，绘制出壁柜的把手，配合【镜像】与【复制】命令，完成所有壁柜把手的绘制，如图 16-33 所示。

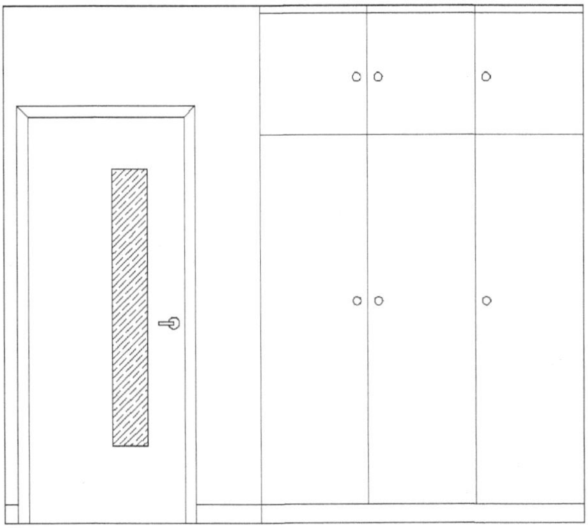

图 16-33　踢脚线的绘制效果

（10）为图形添加尺寸标注；选择【文字】工具注释墙面的施工工艺与材料说明等，即可完成次卧室南立面图的绘制，最终效果如图 16-34 所示。

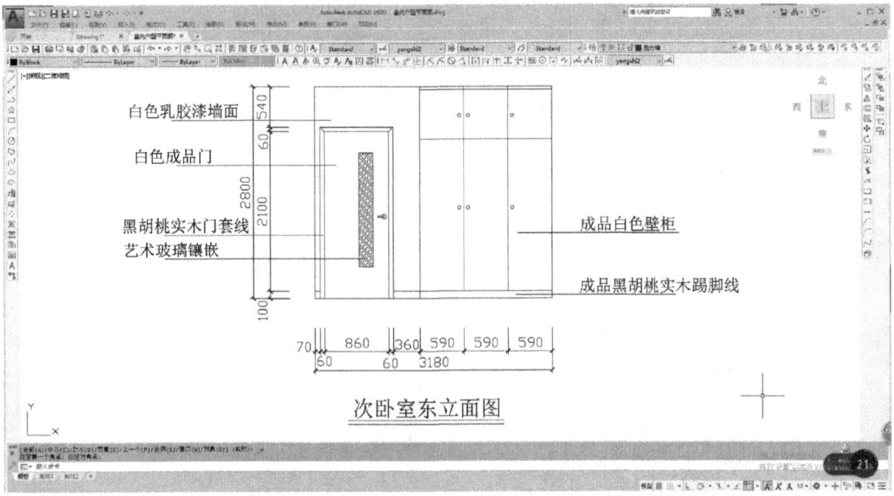

图 16-34　次卧室南立面图

小提示

次卧室西、北立面图与东、南立面图的绘制方法相同，在此就不再逐一介绍了。

16.7 打印输出

当所有的工程图绘制完成后，都需要打印出来，施工工人按图施工，AutoCAD 2020 提供了非常完善的图形打印功能。

（1）选择菜单【文件】→【打印】命令，打开【打印】对话框，如图 16-35 所示。

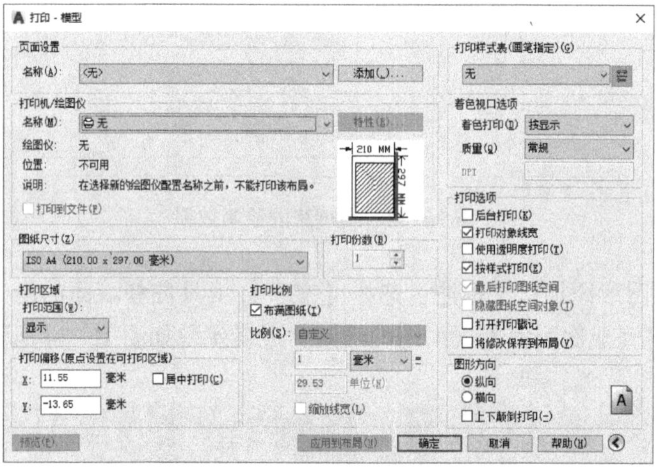

图 16-35 【打印】对话框

（2）选择【打印设备】，打印设备一般都是打印机，如图 16-36 所示。

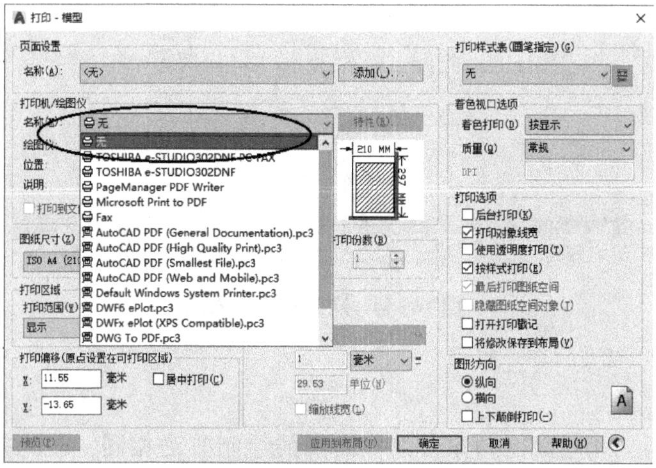

图 16-36 选择【打印设备】

（3）选择【图纸尺寸】，在下拉列表中选择打印设备认可的标准图纸尺寸，从中选择一个合适的即可，如图 16-37 所示。

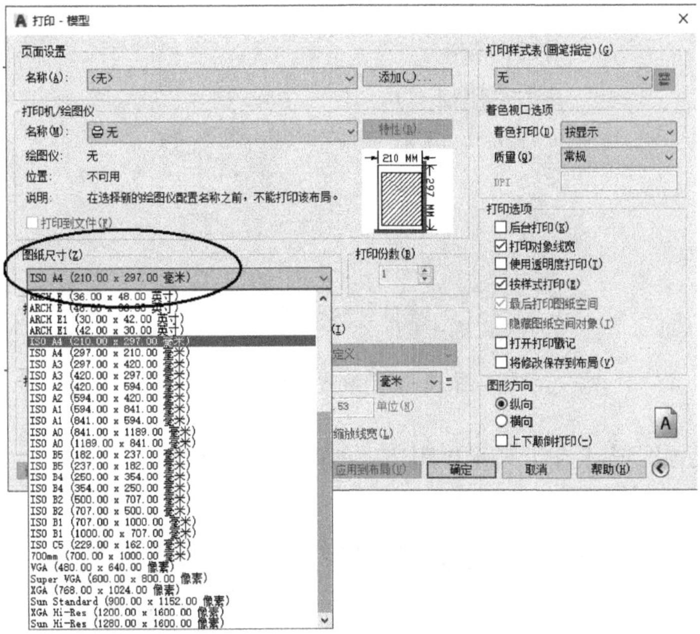

图 16-37　选择打印设备认可的标准图纸尺寸

（4）设置打印【图形范围】，在打印范围下拉列表中设置打印区域，如图 16-38 所示。

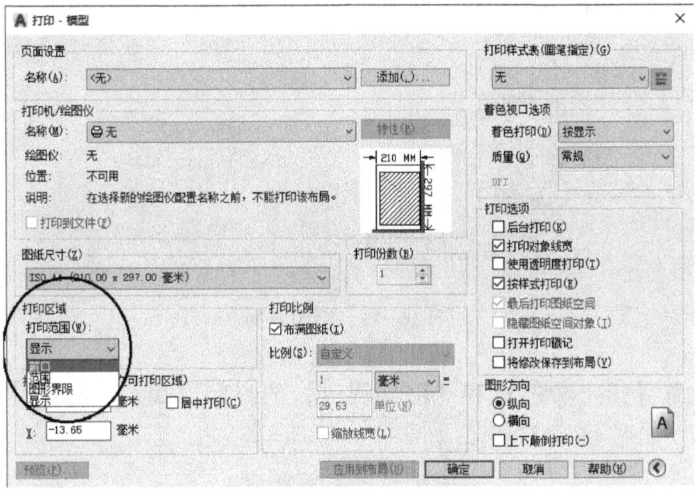

图 16-38　设置打印区域

（5）设置【打印比例】，控制图形单位与打印单位之间的相对尺寸，如图 16-39 所示。

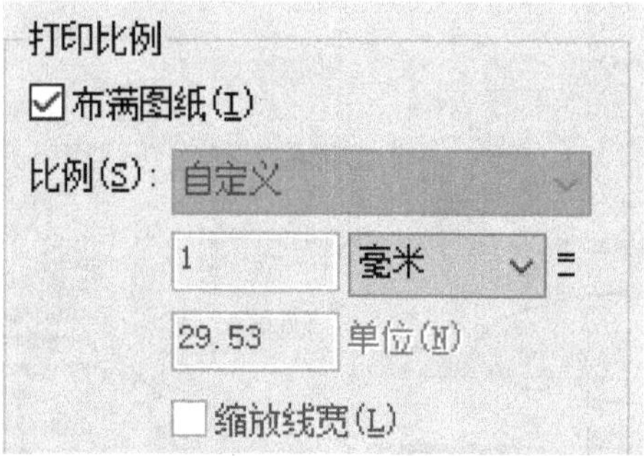

图 16-39　设置打印比例

（6）设置图形【打印偏移】距离，如图 16-40 所示。

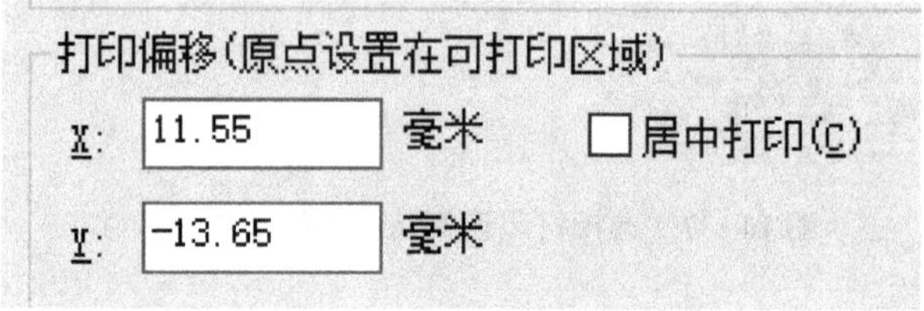

图 16-40　设置打印偏移距离

（7）设置图形在图纸中的【打印方向】，如图 16-41 所示。

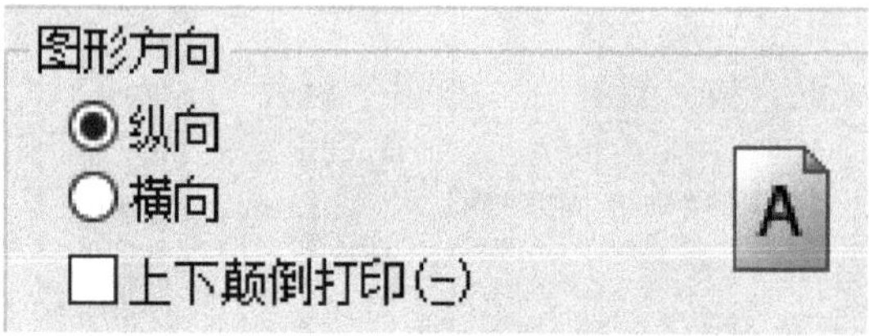

图 16-41　打印方向

（8）设置【指定着色】和【渲染视口】的打印方式，并确定打印图形的分辨率的大小，如图 16-42 所示。

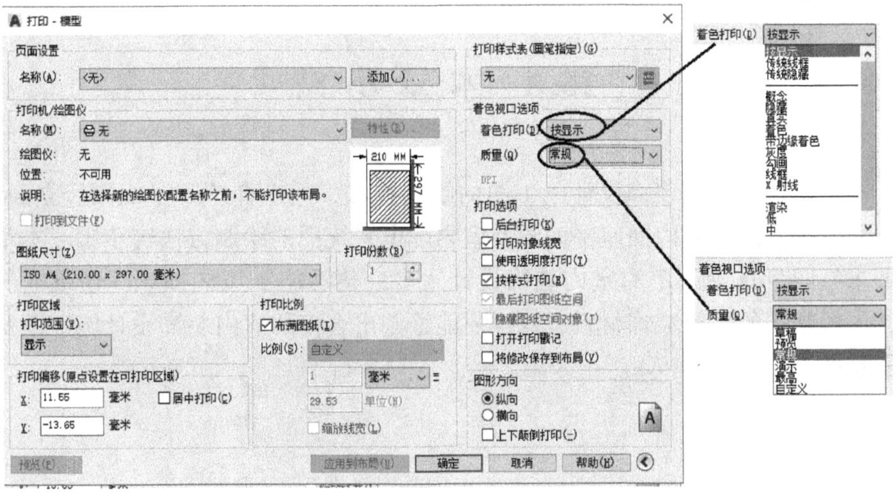

图 16-42　设置打印图形的分辨率

(9) 保存打印设置，在“页面设置”参数中单击【添加】图标，当前打印对话框中的参数设置即可保存到命名页面设置；也可以选择菜单【文件】→【页面设置管理器】命令，来修改保存的打印页面设置，如图 16-43 所示。

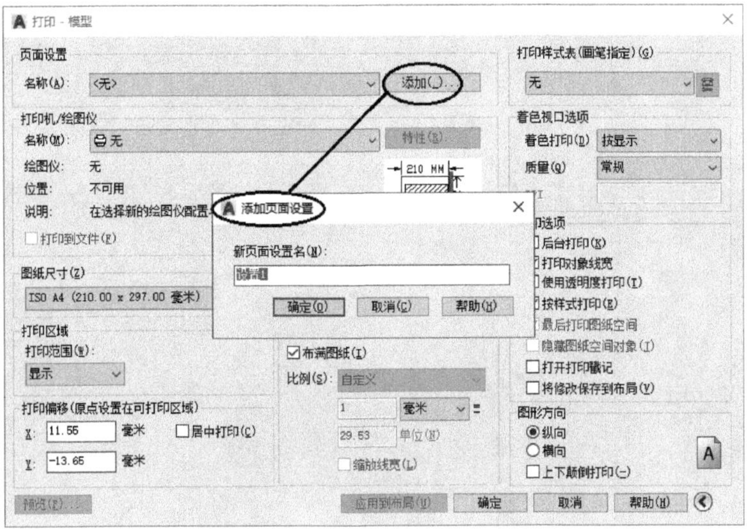

图 16-43　保存设置好的打印页面设置

16.8 本章小结

本章讲述了室内装饰设计施工图的绘制技法，重点介绍了平面图、立面图、室内照明平面图、室内插座平面图及室内配电系统图的绘制方法与步骤。本章内容要求绘图者具备一定的室内装饰设计水平，熟悉施工工艺知识、建筑电气知识，了解常用的建筑装饰材料，这样才能绘制出合格的室内装饰设计施工图及电气工程图。